浮选工艺及应用

杨松荣　邱冠周　编著

北　京
冶 金 工 业 出 版 社
2015

内 容 提 要

本书结合作者从事矿物加工工程研究、咨询和设计的实践经验，从工程应用的角度出发，系统地介绍了泡沫浮选的基本原理、浮选工艺及其影响因素、浮选工艺设计需考虑的因素、常用的浮选设备等，对浮选工艺进行了详细的分析和论述，并结合部分生产矿山的实际情况对铁、铜、镍、铅、锌、金、铂、煤、磷等不同金属（非金属）矿物的浮选工艺流程实例进行了介绍。

本书可供从事矿物加工科学研究和工程设计的人员、企业的工程技术人员和高等院校的师生参考。

图书在版编目(CIP)数据

浮选工艺及应用/杨松荣，邱冠周编著. —北京：
冶金工业出版社，2015.10
ISBN 978-7-5024-7053-1

Ⅰ.①浮… Ⅱ.①杨… ②邱… Ⅲ.①浮选工艺
Ⅳ.①TD923

中国版本图书馆 CIP 数据核字(2015)第 242018 号

出 版 人 谭学余
地　　址 北京市东城区嵩祝院北巷 39 号 邮编 100009 电话 (010)64027926
网　　址 www.cnmip.com.cn 电子信箱 yjcbs@cnmip.com.cn
责任编辑 张熙莹 美术编辑 彭子赫 版式设计 孙跃红
责任校对 李 娜 责任印制 牛晓波
ISBN 978-7-5024-7053-1
冶金工业出版社出版发行；各地新华书店经销；北京画中画印刷有限公司印刷
2015 年 10 月第 1 版，2015 年 10 月第 1 次印刷
169mm×239mm；16 印张；1 彩页；311 千字；243 页
66.00 元

冶金工业出版社 投稿电话 (010)64027932 投稿信箱 tougao@cnmip.com.cn
冶金工业出版社营销中心 电话 (010)64044283 传真 (010)64027893
冶金书店 地址 北京市东四西大街46 号(100010) 电话 (010)65289081(兼传真)
冶金工业出版社天猫旗舰店 yjgycbs.tmall.com

作者简介

杨松荣，1957年生，山东莱州人，先后就读于东北工学院（现东北大学）、中南大学，获博士学位，教授级高级工程师，现任中国黄金集团建设有限公司总工程师。1982年大学毕业后分配至北京有色冶金设计研究总院（现中国恩菲工程技术有限公司）选矿室工作，一直从事冶金矿山工程的设计、咨询和试验研究工作，先后担任过室（所）副主任（副所长）、矿山分院副院长、院长、中国恩菲工程技术有限公司副总工程师，中铝海外控股有限公司技术总监。先后兼任中国黄金协会理事、北京金属学会理事、中国有色金属学会选矿学术委员会副主任委员、中国矿业联合会选矿委员会副主任委员，现为全国勘察设计注册采矿/矿物工程师（矿物加工）执业资格考试专家组组长。

30多年来，先后参加了中国德兴铜矿、巴基斯坦山达克铜金矿、伊朗米杜克铜矿和松贡铜矿、亚美尼亚铜工业规划、赞比亚谦比西铜矿、越南生权铜矿、中国冬瓜山铜矿、阿舍勒铜锌矿、尹格庄金矿、烟台黄金冶炼厂生物氧化厂、金川有色公司选矿厂和白音诺尔铅锌矿、蒙古奥云陶勒盖铜矿、中国白象山铁矿、普朗铜矿、多宝山铜矿、会宝岭铁矿、澳大利亚Sino铁矿、巴布亚新几内亚瑞木红土矿、中国金堆城钼矿、东沟钼矿、秘鲁Toromocho铜矿等多项大型矿山的选矿工程及20余项中小型选矿工程的咨询设计工作。曾获国家优秀设计银奖1项、铜奖1项，部级优秀设计奖一等奖1项、二等奖1项，国家科技进步奖一等奖1项，部级科技进步奖二等奖1项。在国内外发表论文多篇、英文及日文译文多篇，获国家发明专利1项、实用新型专利3项。出版了《含砷难处理金矿石生物氧化工艺及应用》及《碎磨工艺及应用》两部专著，作为总编编辑出版了《全国勘察设计注册采矿/矿物工程师执业资格考试辅导教材（矿物加工专业）》。

邱冠周，1949年生，广东梅州人，1987年9月毕业于中南工业大学矿物加工工程专业，获博士学位，是我国第一位自行培养的矿物加工工程专业的博士生。著名的矿物工程学家，曾任中南工业大学副校长，中南大学副校长，现任中南大学教授，博士生导师。2011年12月当选为中国工程院院士。

长期致力于我国低品位、复杂难处理金属矿产资源加工利用研究，在细粒及硫化矿物浮选分离和铁矿直接还原等方面取得了显著成绩，特别是在低品位硫化矿的生物冶金方面作出了突出贡献，被授予国家有突出贡献科技专家。先后获得国家技术发明二等奖2项，国家科技进步奖二等奖1项，国家科技进步奖一等奖1项，中国高等学校十大科技进展2项；出版专著5部。2003年当选国家自然科学基金创新群体学术带头人，2004年、2009年连续两次担任生物冶金领域国家973计划项目首席科学家，担任2011年第19届国际生物冶金大会主席，并被推选为国际生物冶金学会副会长。

前　言

矿物加工（选矿）是人类从自然资源（矿石）中获取所需固体原材料的重要过程。随着人类社会的发展，不需要经过选别或易于选别的自然资源越来越少，人类所开采的自然资源中所含有用矿物的品位也越来越低，因此，矿物加工逐渐成为自然资源获取过程中不可或缺的关键。美国地质调查局《Mineral Commodity Summaries 2015》的数据表明，2014 年全球通过开采和矿物加工所获得的矿物（或金属含量）约为：铝土矿 2.34 亿吨，铜金属 1870 万吨，钼金属 26.6 万吨，金 2860 吨，银金属 26100 吨，铂金属 161 吨，钯 190 吨，铁矿石 32.2 亿吨，铅金属 546 万吨，锰金属 1800 万吨，汞金属 1870 吨，镍金属 249 万吨，钴金属 11.2 万吨，锡金属 29.6 万吨，钨金属 8.24 万吨，锌金属 1330 万吨，钽金属 1200 吨，铌金属 5.9 万吨，长石 2150 万吨，石墨 117 万吨，磷矿石 2.20 亿吨。这些矿物（或金属的载体矿物）开采出后绝大部分需要通过矿物加工过程处理。

矿物的选别有多种方法，如重力选矿（重选）、浮游选矿（浮选）、磁力选矿（磁选）、静电选矿（电选）、化学选矿等，但其中适应性最强、应用范围最广的则是浮游选矿。浮游选矿中目前唯一仍在使用的是泡沫浮选。

1905 年，Sulman 和 Picard 在美国获得了“在浮选中气泡的使用”的专利。同年，Potter 采用硫化矿物颗粒与 1%的硫酸溶液热浴反应产生气泡使硫化矿物颗粒得到浮选的工艺首次应用于矿物浮选，在澳大利亚的 Broken Hill 铅锌矿选矿厂生产出锌精矿，由此开启了泡沫浮选的历史。2015 年是泡沫浮选首个专利获批和进入工业应用的 110 周年。

110年来，针对泡沫浮选的机理、不同矿物的浮选工艺、不同性能的药剂等，众多研究人员做出了不懈的努力，使得泡沫浮选除矿物加工领域之外，还拓展应用于环境保护领域的污水处理、水质净化、重金属离子脱除、从沥青砂中提取沥青、资源的回收利用等。

本书结合泡沫浮选发展的现状，着重从应用的角度对其进行了比较系统的介绍，根据内容的不同分为上、下两篇：上篇为1~4章，介绍了浮选工艺的发展历史、原理、影响因素、工业设计、设备等各个主要部分，对当前浮选工艺发展的新特点、新理论、新装备进行了论述；下篇为5~12章，分别介绍了有关金属矿、非金属矿、能源矿产的国外17个矿山分别采用的浮选工艺流程的生产实践。

此外，由于本书的内容和篇幅所限，为了使读者更全面地了解有关浮选的发展及其选矿工业试验的操作和数据分析过程方面的信息，把“浮选——百年的发展”和“Kanowna Belle金矿闪速浮选回路作用的分析”两篇编译的文章以附录的形式放入本书，以供读者特别是在选矿厂生产一线工作的同行参考。

在本书的编写过程中，特别是有关浮选的发展历史，参阅了大量相关的国内外文献，谨向所有本书中所涉及的参考资料的作者表示衷心的感谢！

由于作者水平所限，书中的不足之处，敬请批评指正。

作　者

2015年5月

目　　录

上篇　浮选工艺

下篇　工业应用

附　录

上　篇

浮选工艺

1 绪　论

1.1 浮选的基本概念及其意义

浮游选矿（flotation）是利用矿物表面润湿性的差异，从水的悬浮液（矿浆）中浮出固体矿物的选别过程，简称浮选。浮选的过程是一个物理-化学分离的过程。

“浮选”一词原本是指所有的比水重的颗粒从水中浮起富集的过程。如果某些矿粒富集在油层中或富集在油层和水层之间的界面中，该过程称为全油浮选（bulk-oil flotation）；如果矿粒以单颗粒层富集于自由水表面，该过程称为表层浮选（skin flotation）；如果矿粒富集于厚的泡沫层中，该过程称为泡沫浮选（froth flotation）[1]。

全油浮选的特点是：

（1）浮选过程需要大量的油。

（2）全油浮选过程中矿物与脉石的分离是借助于矿物的金属特性，如硫化物；或疏水性，如煤、石墨，可以在水存在的条件下优先被油润湿，然后进入油与水之间的界面，而脉石则被水润湿后仍留在介质中。

表层浮选的特点是：

（1）表层浮选中矿粒的附着受自由水表面和颗粒两者的影响，且这种影响通常大于泡沫浮选中两者的影响。

（2）表层浮选中，矿物与脉石分离是在气-水界面完成的，其利用了水的表面张力和某些矿物如硫化物和碳氢化合物阻止被水润湿的特性。

泡沫浮选是在矿浆中加入药剂充分搅拌并通入空气使其矿化后进行有用矿物与脉石矿物分离的过程。泡沫浮选经历了时间的考验，是目前唯一仍在使用的浮选方法，也是矿物加工工艺中最重要、使用最广泛的选矿方法。全油浮选和表层浮选方法早已被淘汰。

1.2 浮选的发展历史

1.2.1 浮选工艺

浮选开始于1860年，当时William Haynes证明了可以利用油类分离矿物。1869年，他们对采用烃类油来分离硫化物和脉石的全油浮选的工艺申请了专利。

1877 年，Bessel 兄弟对于用水和油及辅助用来产生气泡的沸腾系统进行石墨选别的工艺申请了专利，这大概就是今天所说泡沫浮选的起始。后来他们又把在酸性介质中利用碳酸岩矿物来产生气泡的工艺申请了专利。其他的利用油类的浮选工艺直到 1905 年英格兰的 A. H. Higgins 和澳大利亚的 G. A. Chapman 同时发现了泡沫浮选后才得到发展和利用。当时 A. H. Higgins 和 G. A. Chapman 都在 Minerals Separation Ltd. 工作，该工艺的专利授予了该公司。随后的 10 多年里，该公司陷入了长时间的关于该专利的侵权诉讼案。1911 年，James M. Hyde 把该工艺引入了位于美国蒙大拿州 Basin 的 Reduction Company 选矿厂。Minerals Separation Ltd. 把案件诉讼到了美国最高法院，法院支持了其专利但限制其“油的用量小于 1%”。该工艺所引起的法律纷争和诉讼直至该工艺被更先进的工艺取代才终止[2]。

第一个成功地应用于工业上硫化矿物选别的浮选工艺是由 Frank Elmore 发明的[3]，他和他的兄弟 Stanley 一直在对浮选工艺进行研发，他们兄弟俩与他们的父亲 William 一起于 1896 年购买了 North Wales 的 Dolgellau 附近的位于 Llanelltyd 的 Glasdir 铜矿。1897 年，Elmore 兄弟俩在 Glasdir 铜矿建成了世界上第一个工业上进行矿物选别的浮选厂（见图 1-1）。其浮选工艺不是泡沫浮选，而是采用烃类油使粉化后的硫化物团聚（成球状），浮升到表面。该浮选工艺于 1898 年申请专利，工艺过程的描述刊登于 1903 年的《E/MJ》。此时，他们已经意识到气泡在辅助油类运送矿物颗粒过程中的重要性。Elmore 兄弟成立了一个公司—— The Ore Concentration Syndicate Ltd.，在世界范围内推广该浮选工艺的工业应用。

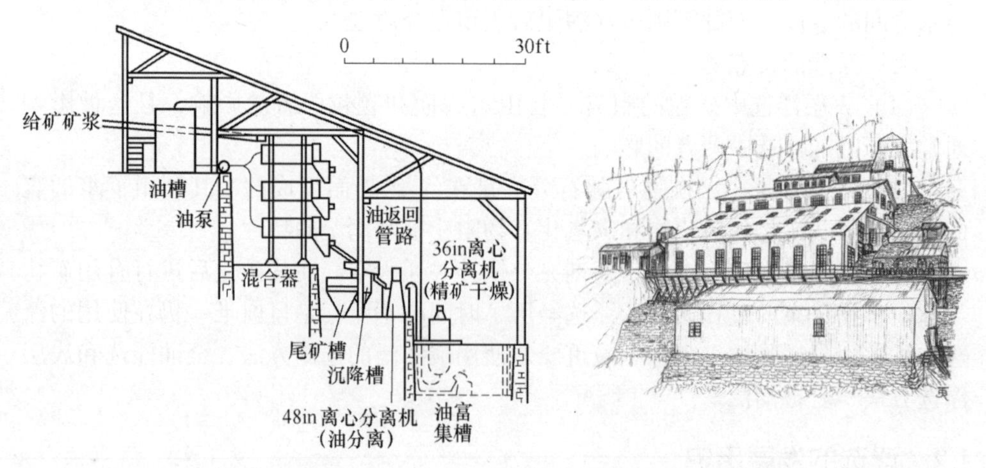

图 1-1　世界上第一个浮选厂（50t 油浮选厂）的配置示意图

（1ft = 0. 3048m，1in = 2. 54cm）

大约从 1899 年开始，Charles Butters 与 Elmore 兄弟及 The Ore Concentration Syndicate Ltd. 的代表 E. H. Nutter 一起研发了当时称为“Butters Process”[4]的浮

选工艺。该浮选工艺在1900年初由澳大利亚的Charles Vincent Potter独立发明。大约同时，澳大利亚籍荷兰裔冶金学家和工程师Guillaume Daniel Delprat[5,6]也研发出了一种浮选工艺，该浮选工艺不使用烃类油，而是通过在矿浆中添加一种酸所产生的气泡来进行浮选。1902年，Froment把油浮选和气浮选两种工艺结合在一起，形成了Potter-Delprat浮选工艺。

另一种浮选工艺出现于1902年，是由Cattermole研发的。他将矿浆中加入少量的烃类油，强烈的搅拌后使其乳化，然后缓慢搅动使有用矿物凝聚成球形通过重力从矿浆中分离出来。这也是The Ore Concentration Syndicate Ltd. 工艺的基础。1904年，出现了Macquisten工艺，该工艺是基于表面张力进行浮选，但其缺点是有矿泥存在时不适用。1905年，Sulman和Picard在浮选中气泡的使用获得了美国专利（专利号：793808），同年，Potter工艺（采用硫化矿物颗粒与1%的硫酸溶液热浴反应产生气泡使硫化矿物颗粒浮选）在矿物工业的浮选中得到应用，使泡沫浮选第一次工业上应用于澳大利亚的Broken Hill铅锌矿来生产锌精矿[7]。

1912年，Hyde调整了The Ore Concentration Syndicate Ltd. 的工艺，并且安装在了美国蒙大拿州Basin的Butte和Superior选矿厂。

盐湖城General Engineering公司的John M. Callow根据技术文章的介绍及其在蒙大拿州的Butte和Superior选矿厂的应用情况，和在亚利桑那的Inspiration铜矿应用的实际情况，认定对当时的工艺来说机械搅拌是一个缺点。他在浮选工艺中采用了多孔材料，通入压缩空气，安装了机械搅动机构，并于1914年申请了专利[8]。这种称之为充气浮选（pneumatic flotation）的方法被认为是浮游选矿工艺的一次革命，Callow也于1926年被美国矿冶石油工程师学会（AIME）授予James Douglas金牌，以表彰他在浮选领域的突出贡献。

1930年，Taggart等人概括地提出了捕收剂的概念：捕收剂是一类既有一个可以附着到矿物表面上的极性基，又有一个导向表面之外的非极性基的选矿药剂。目前使用的大部分捕收剂是在那个时期研发出来的，如黄原酸盐（xanthate）、二黄原酸（dixanthogen）、黄原甲酸盐（xanthogen formate）、二硫代磷酸盐（dithiophosphate）、二硫代氨基甲酸盐（dithiocarbamate）、硫醇（mercaptan）、巯基苯并噻唑（mercaptobenzothiazole）、脂肪酸（fatty acid）、烃基硫酸盐（alkyl sulfate）、磺酸盐（sulfonate）和胺（amine）等。

在浮选工艺的发展过程中，部分早期的标志性成果见表1-1。

表1-1 早期浮选技术的重要成果[9,10]

年份	贡献者	所取得的成就
1860	Haynes	全油浮选工艺
1877	Bessel	沸腾选别石墨的工艺

续表 1-1

年 份	贡献者	所取得的成就
1885	Bessel	利用化学反应产生气体选别石墨的工艺
1886	Everson	实现了矿浆酸化
1902	Froment，Potter，Delprat	气体成为硫化矿物浮起的介质
1905	Schwarz	硫化钠用于回收氧化的贱金属矿物
1906	Sulman，Pickard，Ballot	降低油的耗量，通过强力搅拌引入气体
1913	Bradford	采用二氧化硫抑制闪锌矿
1913	Bradford	采用硫酸铜活化闪锌矿
1921	Perkins and Sayre	特效有机捕收剂
1921	—	碱回路
1922	Sheridan，Griswold	采用氰化物抑制闪锌矿和黄铁矿
1924	Sulman，Edser	采用肥皂浮选氧化矿
1925	Keller	采用黄药作为捕收剂
1929	Gaudin	pH 值控制
1929	Jeanprost	高溶盐类浮选
1933	Nessler	水溶性化学盐类混合物的浮选分离
1934	Chapman，Littleford	团聚
1934	—	烷基硫酸盐作为捕收剂
1935	—	阳离子捕收剂
1952	—	聚丙烯乙二醇作为水溶性起泡剂
1954	—	硫羰氨基甲酸酯作硫化矿物捕收剂
1965	—	异羟肟酸作为 Cu、Fe 氧化物捕收的螯合剂
1985	—	烷氧羰基加合物作为硫化矿和非硫化矿物的捕收剂和调整剂

不论从哪个方面来说，1925 年黄原酸盐作为捕收剂在泡沫浮选中的使用是一个里程碑式的成果，其确立了泡沫浮选在世界自然矿物资源利用中的角色。表 1-2~表 1-4 分别为美国矿物浮选工业在一段时期内发展的步幅、所处理矿石的类型及消耗的药剂量。

表 1-2 浮选工业发展的步幅[11]

年 份	处理矿石量/Mt	生产的精矿/Mt	选矿比
1919	24.08	2.82	8.6
1923	34.29	1.93	17.7
1926	46.16	3.04	15.3
1960	179.86	19.50	10.8
1980	404.34	71.93	5.6

表 1-3 处理矿石的类型 (Mt)

矿石类型	1926 年		1960 年		1980 年	
	原矿量	精矿量	原矿量	精矿量	原矿量	精矿量
铜矿石	39.89	2.17	133.38	4.82	211.61	4.67
铅锌矿石	5.57	0.84	7.43	0.49	11.39	0.84
金银矿石	0.48	0.03	0.12	0.003	0.10	0.005
铁矿石			1.39	0.54	37.88	21.48
磷酸盐矿石			19.03	6.37	108.70	26.63
碳酸钾矿石			10.87	2.83	12.93	2.99
煤			3.73	2.54	11.70	6.86
长石-云母石英砂			1.67	1.06	11.58	8.51
各种工业矿物	0.23	0.02	2.23	0.83	0.58	0.37

表 1-4 浮选消耗的药剂量 (t)

浮 选 药 剂		1925 年	1926 年	1980 年
处理矿石量		41259000	41616000	440361000
起泡剂		2195	2935	12489
捕收剂	油类	8818	2665	115218
	化学药剂	1875	1896	108883
调整剂	酸类	18157	2061	35169
	碱类	1695	75701	413055
	其他	—	—	28735
活化剂		3210	4962	3925
抑制剂		754	1104	33389
絮凝剂		—	—	18069

在那个时期，由于缺少相应的测试手段，对浮选系统中表面化学现象的了解十分有限。当时的两个基本理论是 Taggart 等人所信奉的化学理论和 Gaudin 等人所信奉的基本吸附理论。

Taggart 等人认为，在浮选矿浆中，所有溶解的药剂或是作用于被浮选的矿粒，或是作用于不被浮选的矿粒；由于药剂和其影响的矿粒之间所发生的相应的化学反应影响了它们的可浮性。

试验也表明，硫化矿物在磨矿过程中会被氧化，产生一个由还原硫-氧化物、硫酸盐和碳酸盐组成的氧化产品表面覆盖层。在捕收剂溶液和氧化的硫化矿物接触之后，捕收剂离子和矿物表面离子发生了化学交换。在方铅矿的案例中，在和黄原酸盐接触后，交换的离子中 50%~75%是碳酸盐，其余的是硫-氧离子[12]。

后来，在浸出捕收剂覆盖的方铅矿颗粒后，从酒精溶液中结晶出了乙基黄原酸铅。Taggart 等人把这个理论延伸到包括活化、抑制和分散。Mellgren 采用精确的微量热计清楚地证实了方铅矿上黄原酸盐的置换吸附[13]。

Taggart 的缺点是他认为浮选的化学理论是全包括的，但化学理论有许多的缺陷。许多药剂尽管它们不能够在表面反应形成不溶的产品，但试验表明其作用仍是作为捕收剂，如在闪锌矿表面的胺。该理论的另一个困境是无法解释对金和铂与黄原酸盐接触后测得的大接触角的事实[14]，因为浮选表明是在捕收剂存在少于单层覆盖的条件下发生的。这个理论不能够解释的另一个现象是当辉铜矿和黄原酸盐接触后，在辉铜矿表面上存在着两种形式的黄原酸盐：一种是不能浸出相；一种是由多层磺酸亚铜组成的相。不能浸出相中的黄原酸盐是以单层存在的[15]。

对于吸附理论，Gaudin 认为[16]，捕收机理可以分为两种：一种是可以通过和矿物表面置换形成一定的化合物；另一种是不能发生上一过程的。后一种捕收机理的作用方式不是十分清楚，但确实发生了药剂从溶液中的转移，不清楚是否是药剂简单地黏附到矿物的表面上，还是在矿物表面上变成了不同的化学形式。

浮选所选别的第一种矿物是闪锌矿，于 1911 年分别在澳大利亚和美国进行的。在澳大利亚的 Broken Hill 铅锌矿，Leslie Bradford 采用硫酸铜作为闪锌矿的活化剂来浮选闪锌矿[17]。这的确是浮选工艺发展的重大成果之一。但令人惊奇的是在那个诉讼经常发生的时代，这项发现并没有申请专利。在当时，他还举例说明了二氧化硫对闪锌矿的抑制作用。

在浮选技术发展上的另一个重要成果是使用氰化物来抑制闪锌矿和黄铁矿。氰化物和 pH 值控制的共同使用已经能够使复杂硫化矿石微分离浮选，该技术在 1922 年获得专利授权。1929 年，Gaudin 的工作表明了控制泡沫浮选的 pH 值是对泡沫浮选的另一个重大贡献[18]。该项工作涉及黄原酸盐和胺浮选硫化矿，黄原酸盐浮选碳酸铜和在脂肪酸存在的条件下用二价铜离子活化石英和长石。Gaudin 认为，在一些实例中似乎确定 H^+ 和 OH^- 与矿物表面进行了反应，在另一些例子中，好像又主要是捕收剂在矿物表面的黏附。该技术没有申请专利。

Gaudin 在 1930 年发表了关于黄原酸盐、硫酸铜和氰化物对闪锌矿浮选的影响的文章[19]，他证实了 1911 年 Roger 的试验，闪锌矿上的深蓝色覆盖层是和硫酸铜溶液长时间接触的结果，并指出没有被活化的闪锌矿能够用戊基和庚基黄原酸盐浮选，但不能用乙基黄原酸盐浮选。他解释了在可溶性产品 CuS 和 ZnS 的基础上铜对闪锌矿的活化作用，指出氰化物不能抑制没被活化的闪锌矿的浮选，证明了氰化物对铜活化的闪锌矿的钝化。

第一次对浮选的物理化学进行详细而一丝不苟研究的可能是 Wark 和 Cox[20~22]，他们进行了大量的研究，利用接触角的测量来描述了调整剂如氰化物、氢氧根离子和硫化物离子对硫化物浮选的影响。所做出的临界 pH 值、氰化物和硫化物的曲线清楚地表明了可能发生气泡接触和非气泡接触的条件，这些结果直到今天还是有用的，已经经受住了时间的检验。

当时对黄铁矿的研究进行了相当大量的工作，但没有得到确定的机理，早在 1933 年，Gaudin 和 Wilkinson 指出[16]，黄铁矿或黄铁矿氧化产生的铁离子把黄原酸盐变成了双黄药，倘若能够避免双黄药的氧化，则能够从矿物的表面提取出双黄药。这个珍贵的研究结果放置沉睡了 35 年。

在评述 Wark 和 Cox 的成果时，Barsky 指出[2]，在临界 pH 值下气泡与方铅矿及其他硫化物接触后，黄原酸盐离子浓度和氢离子浓度的乘积是不变的。他认为对浮选起作用的可能是自由的黄原酸分子而不是黄原酸盐离子。

泡沫浮选发展的前半期主要是涉及“如何使浮选发生”；大约在 1950 年以后，研究工作则主要是在“浮选是如何发生的”，自从 1950 年以来，在了解这些规律方面已经取得了巨大的进步。

1950 年，Cook 和 Nixon 发表了一篇文章，他们假设中性的异极分子（游离酸或碱）而不是离子主导着捕收剂覆盖的固体上的疏水膜，显然是 Barsky 对 Wark 和 Cox 的气泡接触曲线的评述吸引着 Cook 在解释捕获气泡曲线的完整形状的兴趣。这个成果后来成为众所周知的中性分子理论，Cook 和他的同事[23~25]假设离子必须接近于一个带电的表面以形成一个离子对，在恒定的离子浓度下，吸附过程仅仅是离子交换。

Barsky 指出[26]，沿着捕收剂-pH 值捕获气泡曲线的上部轨迹，总的捕收剂浓度 c_{m_c} 乘以氢离子浓度 c_{H^+} 等于常数 K_{Barsky}：

$$c_{m_c} \cdot c_{H^+} = c_{HX_{aq}} = K_{Barsky}$$

式中，下标 HX_{aq} 表示溶解的黄原酸的中性分子；c_{H^+} 可以由 K_w/c_{OH^-} 替换（K_w 为水的离子积常数），两者的相互关系已经用于解释在矿物表面上黄原酸盐和氢氧根离子之间竞争吸附的结果。

假定是单边的 Langmuirian 吸附，中性分子作为捕收剂，Cook 和他的同事得到下面关系：

$$c_{HX_{aq}} = \frac{c_{m_c} \cdot c_{H^+}}{c_{H^+} + K_c} = \text{沿气泡接触曲线的常数}$$

式中，K_c 为所用黄原酸的分解常数。

在同样条件下，碱性介质中捕收剂的酸的分解常数比氢离子浓度大得多，这种表述归纳为 Barsky 关系。随着 pH 值的降低，氢离子浓度变大，在某些取决于捕收剂酸的 pK_a 值的 pH 值下，这种相互关系会失去线性。在相当低的 pH 值下，氢离子浓度比捕收剂的酸的分解常数大得多，捕收剂添加后的曲线会变成水平的，未分解分子的浓度将是捕收剂添加后的浓度。从这个模型计算的临界 pH 值曲线的相关关系与 Wark 和 Cox 的试验数据相比是值得注意的[23]，这个分析也被应用到捕收剂和抑制剂同时存在的系统中[24]。

该吸附模型的另一个支持证据是 Steininger 提供的[27]，其在闪锌矿浮选中采用了各种巯基捕收剂。在浮选的临界 pH 值的上限和捕收剂酸的 pK_a之间的相互关系是明显的。此外，最佳的和最大的闪锌矿回收率是在 pH=3 左右、戊基黄原酸盐作为捕收剂的条件下得到的[28,29]。当硅孔雀石采用辛基异羟肟酸浮选时，有两个最理想的 pH 值：pH=6 和 pH=10。异羟肟酸是一种非常弱的酸，pK_a 为 9。在 pH=6 的条件下，基本上捕收剂均为中性分子，而在 pH=10 时则主要是异羟肟酸离子，根据系统的条件，任一种都可作为捕收剂。

中性分子理论的应用是在半个多世纪以前，不幸的是在科学的道路上总有异见。多年后，在浮选系统中存在着中性分子的事实已经得到确认，但是需要对这样一些中性分子在浮选系统中的作用进行研究[30]。

1.2.2 研究技术的发展

20 世纪中期，研究人员开始利用其他的技术以求更深入地了解浮选中发生的表面化学现象。Plaksin 等人利用 X 射线显微照片来研究捕收剂在矿物表面的分布[31]。Gaudin 和他的同事利用放射性示踪剂来研究十二胺在赤铁矿和石英上的吸附现象、闪锌矿的活化与钝化以及钠离子和钙离子在黄铁矿表面的吸附[9,32~34]。Aplan 和 Debruyn 研究了己硫醇在金上的吸附[35]，并且证实了在固-气界面上捕收剂的平衡吸附密度如同吉布斯吸附方程预测的一样，超过了在固-液界面上捕收剂的平衡吸附密度。最重要的是，用放射性示踪剂所做的工作证实了以前所建立的数据和概念。

Wadsworth 等人首先开始利用红外吸收光谱作为研究捕收剂吸附机理的手段，使得以前不可能深入洞察的吸附机理成为可能。1956 年，Eyring 和 Wadsworth 撰写了一篇非常优秀的关于己硫醇在锌矿物、硅锌矿、红锌矿和闪锌矿上吸附的文章，清楚地表明了在矿物表面上己硫醇的—S-X 扩展的消失和 OH^-的消失。他们指出这种现象或者是离子交换，或者是形成了水。

Peck 等人也利用红外技术对捕收剂在氧化物、硅酸盐和微溶性盐上的吸附进行了研究[36~38]，观察到的现象是：在油酸盐的化学吸附之下，羟基和水从赤铁矿中被取代以及在表面上浮选和化学吸附的油酸盐之间的正向关系；在方解石上物理吸附的油酸、物理吸附的油酸钠和化学吸附的油酸盐发生的条件；在氟化物活化之后，油酸盐在硅铍石（Be_2SiO_4）上单层覆盖的化学吸附和在绿玉上的物理吸附。

Leja 等人在 1963 年[39]利用红外吸附分析证实了在方铅矿表面存在着两层吸附的黄原酸盐，其外层是由多层黄原酸铅组成的，成分与大量沉积的黄原酸铅相同。用丙酮清洗之后，外层被除去，剩下一层为单层覆盖的强力吸附的黄原酸盐，使用任何溶剂都不能将其除去。

在没有活化剂的条件下，闪锌矿和黄原酸盐接触之后，在其表面上也发现了多层的黄原酸锌。多层的黄原酸锌展现了和大量沉积的黄原酸锌相同的红外吸附特性[29,40]。

Kuhn[41]也研究了其他的硫化矿如辉铜矿、黄铜矿、方铅矿和黄铁矿，在和黄原酸盐接触之后，只是在黄铁矿的表面观察到了双黄药。另外分别只是在闪锌矿、方铅矿和辉铜矿的表面形成了沉积的黄原酸锌、黄原酸铅和黄酸亚铜。

20 世纪 80 年代，在研究中引入了傅里叶变换红外光谱技术，由于其能够就地测量、定量计算吸附密度、确定吸附过程的实时动力学以及表面活性剂的键合，因而对于研究表面化学现象特别有用。Mielczarski 等人[42]和 Miller 等人[43]首先在浮选中采用了该技术。Mielczarski 等人展示了十二烷基硫酸盐在萤石表面的化学吸附。Miller 等人展示了或者提高温度或者提高氧电位导致在萤石表面吸附的油酸盐烃链中双键的消失，并且在烃链之间形成一个任意的链接。

1.2.3 热力学和双电层理论

20 世纪 50 年代，热力学和双电层的概念被引入了浮选中的吸附现象。Debruyn 等人[44]把吉布斯吸附方程应用到浮选系统来解释捕收剂离子的影响、在表面张力下捕收剂沉积的形成以及活化和抑制。气-固-液界面的电效应和矿物悬浮的稳定性也受到了极大的关注[9,45]。1958 年，Iwasaki 和 Debruyn 对硫化银溶液界面的电化学性质进行了研究，把试验观察到的结果和利用 Guoy-Chapman 理论计算的结果进行了比较[46]。Jaycock 和 Ottewill 在 1962 年研究了离子表面活性剂在带电固体（AgI）表面的吸附[47]，验证了最佳浮选条件，提出了捕收剂离子的吸附模型。Debruyn 和 Agar 对浮选的表面化学进行了归纳[48]。Parks 和 Debruyn 根据在溶液中赤铁矿表面羟基的分解和羟配合物的吸附提出了一个模型[49]。1966 年，Deju 和 Bhappu 对硅酸盐矿物的表面现象给出了一个化学上的阐述[50]。Onoda 等人及 Hopstock 等人利用双电层理论对石英的胺浮选中无机离子的竞争和抑制效应进行了阐述和分析[51,52]。Somasundaran 确定了长链表面活性剂在氧化铝水溶液中的吸附和结合的热和熵[53]。Cases 等人考虑了吸附层中所有的势能提出了一个吸附模型[54,55]，并给出了吸附期间的熵变。许多其他很好的有关浮选的热力学和双电层理论的例子见诸于文献中。

1.2.4 硫化矿浮选

在硫化矿浮选方面，1968 年，Majima、Takeda 及 Fuerstenau 等人发表了有限的几篇关于利用黄原酸盐浮选黄铁矿的文章，在这些文章中提出了在黄铁矿的黄原酸盐浮选中，双黄药起着主要作用的证据[56,57]。早在1933年，Gaudin也提出过类似的结果[16]，但没有继续探索。Majima和Takeda采用黄铁矿电极，而Fuerstenau等人利红外吸附分析和电位测量进行了一个电化学研究，Majima和Takeda在碱性介质中进行了黄铁矿的极化试验，并且提出了黄原酸盐在黄铁矿表面的电化学氧化是双黄药形成的机理。

Salamy和Nixon在1953年提出了硫化矿浮选中可能是电化学机理的概念[58]，随后Tolun和Kitchener在1964年进行了方铅矿和黄原酸盐的电化学研究[59]，而Majima和Takeda等人[56]的文章则是在世界范围内真正推动了对在使用各种巯基捕收剂的条件下硫化矿电化学测量的广泛研究[60~66]。

当硫化矿物放置到水中时，它们会产生一个电位，称为静止电位。当矿物的静止电位大于黄药/双黄药耦合的可逆电位时，黄药被氧化成双黄药[62]。黄铁矿、砷黄铁矿、磁黄铁矿和黄铜矿会氧化黄原酸盐，而双黄药就是这些矿物的捕收剂。另外，辉铜矿、方铅矿和闪锌矿的静止电位低于黄原酸盐的氧化还原电位，因此在这三种矿物上的反应产物总是金属黄原酸盐。Finkelstein和Goold采用二硫代氨基甲酸酯作为捕收剂进行过类似的试验[63]。在黄铁矿上把二硫代磷酸盐氧化成它的二聚物时比黄原酸盐氧化成双黄药更困难，这也解释了为什么纯的黄铁矿在pH值高于6时不能用二乙基二硫代磷酸盐[63]。

在探索金属黄原酸盐形成的过程上也已经有了很大的进展，如Woods已经证明了在方铅矿上不可浸出的单层黄原酸盐的形成是由于其表面上黄原酸盐的电化学放电[61]。在方铅矿表面上观察到的多层黄原酸铅是通过表面上氧化的阴离子，也就是碳酸盐、硫酸盐和硫-氧离子的置换而形成的。对在这些条件下浮选的硫化矿物，多层的金属-捕收剂沉积应当是疏水的，乙基黄原酸铅已经证明了这一点[67]。

辉铜矿和闪锌矿也有类似的现象。闪锌矿可以用短链黄原酸盐在没有活化剂的条件下，在表面上形成和吸附黄原酸锌之后浮选[28,29]。最好的结果是采用乙基黄原酸盐，但需要的用量很高。已经通过红外分析证明多层黄原酸锌是松散沉积的[29,40]，多层的黄原酸锌可以用水冲洗掉，而单层覆盖吸附的黄原酸盐则需要用有机物冲洗除去[68]。这些现象说明与黄原酸铅相比，黄原酸锌可溶性更大。

详细的热力学计算[69,70]、浮选药剂领域物理-化学模型的热力学应用[71,72]以及硫化矿浮选化学和操作变量的评估都是对硫化矿浮选技术的重大贡献[73]。

Harris和Fischback引入的N-乙基-O-异丙基硫代氨基甲酸酯（Z-200）是对硫化矿选矿的一个重要进展[74]，该药剂得到了世界范围内硫化铜浮选界的认可。这种药剂在碱性介质中对黄铁矿不敏感，且其对硫化铜矿物的吸附能力非常强，是硫化铜矿物的有效捕收剂。黄铁矿在中性和酸性回路中浮选相当容易[75]。已经有人提出把与表面铜离子的螯合作用作为硫化铜矿物浮选的一种可能的机理[76]。

关于氰化物抑制含铁硫化物的机理已经清楚，氰化物和铁反应形成亚铁氰化物离子，$Fe(CN)_6^{4-}$。铁可以从磨矿介质中获得，或从含铁硫化物中得到。很明显，抑制是由于表面形成了非常难溶的化合物——亚铁氰化物而导致的[77]，认为在表面形成的这种化合物阻止了黄原酸盐到双黄药的阳极氧化。

硫化矿物的自然可浮性也已经清楚，有人提出了是否硫化矿物具有内在可浮性的问题，为了回答这个问题，Ravitz 和 Porter 于 1934 年对方铅矿在无氧系统中用铵盐清洗后浮选[78]，得到了很好的浮选结果。其他研究者根据所做的工作提出在非常适度的氧化条件下，表面硫化矿被氧化成元素硫，或是多聚硫化物，或是亏金属层可能是这种现象的主要原因[79~82]。事实上硫化物离子没有氢键键合水分子也可能是这种现象的原因之一。Hays 和 Ralston 及其他人已经证实通过控制电位实现了硫化矿的分离[83]。

辉钼矿即使在有空气存在的条件下仍保持其自然可浮性，这可能是由于碎裂时产生的在 MoS_2 电中性层之间的范德华力的原因[9]，事实上辉钼矿的氧化产品是一个阴离子。

1.2.5 捕收剂离子的静电吸附

多年来已经知道固体在水中荷电的事实，首先进行确定表面荷电在浮选中可能起的作用工作的是 Gaudin 和 Sun[84]，他们测定了许多矿物的 ξ 电位，定性地表明吸附、可浮性、活化和抑制可能和 ξ 电位相关。Sun 在 1943 年提出了矿泥罩盖可能是由于相反荷电颗粒之间的静电作用形成的[85]。

1960 年，Modi 和 Fuerstenau[86] 及 Iwasaki[87] 等人分别在对刚玉和针铁矿进行的研究中非常清楚地表明，表面荷电的作用在矿物表面捕收剂的静电吸附中展现出来。这些研究产生了许多在其他方面类似的体系，并且测定了许多矿物的零电点。在碳氢链上含有 12 个或更少的碳的胺和阴离子捕收剂基本上可以静电吸附到符号相反的矿物表面上。许多研究者已经对许多的矿物采用多种捕收剂进行了研究，如 Laskowski 和 Sobieral 采用月桂酸钠和月桂胺作为捕收剂对铬铁矿[28]以及 Moir 和 Stevens 采用硫酸十二酯作为捕收剂对绿玉[88]所得到的结果都是很典型的。

真正首次聚焦于浮选中的静电现象是 Gaudin 和 Fuerstenau 在 1955 年用胺进行石英浮选的研究中[89]，在这次研究中提出了半胶束的概念。他们认为半胶束是捕收剂离子在固-液界面的缔合，类似于 Harkins 在 1952 年提出的气-液界面上单层油酸分子拼凑的形状[90]，他们根据自己的假设，用增加胺浓度以改变 ξ 电位符号，再根据玻耳兹曼关系计算界面上的胺离子浓度。

这种现象的其他证据有：在气-液界面和固-液界面发生的捕收剂离子和起泡

剂分子的缔合[91]；随着ξ电位符号的改变，在相同浓度下，胺在石英上吸附密度的斜率发生改变[92]；各种链长的胺对石英的浮选速率和计算所得碳氢链缔合范德华黏附自由能之间的结果吻合很好[93]；当在浓度中分子胺占主导时，用胺浮选石英的效果最佳（pH=10）[94]；中性分子和离子之间形成的离子-分子复合物形式，特别是当表面活性剂离子和分子以大约相同的浓度存在时[53]；长链醇和胺的共吸附[95]。

采用十二磺酸酯，在中性pH值下，在石英上的吸附等温线非常清楚地表明了这些现象[96]，等温线斜率三个明显的改变说明了不同的吸附现象。在低的捕收剂浓度下，是单个离子的吸附，ξ电位仍然是恒定的。随着十二磺酸酯添加量的增加，半胶束形成，吸附密度明显增加，ξ电位随着浓度增加急剧降低。随着浓度进一步增大，等温线斜率发生了第三次改变，可能标志着在界面上形成了磺酸酯离子的双分子层。

用胺进行的所有试验都是在室温下进行的，由于十二胺的Krafft温度是26℃，因而采用十二胺有可能形成胶束[97,98]。在碳氢链上碳原子数大于12的胺的Krafft温度是大约56℃[99]，因而在固-液界面上不可能形成半胶束，除非在界面上而不是本体溶液中正在发生不同的现象。

Laskowski和他的同事已经证明在碱性溶液中形成沉淀的胺胶粒是带电的[100,101]，并且在相对高的pH值下有一个等电点，例如十二胺在pH=11时有一个等电点。此外也证明胺的胶粒形成的pH值范围是和石英最佳浮选条件的pH值范围相同的[94]，这些研究人员认为带正电的胺胶粒吸附到带负电的石英上是在这些条件下浮选的原因。

Smith采用弱基胺和强基胺浮选石英[102]，伯胺、仲胺、叔胺能够很好地产生胺胶粒的沉淀，但强基的季胺则不能。用三甲基十二烷胺乙酸盐浮选得到类似于弱基胺所得到的结果，包括在pH值为10时的最佳回收率和pH值约大于13时的抑制效果。因而可以把三甲基十二烷胺乙酸盐的溶解度与在碱性介质界面预期的浓度相比较，以确定半胶束和捕收剂盐的作用。

从浮选的观点对碳氢链缔合或者以半胶束、或者以捕收剂盐沉淀在矿物表面上是理想的。Ananthapadmanablan和Somasundaran指出[103]，如果静电因素对吸附有利，在界面范围内的表面活性剂浓度将会高于本体溶液中的浓度，在界面范围内发生的相互作用将取决于形成半胶束和表面活性剂盐沉淀所需的表面活性剂的相对浓度。如果半胶束浓度（HMC）较低，半胶束的形成会优先于捕收剂盐的沉淀。

1.2.6 氧化物和硅酸盐的浮选

Iwasaki等人采用更长烃链的同系物进行的试验表明[104]，浮选可以在pH值大大高于零电点时用十八烷基硫酸盐，低于零电点时用十八胺进行，这些事实也支持了半胶束假设。在其他的体系中，捕收剂的长链同系物化学吸附在矿物的表面。

1943年，Taggart和Arbiter指出，任何矿物采用脂肪酸盐浮选的最佳pH值是接近于相应的金属氢氧化物沉淀时的pH值。Fuerstenau和他的同事提出了用高相对分子质量的阴离子捕收剂来浮选不溶的氧化物和硅酸盐，过程的发生如下列顺序：(1) 轻微的矿物溶解；(2) 溶解的金属种类水解成羟基络合物；(3) 羟基络合物再吸附；(4) 羟基络合物水解成金属氢氧化物；(5) 吸附的捕收剂消耗了金属氢氧化物，形成金属捕收剂的沉淀。这种现象的一个很好的例子可以从铬铁矿-油酸盐体系中看到[105,106]。

铬铁矿在理论上是$FeO \cdot Cr_2O_3$，但在自然界中，Mg^{2+}经常替换其中的Fe^{2+}，Al^{3+}和Fe^{3+}经常替换Cr^{3+}。由于三价离子和氧是八面体配位，而二价离子是四面体配位，二价离子从矿物中溶解比三价离子更容易。因此，铬铁矿的浮选是由二价离子Mg^{2+}和Fe^{2+}控制。铬铁矿的最佳浮选pH值是在8~9和10~11之间，采用油酸盐作为捕收剂。亚铁离子在pH值为8~9之间时水解成$FeOH^+$和$Fe(OH)_{2(s)}$，Mg^{2+}在pH值为10~11之间时水解成$MgOH^+$和$Mg(OH)_{2(s)}$。由于该铬铁矿的零电点是pH值为7.2，在pH值为4时，由于油酸盐的物理吸附，浮选就发生了。Laskowski和Sobieraj也观察到在低于零电点时[28]，油酸盐在许多铬铁矿样品上的物理吸附，并且也观察到了在pH值为10~11时捕收剂的化学吸附。当用油酸盐浮选软锰矿时也看到了类似的现象[107]。

Peck等人证明赤铁矿在pH值为7.6下的浮选直接与油酸盐在表面的化学吸附有关[36]。在捕收剂被吸附时，羟基和水从矿物表面上置换。Lai和Fuerstenau[108]在氧化物表面上模拟正、负和电中性的场合时注意到油酸盐的最佳吸附是在接近赤铁矿的零电点时。如同Somasundaran和Ananthapadmanabhan[109]所指出的，这也是pH值的原因，在该pH值下，当使用油酸作为捕收剂时，离子-分子（$RCOOH \cdot RCOO^-$）的量最大。

其他的矿物在pH值为7~8时用油酸盐浮选也表现出最佳的状态，Polkin和Najfonow[110]指出钶铁矿、钽铁矿、石榴石、钛铁矿、烧绿石、金红石、电气石和锆石在这个pH值范围内浮选是最佳的。Dixit和Biswas[111]对钛铁矿、锆石、石榴石和金红石得到了类似的结果。Polkin和Najfonow认为在矿物的表面捕收剂发生了强烈的化学吸附，随后形成了不溶的重金属油酸盐。

Gutzeit在1946年对有机螯合剂作为浮选捕收剂的应用进行了研究，Fuerstenau和Peterson利用辛基氧肟酸钾作为捕收剂对硅孔雀石和赤铁矿进行了浮选并申请了专利[112]，从而推动了世界范围内利用螯合剂作为浮选捕收剂的研究。针对不同的矿物研究出了许多螯合剂，这些捕收剂包括水杨醛、水杨醛肟、丁二酮肟、羟基喹啉、对苯二酚和亚硝基苯胺。最初，利用这些药剂作为捕收剂的限制主要是药剂的成本。在这些药剂中，辛基氧肟酸工业上用作捕收剂，只是在当时是计划经济的国家也就是中国和苏联使用，后来在美国使用是用来从高岭土中除去锐钛矿和红泥处理过程中作为聚合絮凝剂的活化基团。

赤铁矿采用辛基氧肟酸在 pH 值为 8 时可以很好地浮选，硅孔雀石采用其作为捕收剂在 pH 值为 6 左右时也可以很好地浮选，在此 pH 值下，主要是因为 $CuOH^+$ 易形成 $Cu(OH)_{2(s)}$[112, 113]。在这些矿物上形成金属氧肟酸盐的沉淀。采用红外吸附分析证实，在和辛基氧肟酸接触之后，在硅孔雀石上明显观察到氧肟酸铜的存在[105,106]。在这些条件下，硅孔雀石转为苹果绿色，也就是氧肟酸铜的颜色。利用红外吸附分析也看到了在赤铁矿上氧肟酸铁的存在。Ragavan 和 Fuerstenau 提出，随着辛基氧肟酸添加量的增加，赤铁矿零电点朝向生成氧肟酸铁的漂移[114]。Nagaraj 和 Somsundaran 采用水杨醛肟研究了氧化铜的浮选[115]，观察到的浮选 pH 值范围为 2~10，在该范围内，Cu-水杨醛肟的复合物是稳定的。

1.2.7　活化

1.2.7.1　金属离子活化

早期人们发现纯的石英采用阴离子捕收剂如黄原酸盐或油酸盐是不浮的。Kraeber 和 Boppel 发现[116]，不管怎样，在各种金属离子存在的条件下，在特定的 pH 值下，石英能够活化，如 Fe^{3+} 在 pH 值为 3~8 时，Cu^{2+} 在 pH 值为 6~9 时，Mg^{2+} 在 pH 值为 10~12 时。活化发生的 pH 值与金属氢氧化物的沉淀发生的 pH 值相同。Gaudin 和 Rizo-Patron 研究了 Ba^{2+} 对石英的活化[117]，发现活化可能是在碱性介质中，而不是在酸性介质中。Schuhmann 和 Prakash 也利用真空浮选研究了 Ba^{2+} 对石英的活化[118]。Rogers 和 Sutherland 发现 $Pb(NO_3)_2$ 在碱性介质中采用十六烷基硫酸钠作为捕收剂时活化了石英[119]。

Fuerstenau 等人利用油酸盐、黄原酸盐和黄药作为捕收剂详细地研究了石英的活化[57,120~122]，活化剂包括 Fe^{3+}、Al^{3+}、Cu^{2+}、Pb^{2+}、Zn^{2+}、Mn^{2+}、Mg^{2+}、Ca^{2+}。研究发现，活化发生是在氢氧化物 Me_nOH^{n-1} 形成的最佳 pH 值下，非常接近金属氢氧化物沉淀的 pH 值。实际上，Fuerstenau 等人发现氢氧化物表面非常活跃以至于它们吸附广泛，甚至可以吸附到荷正电的氧化铝表面[113]。

McKenzie 注意到在 pH 值为 2 ~ 7 的范围内[123]，在添加的铁离子存在的条件下，石英的 ξ 电位符号发生了改变，提出了荷正电的 $Fe(OH)_3$ 胶体的吸附可能是这种现象的原因。在其与 O' Brien 的另一个研究中[124]，认为荷正电的 $Ni(OH)_2$ 和 $Co(OH)_2$ 沉淀的吸附可能是石英的 ξ 电位在这些阳离子水解的 pH 值范围内为正的原因。

James 和 Healy 利用钴在 SiO_2 和 TiO_2 上的吸附和动电研究[125]，调查了水解的金属离子在氧化物界面的吸附，并且提出了一个在这些表面上水解的物质吸附的热力学模型，他们把动电现象归因于在石英表面上 $Co(OH)_{2(s)}$ 的形成。他们根据离子接近于界面时能量的变化，对这些体系给出了很好的分析结果。吸引能是静电自由能并且任何短程的吸力都可能涉及的；排斥能则包括次生的溶解能由于溶解外膜重新排列或被替代而导致的变化。他们的分析表明，溶解能的变化更有利于氢氧化物，而不是低介电固体（如石英）的水合二价离子。因此，吸附的整体自由能将是更有利的。对钙类物质在石英上吸附的研究也佐证了上述结果[126]。

在这些活化体系中涉及表面活性剂-盐的沉淀。Fuerstenau 和 Cummins 观察到石英的活化和浮选只是在 pH 值为 11.5 时[121]，十二酸钙沉淀之后进行。实际上，在一些钙和油酸盐添加量相对高的钙-油酸盐-石英体系中，很好的浮选往往发生在系统看上去类似于乳状时。

1.2.7.2 硅酸盐的氟化物活化

O' Meara 等人在用胺浮选铝硅酸盐矿物时注意到了添加氢氟酸所显示出来的好的效果[127~129]，这个行为归因于其对矿物表面的多价离子和黏土类物质的清洗。Smith 等人详细地研究了这种现象[130, 131]，HF 的行为似乎是侵蚀了表面硅酸形成了氟硅化物，氟硅化物就地吸附在铝上，随后胺离子吸附到铝 - 氟硅化物上。

硅酸盐的氟化物活化是 Manser 的一个综合研究的课题[133]，共得到了下列五组硅酸盐矿物的浮选数据：正硅酸盐（红柱石、绿玉、电气石）；辉石（斜辉石、透辉石、锂辉石）；闪石（角闪石、透闪石、阳起石）；片状硅酸盐（白云母、黑云母、绿泥石）；网硅酸盐（石英、长石、霞石）。

正硅酸盐对添加氟化物很敏感，而辉石和闪石几乎不受氟化物的影响。片状硅酸盐可以被氟化物活化，而网硅酸盐除石英外在一个很小的范围内被活化。

1.2.7.3 硫化物的活化

在 1911 年发现了用硫酸铜可以活化闪锌矿，是泡沫浮选最早的发现之一。早期的研究者们认为是 Cu^{2+} 取代了闪锌矿晶格里的 Zn^{2+}，在闪锌矿的表面形成了一个硫化铜表面。Gaudin 在 1930 年根据 CuS 和 ZnS 的溶度积分析了这种活化现象[19]。Wark 和 Cox 注意到 Hg^{2+} 和 Ag^{+} 也起着活化剂的作用[20~22]，而 Wark 等人指出铂、金、铋、镉、铅、铈、锑和砷也是活化剂[133]。基本上，这些形成相对不溶硫化物的金属离子都可以作为有效的活化剂。

Gaudin 等人利用放射性示踪剂对 Cu^{2+} 和 Ag^{+} 与闪锌矿中的 Zn^{2+} 的交换进行了研究[32~34]，由于铜的活化，对最初很少的几层中的 Zn^{2+} 的替换，Cu^{2+} 与 Zn^{2+} 的交换迅速，但随后就产生了抛物线散射。银离子也是按化学计量来交换锌离子，交换速率是时间的对数函数。把闪锌矿的颗粒放进含有高浓度的硝酸银的溶液里，可以看到其在约 1s 的时间里完全变黑了。

在硫化物的优先浮选中避免活化是非常重要的。硫化银、硫化铜和硫化锌之间的溶度积的差别很大，以至于只有一种方式来降低溶液中的 Ag^+ 和 Cu^{2+} 的活性以阻止活化反应的产生，就是络合。银和铜离子的氰化络合物比锌的稳定得多，$(Zn^{2+})/(Cu^{2+})$ 和 $(Zn^{2+})/(Ag^+)^2$ 的总活性比从热力学的角度阻止了反应的发生。

阻止铅的活化不能用氰化络合方式完成。硫化铅和硫化锌的溶度积在值上相当接近，在溶液中平衡活性比 $(Zn^{2+})/(Pb^{2+})$ 只是约 1000。由于闪锌矿通常不易氧化，极少有锌能从矿物上溶解下来，因而可以添加硫酸锌。由于碱式碳酸铅和氢氧化锌的平衡，溶液中锌离子对铅离子的活性比远大于平衡比，平衡比可以阻止活化的发生。

除热力学因素外，大量的证据表明，在沉淀发生的条件下形成的锌盐的胶体是闪锌矿的抑制剂。Malinovsky 在 1946 年首次提出了氢氧化锌胶体的抑制作用[134]，并由 Livshitz 和 Idelson 在 1953 年证实[135]，他们证实闪锌矿的抑制范围和锌胶体的浓度直接相关。

1.2.8 半溶盐

自从 20 世纪 20 年代以来，脂肪酸作为盐类矿物捕收剂的效果已是众所周知。Gaudin 等人用脂肪酸浮选方解石、蓝铜矿、孔雀石、菱锰矿和菱铁矿。基本上，他们观察到捕收剂的需要量随着脂肪酸烃链的长度增加而减少，并且温度增加会促进浮选。早期的研究者认识到在这些矿物上发生了油酸盐的化学吸附。根据 Taggart 的结果[136]，当油酸盐离子被磷灰石除去时，溶液中出现磷酸盐离子；而采用方解石，当油酸盐被吸附时释放出碳酸盐。

1934 年，Halbich 研究发现烷基硫酸盐和烷基磷酸盐可以作为磷灰石、重晶石、方解石、白铅矿和孔雀石的有效捕收剂[137]，在硫化前和硫化后进行了重金属碳酸盐和硫酸铅的黄药浮选。Taggart 等人用十二胺进行了方解石的浮选[138,139]，他们假定胺交换了钙离子，在方解石的表面形成了碳酸铵。

已经证明半溶盐可以通过捕收剂的物理吸附进行浮选，如用相对低的十二烷基硫酸盐浓度（十二胺）浮选方解石[140]。基本上，阴离子捕收剂在这类矿物上的吸附是化学吸附和金属沉淀物形成的吸附。

Peck 等人利用红外吸收光谱证实了油酸盐在方解石上的化学吸附[141]，没有证据表明存在着油酸的物理吸附。Fuerstenau 和 Miller[122] 利用红外研究提出更短链的羧酸盐和黄原酸盐如十二酸和十二黄酸盐在方解石的表面在浮选条件下是以羧酸钙或磺酸钙的形式存在。Somasundaran 观察到方解石在和油酸盐接触之后[142]，在方解石表面上出现了一个新的油酸钙相。Predali 观察了两种类型的阴离子捕收剂作用于白云石和菱镁矿[143]，捕收剂在酸性介质中为物理吸附，在碱性介质中为化学吸附。Szczypa 和 Kuspit[144]观察到了一个很强的十二酸酯与方解石表面的结合层，在该层上吸附了多层的十二酸钙。Marinakis 和 Shergold[145]注意到在方解石、重晶石和萤石上形成了金属油酸盐。Morozov 等人在 1992 年提出了溶液中的离子成分和其对化合物如 $CaCO_3$、油酸钙和 $CaSiO_3$在方解石和萤石上的稳定范围的影响。

对萤石也进行了大量的研究，Peck 和 Wadsworth 指出油酸在酸性介质中是物理吸附，而在碱性介质中油酸盐则为化学吸附[141]。Shergold 指出十二烷基硫酸盐在萤石上是化学吸附[146]。Cook 和 Last 在 25℃ 和 60℃ 两种温度下用油酸盐浮选了萤石[147]，其泡沫的特性是完全不同的，他们将其归因于在室温下捕收剂是物理结合，而在提高温度后变为化学吸附。Hu 等人用傅里叶变换红外光谱技术（FTIR/IRS）研究了这种现象[43]，并且注意到随着温度或氧电位的增加，C ═ C 双键消失了，认为是吸附的油烯链之间通过一个环氧链接合的交叉连接。Plaksin 也注意到了萤石的可浮性随着氧电位的增高而增加[148]。Kellar 等人指出在表面上似乎只有化学吸附的油酸盐经历了氧化[149]，而没有沉淀吸附的油酸钙。Free 和 Miller 在 1996 年提出油酸钙吸附的主要机理可能是溶液中油酸钙的形成并随后输送到萤石表面，而不是在表面形成晶核又生长的。

磷灰石和胶磷矿采用浮选选别的量是非常大的，从而使这些矿物引起了极大的关注。许多人已经对油酸盐在磷灰石上的吸附进行了广泛的研究[150~152]，发现了油酸盐在磷灰石上的吸附等温线的清楚的规律。Moudgil 等人发现在低的油酸盐浓度下，发生油酸盐离子的物理吸附；而在较高的浓度下，发生油酸盐的化学吸附。当采用更高的捕收剂浓度时，会形成油酸钙在矿物表面吸附并产生沉淀，随着油酸盐的继续添加，油酸钙沉淀达到表面饱和。吸附结果和浮选响应的相关性表明，油酸钙的表面沉淀是造成矿物浮选的主要机理。Moudgil 和 Somasundaran 已经对磷酸盐浮选的进展做了很好的回顾[153]。

许多半盐类矿物溶度积的值是接近的。根据溶液中各种离子的活性，一种矿物有可能与另一种发生复分解反应。可能在非金属矿浮选中活化的第一个实例是 Gaudin 和 Martin 观察到的[154]，在从方解石中选择分离孔雀石和蓝铜矿时没有受到脂肪酸的影响，尽管在用纯矿物体系时得到的结果表明是可能受到影响的。Johnston 和 Leja 也指出[155]，当石膏和磷酸盐溶液接触时，HPO_4^{2-} 和 $H_2PO_4^-$ 与 SO_4^{2-}发生了复分解反应。Miller 和 Hiskey 利用萤石的研究表明溶解的碳酸盐和萤石的表面反应形成碳酸钙类化合物[156]，他们认为这个现象是造成萤石的零电点在 pH 值为 10 的原因。Bahr 等人[157]及 Lovell 等人[158]也观察到了类似的现象。Miller 和 Hiskey 用重晶石与含有溶解的碳酸盐的溶液接触时观察到了同样的现象。从这个观点，这些矿物能够用浮选互相分离，当然，在这些矿物中，每一种化学吸附物质的键的强度是不同的。结果，表面钙离子对捕收剂离子或调整剂如硅酸钠的亲和力是不同的。在大部分的分离浮选体系中，必须添加调整剂。

工业矿物中面对的最大的挑战之一是从磷酸盐岩石中选择分离白云石。Lawver 等人[159]研究了使用脂肪酸、烷基硫酸盐和磺酸盐从磷灰石中浮选白云石，采用磷酸盐和萤石作为抑制剂。Moudgil 和 Chanchani 在采用油酸盐浮选之前采用两段调浆[160]，首先是 pH 值约为 10，然后再调整到 pH<4.5，以达到分离的目的。

Hseih 和 Lehr 于 1985 年研究了使用二磷酸抑制胶磷矿而用油酸来浮选白云石。Soto 和 Iwasaki 于 1986 年在使用伯胺的研究中，发现磷酸盐矿物对伯胺的吸附比白云石更强。Elgillani 和 Abouzeid 确定在 Ca^{2+} 浓度低的情况下[161]，加入可溶的磷酸盐来抑制磷酸盐矿物，可更好地从磷酸盐矿石中分离出碳酸盐。

总之，泡沫浮选进入工业应用到今天，已经走过了 110 年，但其仍保持着旺盛的生命力，成为矿物加工工艺中应用最广泛的选别工艺。泡沫浮选工艺除了用于矿物加工工业之外，还被应用于再生纸的脱墨作业、照相残液中回收金属银、油砂矿床中回收原油、污水处理、工业废液中金属离子的回收等。

参考文献

[1] Mindat. org. http：//www. mindat. org/glossary. php. 2015-01-07.

[2] Fuerstenau M C . Froth flotation： The first ninety years[C]//Parekh B K , Miller J D. Advances in Flotation Technology. SME： Littleton， 1999：11 ~ 33.

[3] Wales—The Birthplace of Flotation[EB/OL]. [2010-01-13]. http：//www. maelgwyn. com/birthplace flotation. html.

[4] Rickard T A. Interviews with Mining Engineers[M]. San Francisco： Mining and Scientific Press，1922：119 ~ 131.

[5] Graeme O，Delprat G D. Australian Dictionary of Biography[EB/OL]. Canberra：Australian National University. [2012-6-7]. http：//adb. anu. edu. au/biography/delprat-guillaume-daniel-5947.

[6] Historical Note. Minerals Separation Ltd. [EB/OL]. [2007-12-30]. http：//www. austehc. unimelb. edu. au/guides/mine/historicalnote. htm.

[7] Fuerstenau M C， Jameson G J， Yoon R H. Froth flotation： a century of innovation[C]. SME， Littleton， Colo.， 2007：ix， 1.

[8] Rickard T A. Interviews with Mining Engineers[M]. San Francisco： Mining and Scientific Press，1922： 142.

[9] Gaudin A M. Flotation[M]. New York： McGraw Hill Book Company， 1957： 573.

[10] Fuerstenau M C ， Jameson G J， Yoon R H. Froth flotation：a century of innovation[C].

SME, Littleton, Colo., 2007: 8.

[11] Fuerstenau M C, Jameson G J, Yoon R H. Froth flotation: a century of innovation[C]. SME, Littleton, Colo., 2007: 5.

[12] Taylor T C, Knoll A F. Action of alkali xanthates on galena[J]. Trans. AIME. 1934, 122: 382.

[13] Mellgren O. Heat of adsorption and surface reactions of potassium ethyl xanthate on galena[J]. Trans. AIME., 1966, 235: 46.

[14] Wark E E, Wark I W. The relationship between contact angle and constitution of collector[J]. J. Phys. Chem., 1933, 37: 805.

[15] Gaudin A M, Schuhmann R. The action of potassium amyl xanthate on chalcocite[J]. J. Phys. Chem., 1936, 40: 257.

[16] Gaudin A M, Wilkinson W D. Surface actions of some sulfur bearing organic compounds on some finely ground sulfide minerals[J]. J. Phys. Chem., 1933, 37: 833.

[17] Ralston O C, King C R, Tartaron F X. Copper sulfate as flotation activator for sphalerite[J]. Trans. AIME, 1930, 87: 389.

[18] Gaudin A M. The influence of hydrogen concentration on recovery in simple flotation systems[J]. Mining and Met., 1929, 10: 19.

[19] Gaudin A M. Effect of xanthates, copper sulfate and cyanides on the flotation of sphalerite[J]. Trans. AIME, 1930, 87: 417.

[20] Wark I W, Cox A B. Ⅰ—An experimental study of the effect of xanthates on contact angles at mineral surfaces[J]. Trans. AIME, 1934, 112: 189.

[21] Wark I W, Cox A B. Ⅱ—An experimental study of the influence of cyanide, alkalis and copper sulfate on the effect of potassium ethyl xanthate at mineral surfaces[J]. Trans. AIME, 1934, 112: 245.

[22] Wark I W, Cox A B. Ⅲ—An experimental study of the influence of cyanide, alkalis and copper sulfate on the effect of sulfur-bearing collectors at mineral surfaces[J]. Trans. AIME, 1934, 112: 267.

[23] Cook M A, Nixon J C. Theory of water-repellent films on solid formed by adsorption from aqueous solutions of heteropolar compounds[J]. J. Phys. Chem., 1950, 54: 445.

[24] Last G A, Cook M A. Collector-depressant equilibria in flotation. I. Inorganic depressants for metal sulfides[J]. J. Phys. Chem., 1952, 56: 637.

[25] Wadsworth M E, Conrady R G, Cook M A. Contact angle and surface coverage for potassium ethyl xanthate on galena according to the free acid collector theory[J]. J. Phys. Chem., 1951, 55: 1219.

[26] Barsky G. Discussion of paper of Wark and Cox[J]. Trans. AIME., 1934, 112: 236.

[27] Steininger J. Collector ionization in sphalerite flotation with sulfhydryl compounds[J]. Trans. AIME., 1967, 238: 251.

[28] Laskowski J, Sobieraj S. Zero point of charge of spinel minerals[J]. Trans. IMM., 1969, 78: C161.

[29] Fuerstenau M C, Clifford K L, Kuhn M C. The role of zinc xanthate precipitation in

sphalerite flotation[J]. Int. J. Min. Proc., 1974, 1: 307.

[30] Fuerstenau M C. Froth flotation: The first ninety years[C]//Parekh B K, Miller J D. Advances in Flotation Technology. SME: Littleton, 1999: 1 ~ 3.

[31] Plaksin I N, Zaitseva S P, Shaefeyev R S. Microradiographic study of the action of flotation reagents[J]. Trans. IMM., 1957, 67: 1.

[32] Gaudin A M, Morrow J G. Adsorption of doedecylammonium acetate on hematite and its flotation effect[J]. Trans. AIME., 1954, 199: 1196.

[33] Gaudin A M, Fuerstenau D W, Turkanis M M. Activation and deactivation of sphalerite with Ag and Cu ions[J]. Trans. AIME., 1957, 208: 65.

[34] Gaudin A M, Fuerstenau D W, Mao G W. Activation and deactivation studies with copper on sphalerite[J]. Trans. AIME., 1959, 214: 430.

[35] Aplan F F, Debruyn P L. Adsorption of hexyl mercaptan on gold[J]. Trans. AIME., 1963, 226: 235.

[36] Peck A S, Raby L H, Wadsworth M E. An infrared study of the flotation of hematite with oleic acid and sodium oleate[J]. Trans. AIME., 1966, 235: 301.

[37] Peck A S, Wadsworth M E. An infrared study of activation and flotation of beryl with hydrofluoric acid and oleate[J]. Trans. AIME., 1967, 238: 264.

[38] Peck A S, Wadsworth M E. An infrared study of flotation of phenacite with oleic acid[J]. Trans. AIME., 1967, 238: 245.

[39] Leja J, Little L H, Poling G W. Xanathate adsorption studies using infrared spectroscopy. Part II, Evaporated lead sulphide, galena and metallic lead substrates[J]. Trans. IMM., 1963, 72: 414 ~ 423.

[40] Yamsaki T, Usui S. Infrared spectroscopic studies of xanthate adsorbed on zinc sulfide[J]. Trans. AIME., 1965, 232: 36.

[41] Kuhn M C. Colorado: Colorado School of Mines, 1968.

[42] Mielczarski J, Nowak P, Strojck J W. Correlation between the adsorption of sodium dodecyl sulfate on calcium fluoride(fluorite) and its floatability- an infrared internal reflection spectrophotometric study[J]. Int. J. Min. Proc., 1983, 11: 303.

[43] Hu J S, Misra M, Miller J D. Characterization of adsorbed oleate species at the fluorite surface by FTIR spectroscopy[J]. Int. J. Min. Proc., 1986, 18: 73.

[44] Debruyn P L, Overlook J T, Schuhmann R H. Flotation and the Gibbs adsorption equation[J]. Trans. AIME., 1954, 199: 519.

[45] Sutherland K L, Wark I W. Principles of Flotation[M]. Melbourne: Aus. Inst. Of Min. and Met., 1955: 489.

[46] Iwasaki I, Debruyn P L. The electrical double layer on silver sulfide at pH4.7. I. In the absence of specific adsorption[J]. J. Phys. Chem., 1958, 62: 594.

[47] Jaycock M J, Ottewill H R. Adsorption of ionic surface active agents by charged solids[J]. Trans. IMM., 1962, 72: 497.

[48] Debruyn P L, Agar G E. Surface chemistry of flotation[C]// Fuerstenau D W. Froth

Flotation. New York: AIME., 1962: 91.
[49] Parks G A, Debruyn P L. The zero point of charge of oxides[J]. J. Phys. Chem., 1962, 66: 967.
[50] Deju R A, Bhappu R B. A chemical interpretation of surface phenomena in silicate minerals[J]. Rans. AIME., 1966, 235: 329.
[51] Onoda G Y, Fuerstenau D W. Amine flotation of quartz in the presence of inorganic electrolytes[C]// Proceedings of the Ⅶ International Mineral Processing Congress. New York, 1964: 301.
[52] Hopstock D, Agar E E. The effect of cations on the amine flotation of quartz[J]. Trans. AIME., 1968, 241: 466.
[53] Somasundaran P. The role of ionomolecular surfactant complexes in flotation[J]. Int. J. Min. Proc., 1976, 3: 35.
[54] Cases J M. Tensio-active adsorption at the solid-liquid interface. Thermodynamics and influence of adsorbent heterogeneity[J]. Bull. Miner. 1979, 102: 684.
[55] Cases J M, Levitz P, Poiier J E, et al. Adsorption of ionic and nonionic surfactants on mineral solids from aqueous solutions[C]//Somasundarsan P. Advances in Mineral Processing. Littleton: Society of Mining Engineers of AIME., 1986, 171.
[56] Majima H, Takeda M. Electrochemical studies of the xanthate-dixanthogen system on pyrite[J]. Trans. AIME., 1968, 241: 431.
[57] Fuerstenau M C, Kuhn M C, Elgillani D A. The role of dixanthogen in xanthate flotation of pyrite[J]. Trans. AIME., 1968, 241: 148.
[58] Salamy S G, Nixon J C. The application of electrochemical methods to flotation research[C]//Inst. Min. Met. Recent Developments in Mineral Dressing. London, 1953: 503.
[59] Tolun R, Kitchener J A. Electrochemical study of the galena-xanthate-oxygen flotation system[J]. Tans. IMM., 1964, 73: 313.
[60] Toperi D, Tolun R. Electrochemical study and thermodynamic equilibria of the galena-oxygen-xanthate flotation system[J]. Trans. IMM., 1969, 78: C191.
[61] Woods R. Electrochemistry of sulfides[C]//Fuerstenau M C. Flotation. New York: AIME., 1976: 298.
[62] Allison S A, Goold L A, Nicol M J, et al. A determination of the products of reaction between various sulfide minerals and aqueoue xanthate solution, and a correlation of the products with electrode rest potentials[J]. Met. Trans., 1972, 3: 2613.
[63] Finkelstein N P, Goold L A. The reaction of sulfide minerals with thiol compounds[R]. National Institute of Metallurgy. South Africa. 1972, Report No. 11439.
[64] Kowal A, Pomianowski A. Cyclic voltammetry of ethyl xanthate on a natural copper sulphide electrode[J]. Electroanal. Chem. Interfacial Electrochem, 1973, 56: 217.
[65] Chander S, Fuerstenau D W. The effect of potassium diethyldithiophosphate on the electrochemical properties of platinum, copper and copper sulfide in aqueous solutions[J].

Electroanal. Chem. Interfacial Electrochem, 1974, 56: 217.
[66] Richardson P W, Maust E E. Surface stoichiometry of galena in aqueous electrolytes and its effect on xanthate interactions[C]// Fuerstenau M C. Flotation. New York: AIME., 1976: 364.
[67] Finkelstein N P, Allison S A, Lovell V M, et al. Advances in interfacial phenomena[C]// Somasundaran P, Grieves R B. AIChE Symposium Series. 1975, 71: 165.
[68] Plaksin I N, Anfimova E A. Proc. Min. Inst. Acad. Sci. USSR. 1954.
[69] Palsson B I, Forssberg K S E. Computer-assisted calculations of thermodynamic equilibria in the galena-ethyl xanthate system[J]. Int. J. Min. Proc., 1988, 23: 93.
[70] Wang X, Forssberg K S E. Int. J. Min. Proc. 1989, 27: 1.
[71] Abramov A A. Application of thermodynamics in the physicochemical modeling of flotation reagent regimes[J]. Sov. Non-ferrous Met. Res., 1980, 8: 99.
[72] Abramov A A, Avdokhin V M, Morozov V V, et al. Physical and chemical modeling and optimization of reagent action during sulfide of flotation[C]// Forssberg K S E. Proceeding of the XVI International Mineral Processing Congress. Elseveier Science Publishers, 1988: B1621.
[73] Meyer W C, Klimpel R R. Rate limitations in froth flotation[J]. Trans. AIME., 1983, 274: 1852.
[74] Harris G H, Fischback B C. U.S., 2, 691, 635[P]. 1954.
[75] Harris G H. Xanthates[M]// Somasundaran P, Moudgil B M. Reagents in Mineral Technology. New York: Marcel Dekker. Inc., 1987: 371.
[76] Aplan F F, Chander S. Collectors for sulfide mineral flotation[M]// Somasundaran P, Moudgil B M. Reagents in Mineral Technology. New York: Marcel Dekker Inc., 1988: 335.
[77] Elgillani D A, Fuerstenau M C. Mechanisms involved in cyanide depression of pyrite[J]. Trans. AIME., 1968, 241: 437.
[78] Ravitz S F, Porter R R. Oxygen Free Flotation[J]. I. AIME., 1934, 1: 513.
[79] Heyes G W, Trahar W J. The natural floatability of chalcopyrite[J]. Int. J. Min. Proc., 1973, 4: 317.
[80] Chander S, Wie J M, Fuerstenau D W. On the native floatability and surface properties of natural hydrophobic solids[C]// Somasundaran P, Grieves R B. AIChE Symposium Series. 1975, 71: 183.
[81] Woods R. Flotation of sulfide minerals[C]//Somasundaran P, Moudgil B M. Reagents in Mineral Technology. New York: Marcel Dekker Inc., 1988: 39.
[82] Miller J D. The significance of electrochemistry in the analysis of mineral processing phenomena[C]// 7th Australian Electrochemistry Conference. Sydney, 1988: 14 ~ 19.
[83] Hays R A, Ralston J. The collectorless flotation and separation of sulfide minerals by Eh control[J]. Int. J. Min. Proc., 1988, 23: 55.

[84] Gaudin A M, Sun S C. Correlation between mineral behavior and cataphoresis and flotation[J]. Trans. AIME., 1946, 87: 261.

[85] Sun S C. The mechanism of slime coating[J]. Trans. AIME., 1943, 153: 479.

[86] Modi H J, Fuerstenau D W. Flotation of corundum: an electrochemical interpretation[J]. Trans. AIME., 1960, 217: 381.

[87] Iwasaki I, Cooke S R B, Colombo A F. U. S. Bureau of Mines[R]. 1960, RI 5593.

[88] Moir D N, Stevens J R. Studies related to the flotation of beryl[J]. Trans. IMM., 1963, 73: 373.

[89] Gaudin A M, Fuerstenau D W. Quartz flotation with cationic collectors[J]. Trans. AIME., 1955, 202: 958.

[90] Harkins W D. The Physical Chemistry of Surface Films[M]. New York: Rheinhold Publishing Company, 1952.

[91] Schulman L J. Molecular interaction between frothers and collectors[J]. Trans. AIME., 1954, 199: 221.

[92] Debruyn P L. Flotation of quartz by cationic collectors[J]. Trans. AIME., 1955, 292: 291.

[93] Fuerstenau D W, Healy T W, Somasundaran P. The role of the hydrocarbon chain on alkyl collectors in flotation[J]. Trans. AIME., 1964, 229: 321.

[94] Fuerstenau D W. Correlation of contact angles, adsorption density, zeta potentials and flotation rate[J]. Trans. AIME., 1957, 208: 1365.

[95] Smith R W. Coadsorption of dodecylamine ion and molecule on quartz[J]. Trans. AIME., 1963, 226: 427.

[96] Wakamatsu T, Fuerstenau D W. Effect of alkyl sulfonates on the flotability of alumina[J]. Trans. AIME., 1973, 254: 123.

[97] Smith R W. Structure-function relationship of long chain collectors[M]//Sastry K V S, Fuerstenau M C. Challenges in Mineral Processing. Littleton: Soc. Min. Eng., 1989: 87.

[98] Smith R W, Scott J L. Mechanisms of dodecylamine flotation of quartz[J]. Min. Proc. and Ext. Met. Review, 1990, 7: 81.

[99] Shinoda K T, Nakagawa T, Tamamushi B I, et al. Colloidal Surfactants[M]. New York: Academic Press, 1963: 310.

[100] Laskowski J S. The colloid chemistry and flotation properties of primary aliphatic amines[M]//Sastry K V S, Fuerstenau M C. Challenges in Mineral Processing. Littleton: Soc. Min. Eng., 1989: 15.

[101] Castro S H, Verdula R M, Laskowski J S. Coll. Surf, 1986, 21: 87.

[102] Smith R W. Effect of amine structure in cationic flotation of quartz[J]. Trans. AIME., 1973, 254: 353.

[103] Ananthapadmanablan K P, Somasundaran P. Surface precipitation of inorganics and surfactants and its role in adsorption and flotation[J]. Coll. And Surf., 1985, 13: 151.

[104] Iwasaki I, Cooke S R B, Choi H S. Flotation characteristics of hematite, goethite and

activated quartz with 18-carbon aliphatic compounds[J]. Trans. AIME., 1960, 217: 237.

[105] Palmer B R, Gutierrez G, Fuerstenau M C. Mechanisms involved in the flotation of oxidesand silicates with anionic collectors, Part Ⅰ[J]. Trans. AIME., 1975, 258: 257.

[106] Palmer B R, Fuerstenau M C, Aplan F F. Mechanisms involved in the flotation of oxides and silicates with anionic collectors, Part Ⅱ[J]. Trans. AIME., 1975, 258: 261.

[107] Fuerstenau M C, Rice D A. Trans. AIME. 1968, 241: 453.

[108] Lai R W M, Fuerstenau D W. Model for the surface charge of oxides and flotationresponse[J]. Trans. AIME., 1976, 266: 104.

[109] Somasundaran P, Ananthapadmanabhan K P. Physicochemical aspects of flotation [J]. Transactions of the Indian Institute of Metals, 1979 (32): 177.

[110] Polkin S I, Najfonow T V. Concerning the mechanism of collector and regulator interaction in the flotation of silicate and oxide minerals[C]// Proceedings of the Ⅶ International Mineral Processing Congress, New York, 1964: 307.

[111] Dixit S G, Biswas A K. pH-Dependence of the flotation and adsorption properties of somebeach sand minerals[J]. Trans. AIME., 1969, 244: 173.

[112] Peterson M D, Fuerstenau M C, Rickard R S, et al. Chrysocolla flotation by theformation of an insoluble surface chelate[J]. Trans. AIME., 1965, 232: 389.

[113] Fuerstenau M C, Elgillani D A, Miller J D. Adsorption mechanisms in nonmetallic flotation[J]. Trans. AIME., 1970, 247: 11.

[114] Ragavan S, Fuerstenau D W. J. Coll. Int. Sci[J]. 1975, 50: 319.

[115] Nagaraj D R, Somasundaran P. Commercial chelating extractants as collectors: flotation of copper minerals using Lix reagents[J]. Trans. AIME., 1979, 266: 104.

[116] Kraeber L, Boppel A. Uber die wirkung von metallsalzen bei der schwimmaufbereitung oxydischer mineralien[J]. Metall. Und Erz., 1934, 31: 417.

[117] Gaudin A M, Rizo-Patron A. Trans. AIME., 1943, 153: 462.

[118] Schuhmann R, Prakash B. Effect of barium chloride and other activators on the soapflotation of quartz[J]. Trans. AIME., 1950, 187: 591.

[119] Rogers J, Sutherland K L. AIME Tech. Pub. No. 2082, 1947, Mining Technology.

[120] Fuerstenau M C, Martin C C, Bhappu R B. The role of metal ion hydrolysis in sulfonate flotation of quartz[J]. Trans. AIME., 1963, 232: 24.

[121] Fuerstenau M C, Cummins W F. The role of basic aqueous complexes in anionic flotation of quartz[J]. Trans. AIME., 1967, 238: 196.

[122] Fuerstenau M C, Miller J D. The role of the hydrocarbon chain in anionic flotation of calcite[J]. Trans. AIME., 1967, 238: 153.

[123] McKenzie J M W. Zeta potential of quartz in the presence of ferric iron[J]. Trans. AIME., 1966, 235: 82.

[124] McKenzie J M W, O'Brien R T. Zeta potential of quartz in the presence of nickel(Ⅱ) and cobalt(Ⅱ)[J]. Trans. AIME., 1969, 244: 168.

[125] James R O, Healy T W. Adsorption of hydrolysable metal ions at the oxide-water interface, Parts Ⅰ, Ⅱ and Ⅲ[J]. J. Coll. Int. Sci., 1972, 40: 42.
[126] Clark S W, Cooke S R B. Adsorption of calcium, magnesium and sodium ion by quartz[J]. Trans. AIME., 1968, 241: 334.
[127] O'Meara R G, Norman J E, Hammond W F. Bull. Am. Ceramic Soc. 1939, 18: 286.
[128] Dean R S, Ambrose P M. U.S. Bureau of Mines[R]. 1944, Bulletin 449.
[129] Kennedy J S, O'Meara R G. U.S. Bureau of Mines[R]. 1948, RI 4166.
[130] Smith R W, Smolik T J. Infrared and X-ray diffraction study of the activation of beryl and feldspar by fluorides in cationic collector systems[J]. Trans. AIME., 1965, 232: 196.
[131] Warren L J, Kitchener J A. Trans. IMM[J]., 1972, 81: C137.
[132] Manser R M. Handbook of Silicate Flotation[M]. Stevenage: Warren Spring Laboratory, 1975.
[133] Wark E E, Wark I W. J. Phys. Chem[J]. 1936, 40: 799.
[134] Malinovsky V A. The use of zinc sulfate in flotation of semi-metallic ores[J]. Non-ferrous Metals. Moscow, 1946, 1.
[135] Livshitz A K, Idelson E M. The flotation action of zinc sulfate[J]. Concentration and metallurgy of non-ferrous metals. Metallurgizdat, 1953.
[136] Taggart A F. Handbook of Mineral Dressing[M]. New York: John Wiley, Sons. Fourth Printing, 1945.
[137] Halbich W. Uber die anwendungsmoglichkeitgen einiger netzmittel in der flotation. Konrad Triltsch Wurzburg, 1934.
[138] Taggart A F, Arbiter N. AIME Technical Pub. 1685[J]. Mining Technology, 1944, 1.
[139] Kellogg H H, Vasquez-Rosas H. AIME Technical Pub. 1685[J]. Mining Technology, 1945, 11.
[140] Somasundaran P, Agar G E. The zero point of charge of calcite[J]. J. Coll. Int. Sci., 1967, 24: 433.
[141] Peck A S, Wadsworth M E. U.S. Bureau of Mines[R]. 1964, RI 6202.
[142] Somasundaran P. J. Coll. Int. Sci. 1969, 31: 557.
[143] Predali J J. Flotation of carbonates with salts of fatty acids: role of pH and alkyl chain[J]. Trans. IMM., 1969, 78: C140.
[144] Szczypa J, Kuspit K. Mechanism of adsorption of sodium laurate by calcium carbonate[J]. Trans. IMM., 1979, 88: C11.
[145] Marinakis K I, Shergold H I. The mechanism of fatty acid adsorption in the presence of fluorite, calcite and barite[J]. Int. J. Min. Proc., 1985, 14: 161.
[146] Shergold H L. Infrared study of adsorption of sodium dodecylsulfate by calcium fluoride[J]. Trans. IMM., 1972, 81: C148.
[147] Cook M A, Last A W. Utah Engineering Experiment Station[R]. Bulletin, 1959, 47.
[148] Plaksin I. Interaction of minerals with gas and reagents in flotation[J]. Mining Engineering, 1959, 11: 319.
[149] Kellar J J, Young C A, Miller J D. In-situ FTIR/IRS investigation of double bond

reactions of adsorbed oleate at a fluorite surface[J]. Int. J. Min. Proc., 1992, 35: 239.

[150] Moudgil B M, Vasudevan T V, Blaakkmeer J. Adsorption of oleate on apatite[J]. Trans. AIME., 1987, 282: 50.

[151] Cases J M, Jacquier P, Smani S, et al. Proprieties electrochimiques superficielles des apatites sedimentaires et flottabilite[C]// Revue de L'Industri Minerale. Marrakech: Congress de Marrakech, 1988.

[152] Rao K H, Antti B, Forssberg E. Mechanism of oleate interaction on salt-type minerals. Part Ⅱ. Adsorption and electrokinetic studies of apatite in presence of sodium oleate and sodium metasilicate[J]. Int. J. Min. Proc., 1990, 28: 59.

[153] Moudgil B M, Somasundaran P. Advances in phosphate flotation[C]//Somasundaran P. Advances in Mineral Processing. Littleton: Society of Mining Engineer, 1988: 426.

[154] Gaudin A M, Martin J S. Flotation fundamentals(Part Ⅲ)[J]. University of Utah and U. S. Bureau of Mines. Tech. Paper, 1928(5).

[155] Johnston D J, Leja J. Flotation behavior of calcium phosphates and carbonates in orthophosphate solution[J]. Trans. IMM., 1978, 87: C237.

[156] Miller J D, Hiskey J B. Electrokinetic behavior of fluorite as influenced by surface carbonation[J]. J. Coll. Int. Sci., 1972, 41: 567.

[157] Bahr A, Clement M, Surmatz H. Proceedings of Ⅷ International Mineral Processing Congress[C]. Leningrad. 1968: 337.

[158] Lovell V M, Goold L A, Finkelstein N P. Infrared studies of the adsorption of oleate species on calcium fluoride[J]. Int. J. Min. Proc., 1974, 1: 183.

[159] Lawver J E, Bernardi J P, McKereghan G F, et al. New techniques in beneficiation of the Florida phosphates of the future[J]. Min and Met. Proc., 1984, 1: 89.

[160] Moudgil B M, Chanchani R. Selective flotation of dolomite from francolite using two-stage conditioning process[J]. Min. and Met. Proc., 1985, 2: 19.

[161] Elgillani D A, Abouzeid A Z M. Flotation of carbonates from phosphate ores in acidic media[J]. Int. J. min. Proc., 1993, 38: 235.

2 浮选的原理

在浮选过程中，破碎到一定粒度的有用矿物颗粒通过与气泡的碰撞，克服颗粒与气泡表面水化膜的能垒后，附着在气泡上上浮到矿浆表面被回收。浮选过程是一个由热力学、动力学及流体力学共同作用的体系，它包括：(1) 为矿物颗粒创造一个疏水表面（热力学条件）；(2) 为气泡附着提供足够的时间（动力学条件）；(3) 在主矿浆流下气泡/颗粒聚集体的稳定（流体力学条件）。矿物颗粒与气泡的碰撞—附着过程是一个可逆的过程。矿物颗粒在气泡表面的附着与矿物颗粒的大小、矿物颗粒在附着过程中具有的能量及所要附着的气泡表面的能垒高低等有密切的关系。

2.1 浮选的热力学

浮选的原理涉及固、液、气三相以及许多次级过程和交互反应过程。从浮选的定义可知，浮选的过程是利用不同矿物表面润湿性的差异而将有用矿物与脉石矿物分离的过程。矿物表面的润湿性强弱决定了矿物选别过程的难易程度，矿物浮选的介质是水，易被水润湿的矿物是亲水性矿物，不易被水润湿的为疏水性矿物。自然界中的矿物自然疏水的极少，如硫。大多数的矿物都是亲水性矿物。因此，有用矿物的浮选需通过药剂吸附到其表面，使其表面的润湿性改变后才能有效地分离。

2.1.1 矿物表面的润湿性

浮选过程的润湿是液相与固相之间发生的黏附现象，由于润湿过程是一个自由能降低的过程，矿粒在气泡上的附着是一个自由能降低的过程，则降低的能量会以热能的形式释放出来。

润湿是自然界中一种常见的现象。例如，在干净的玻璃上滴一滴水，这滴水会很快地沿玻璃表面展开，成为平面凸镜的形状。若往石蜡表面上滴一滴水，这滴水则会力图保持球形，但因重力的影响，该水滴会在石蜡上呈一椭圆形。这两种不同的现象表明，玻璃能被水润湿，而石蜡不能被水润湿。同样，将一滴水滴于干燥的矿物表面上，或者将一气泡置于浸在水中的矿物表面上（见图 2-1），就会发现不同矿物的表面被水润湿的情况是不同的。在一些矿物如石英、长石、方解石等的表面上水滴很易铺开，或者气泡较难于在这些矿物表面上扩展；而在另一些矿物如石墨、辉钼矿等的表面上则相反[1]。是什么原因导致矿物的这种差异呢?

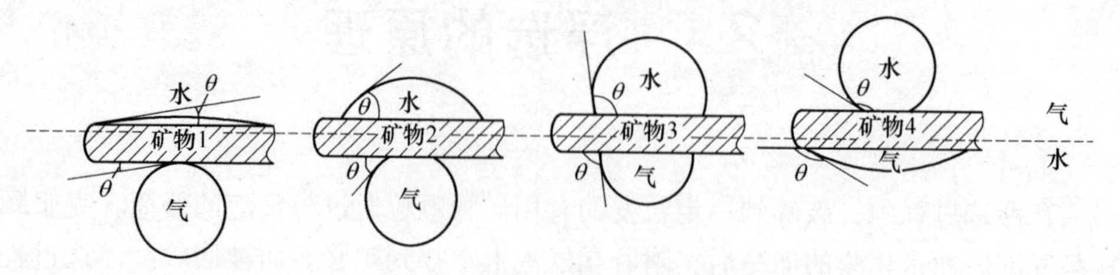

图 2-1　不同矿物表面的润湿现象

从微观上讲，自然界中的矿物绝大多数都是晶体，组成矿物的原子、分子或离子以一定的几何晶格在空间排列，原子、分子或离子之间以一定的键联系起来，就组成了晶体。

以一个立方体的离子晶体为例（见图 2-2），晶体内部的离子和周围的离子处于饱和状态，该离子和周围的离子联系的键则为饱和键，如图中 A 点，而处于晶体表面层的离子则由于周围缺少配位的离子而没有达到饱和状态，这些离子的不饱和键指向空间，如图中的 B、C、D 点。

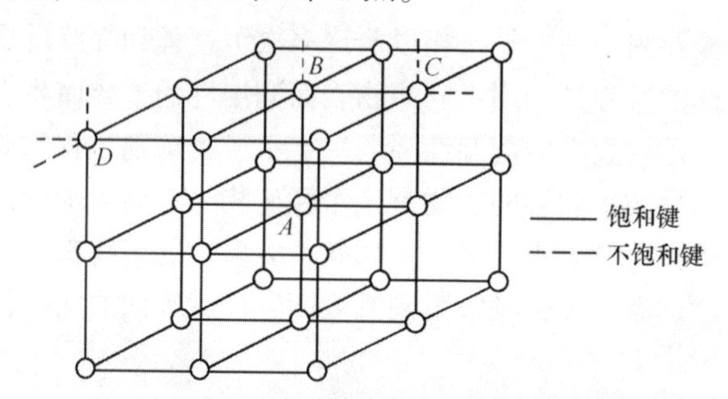

图 2-2　晶体内部的饱和键和晶体表面的不饱和键

这些指向空间的不饱和键可以和水分子发生作用，也可以和水中溶解的其他离子发生作用，其作用能力的强弱取决于不饱和键的性质。如果不饱和键是离子键或共价键，则矿物表面可以强烈地和极性水分子发生作用，这样的矿物表面必然具有强的亲水性；反之，如果矿物表面的不饱和键为分子键，它和极性水分子作用的能力很弱，这样的矿物表面必然具有疏水性。因此，矿物的润湿性差异是由于矿物本身的组成和结构特性决定的[1]。

由于矿物的种类繁多，矿物表面的“亲水”、“疏水”也是相对比较而言的。为了更好地判断矿物表面润湿性的大小，通常采用物理量“接触角 θ”来表示。该接触角的物理意义是：在一个浸入水中的矿物表面上附着一个气泡，当气泡的附着达到平衡时，气泡在矿物表面形成一定的接触周边，称为三相润湿周边。在三相的接触点上，沿液-气界面的切线与固-液界面所夹的角，称为接触角，如图

2-3 所示。

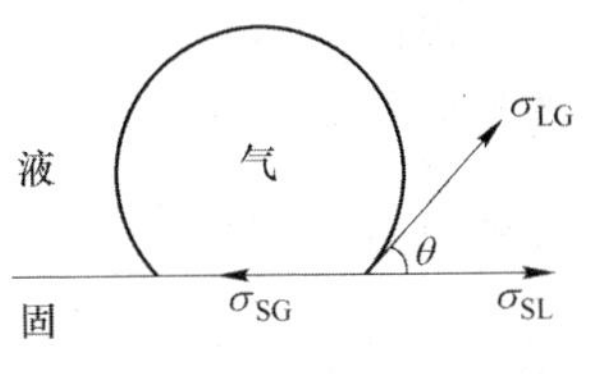

图 2-3 三相润湿周边平衡

从图 2-3 可以看出，接触角的大小与固、液、气三相之间界面的自由能有直接的关系。由于在任何的两相界面都存在界面自由能，现以 σ_{SL}、σ_{SG}、σ_{LG} 分别表示固-液、固-气、液-气三个界面上的界面自由能，在三相平衡的状态下，有

$$\sigma_{SG} = \sigma_{SL} + \sigma_{LG}\cos\theta \tag{2-1}$$

或

$$\cos\theta = \frac{\sigma_{SG} - \sigma_{SL}}{\sigma_{LG}} \tag{2-2}$$

由于不同矿物在三相界面上的界面自由能是不同的，因此其接触角是不同的，所以接触角的大小可以用来表示矿物表面的润湿性。如果矿物表面所形成的 θ 角很小或接近于零，则称其表面具有亲水性；反之，如果形成的 θ 角较大，则称其表面具有疏水性。亲水性与疏水性没有明确的界限，只是一个相对的概念。θ 角越大说明矿物表面的疏水性越强；反之，θ 角越小说明矿物表面的亲水性越强。

2.1.2 黏附功

在浮选过程中，当矿物颗粒与气泡接触附着时，附着之前的固-液界面和气-液界面变成了附着后的固-气界面，则附着前后的单位表面积界面自由能变化 $\Delta\sigma$ 为

$$\Delta\sigma = \sigma_{SG} - \sigma_{SL} - \sigma_{LG} \tag{2-3}$$

把式（2-1）代入式（2-3），则有

$$\Delta\sigma = \sigma_{LG}(\cos\theta - 1) \tag{2-4}$$

把矿物颗粒在气泡上附着前后单位表面积上自由能的变化称之为黏附功[1]，用 W_{SG} 表示，则有

$$W_{SG} = \Delta\sigma = \sigma_{LG}(\cos\theta - 1) \tag{2-5}$$

黏附功的大小标志着矿物颗粒附着到气泡上前后的自由能变化的多少。

从式（2-5）可以看出，当 $\theta = 0$ 时，$W_{SG} = 0$，即附着前后自由能没有变化，矿物是绝对亲水，不可能附着于气泡；当 $\theta > 0$ 时，$W_{SG} < 0$，即矿物颗粒在气泡上附着前后的自由能变化是一个降低的过程，根据热力学第二定律，此过程可以自发进行，也就是说，捕收剂可以被吸附到三相界面上以降低表面张力。因此，捕收剂在这些界面上的吸附对于矿物颗粒在气泡上的附着是很重要的。捕收剂吸附和表面张力降低的程度取决于矿物的性质和其在水中初始的表面张力。亲水性强（固-液界面自由能 σ_{SL} 低）的矿物的有效浮选也需要低的固-气界面自由能或液-

气界面自由能，因而需要捕收剂的高密度吸附。相反地，亲水性弱的矿物则需要少量的捕收剂吸附即可以实现在气泡上的碰撞附着。

2.2　浮选动力学

浮选动力学主要是研究有用矿物颗粒（粒群）在浮选中与气泡的作用附着过程（见图 2-4）、矿化气泡的上升状态、疏水矿粒在空气-水界面的富集及运载形式（见图 2-5）等，是泡沫浮选的关键内容之一。

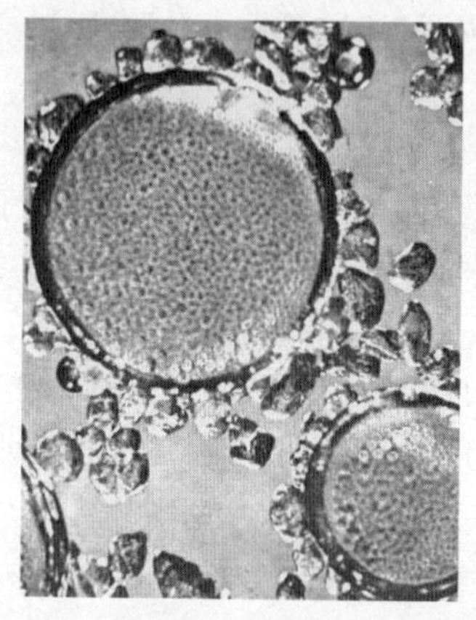

图 2-4　矿物颗粒在气泡上的附着[2]

图 2-5　铜矿物的浮选

浮选动力学的主要影响因素有有用矿物附着运载的气泡规格、有用矿物颗粒的大小、颗粒表面活化性能、浮选过程的流体动态等。

2.2.1　单一气泡的结构

气泡是浮选的关键元素，理论上气泡是半径为 r 的球形，实际上浮选动态环境中的气泡形状和规格是不一样的，所采用的是统计学上的当量半径和相似形状。

单一的气泡内部为气体，外壳是一个具有一定厚度的膜。这个薄膜是一个厚度很小的相，两个界面层重叠形成一个具有特殊性质的一体的非同质结构（见图 2-6）。膜的厚度是可以定量确定的，其在性质上与本体溶液相是偏离的。这个分离是由于分离压力（disjoining pressure）造

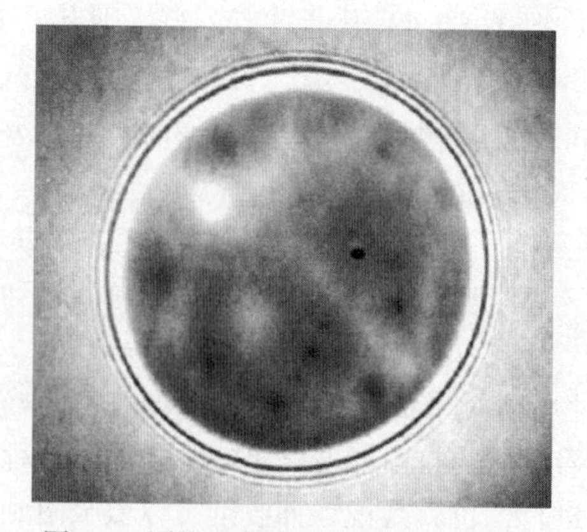

图 2-6　圆柱形薄膜的水平显微成像[3]

（半径 r=0.2mm，厚度 h 约 30nm+5nm，反射单色光，色越浅膜的厚度越大，在临界厚度处形成的第一个黑点以及其他局部凹环清晰可见）

成的[3]。

膜的厚度与形成气泡的本体溶液的成分有关，当本体溶液中含有表面活性药剂时，气泡的膜的厚度在强度不变的情况下，可以变薄。这是因为表面活性剂的存在，改变了液体表面的动力学性质，而该性质控制着能使膜的形状和大小变化的阻力[3]。尽管没有证据证明在与表面活性剂类型和浓度相关的表面张力的绝对值和泡沫的稳定性之间存在着直接的相关关系，但是理论研究表明薄膜的弹性和表面黏性与表面活性剂的吸附相关[4]。

薄膜的弹性[5]是指薄膜对局部变形的阻力，即薄膜面积的任何增加都会伴随着表面张力的增加，随之是趋于收缩，单位面积的切向力朝向恢复初始的没变形时的状态。Gibbs 弹性 E_G为：

$$E_G = A\frac{d\gamma}{dA} = -\frac{d\gamma}{d\ln\Gamma} \tag{2-6}$$

式中，A 为液体界面的面积；γ 为薄膜张力，普通的薄膜 $\gamma=2\sigma$，σ 为表面张力；Γ 为表面过量的表面活性剂。

式（2-6）可以预计弹性的稳态增量，即根据 Gibbs 假说，增加薄膜的稳定性。当然，该式有其局限性，Gibbs 也明白仅靠弹性不足以避免膜的破裂，但这不影响在一定的场合下，弹性在膜的稳定性上扮演着一个重要的角色。

表面活性剂的存在对于泡沫的形成是一个必需的条件，它使泡沫不会瞬间破裂。首先，表面活性剂的黏性效应对液体膜的动力学稳定是必需的，以便于泡沫的形成和排液，在经受由于其表面上的外流而导致的切向应力作用后，最终达到临界厚度。由于表面活性剂的存在，膜表面的排液由于表面张力的逆向梯度（所谓“动力学弹性”或“Marangoni 效应”）而可以充分地减小[6]。

其次，是膜的黏性，Plateau[7]提出表面活性剂增加了表面黏性，因而减少了排液，提高了泡沫膜的稳定性。Boussinesq[8]提出了一个关于表面活性剂效应对于分散系统流体力学行为的定量理论：把表面描述为具有剪切黏性和扩张黏性两个表面黏性的 2D 流体。黏性具有一定的相关关系，但目前能够认可的是表面黏性独自不能解释分散稳定性。

在气-液两相体系中，产生的气泡均呈分散状态分布，随着起泡剂的用量增加，气泡的规格变小，分布均匀程度增加，从图 2-7[9]可以看出，当没有添加起泡剂时，介质中形成的气泡很大很稀疏；当添加 $5\times10^{-4}\%$的 MIBC 后，气泡则变得很小很密实，当添加 $20\times10^{-4}\%$的 MIBC 后，介质中的气泡变得相对更小更均匀。

2.2.2　气泡簇

浮选实践中疏水矿物多以气泡簇为载体浮出，除了理论研究之外，少有单个气泡背负疏水矿物浮出的现象。S. Ata 和 G. J. Jameson 利用实验用的浮选机中，

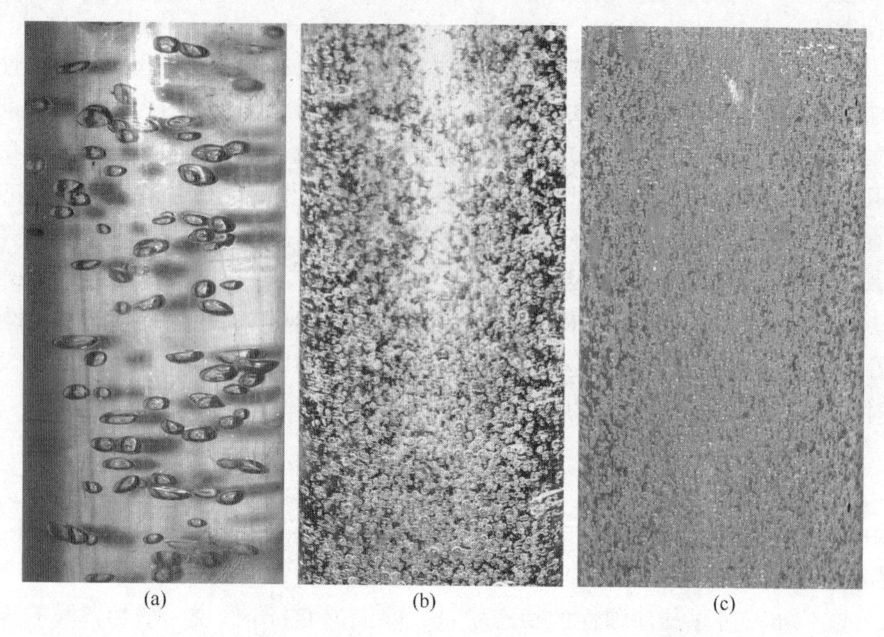

图 2-7 介质中不添加起泡剂和添加起泡剂的气泡情况比较

（a）无起泡剂；（b）添加 4mL 1%的 MIBC（$5\times10^{-4}\%$）；（c）添加 16mL 1%的 MIBC（$20\times10^{-4}\%$）

在不同的十二胺（大于 99%）浓度下，对干净的石英颗粒（$d_{90}=36\mu m$，$d_{50}=7\mu m$）进行了浮选研究[10]。研究发现，在没有疏水固体颗粒存在的条件下，气泡均以单独分散的状态存在；在有固体颗粒存在的条件下，才会有气泡簇的形成，固体颗粒在气泡簇的形成过程中起着“桥联”的作用。同时，捕收剂的添加会影响气泡的大小变化，如图 2-8 所示。从图 2-8 中可以看出，随着药剂添加量的增加，气泡的规格有轻微的减小。随着胺浓度的增加，形态上气泡规格变小了，规格分布的范围变窄了。

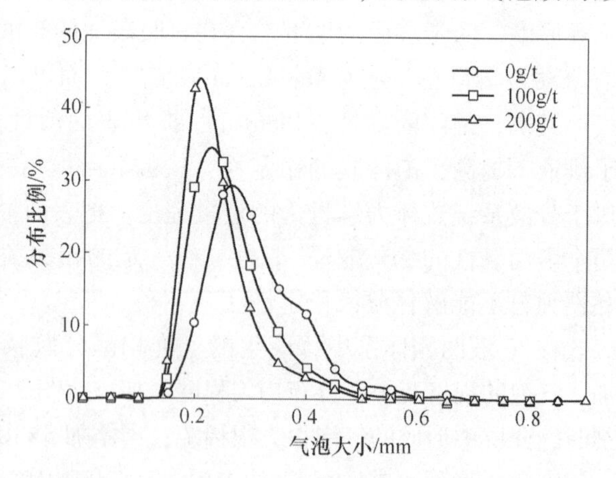

图 2-8 在不同十二胺浓度下气泡规格分布

（在有固体存在时添加的十二胺浓度为 100g/t、200g/t，分别相当于 0.6×10^{-4}mol/L 和 1.2×10^{-4}mol/L）

从图 2-9 中可以看到，在低的捕收剂浓度下，只有很少的气泡聚集形成气泡簇，浮选槽中有大量的独立气泡，并且单独的气泡和形成的气泡簇之间的大小差异也不明显。随着捕收剂浓度的增加，更多的气泡聚集形成气泡簇，气泡簇的规格也大多了。进一步增加捕收剂的浓度，几乎所有的气泡都形成簇，浮选槽中只剩下很少的独立气泡，且其规格也比簇中的气泡小得多。

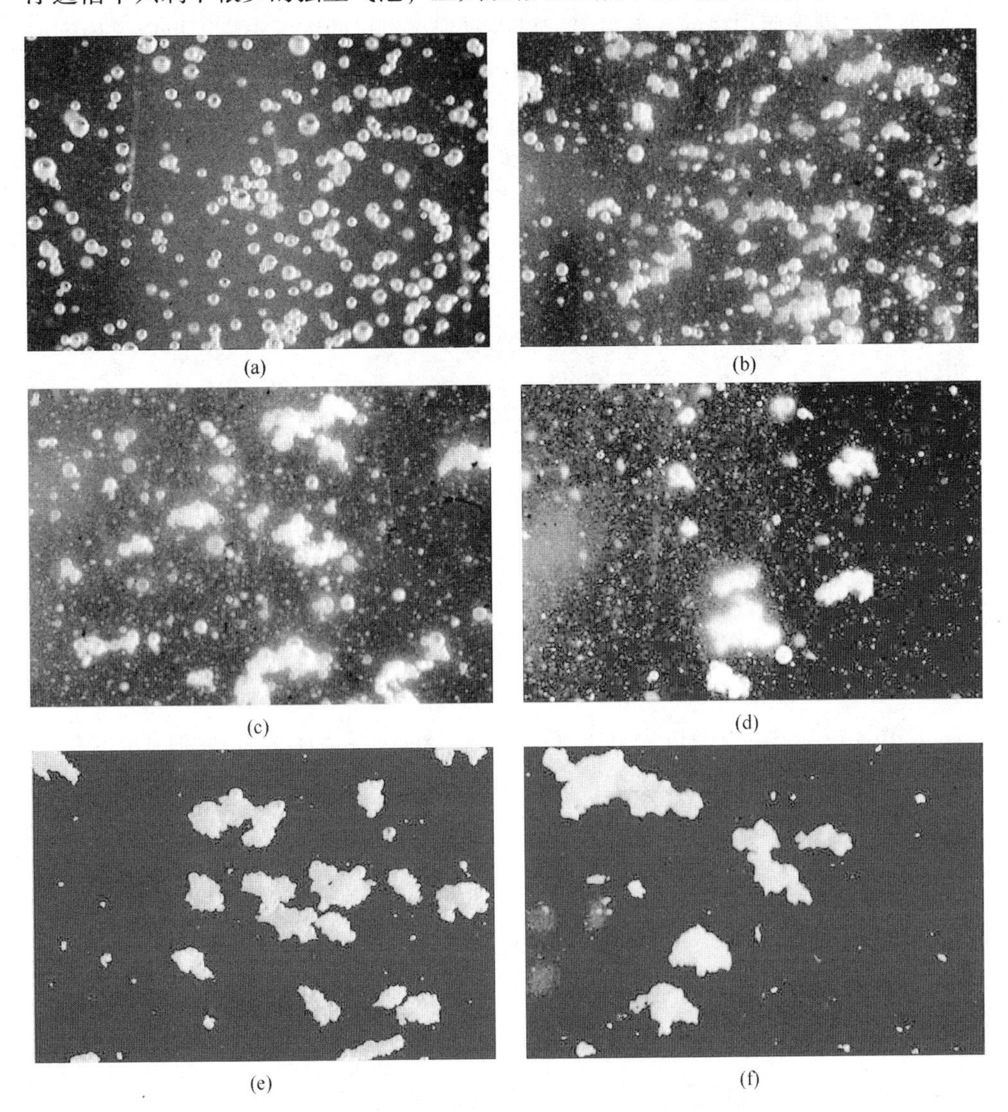

图 2-9 不同十二胺浓度下的气泡聚集体

（每张照片的比例不同，气泡规格互相不能比较）

（a）50g/t；（b）150g/t；（c）300g/t；（d）450g/t；（e）600g/t；（f）750g/t

另外，Jameson 和 Allum 在对澳大利亚新南威尔士的 Buchanan Borehole 煤矿浮选机浮选过程的气泡规格进行研究时发现，在串联的一排浮选机中，沿矿浆走向由前向后，表面的气泡规格越来越大[11]。该煤矿有 6 排 Denver30 的浮选机，每排有 4 槽，给矿为脱除 75μm 粒级后的物料。由于大部分的煤在第一槽浮出，后面浮选机的矿浆浓度明显降低，而气泡规格也越来越大，气泡的平均直径从第二槽的540μm增大到第四槽的1500μm，推测是由于起泡剂的消耗所致。图2-10（a）是第二槽表面拍摄的气泡情况，可以看到浮出煤的浓度很高，形成了稳定的气泡簇；图2-10（b）是第三槽表面拍摄的气泡情况，负载很轻，浮出的煤有限，气泡多为独立状态，气泡簇也很少，其中煤颗粒的平均粒径为150μm。第二槽气泡的平均规格是550μm，气泡簇很多；第三槽是760μm，气泡簇少得多，因为其浓度小得多。图2-11中煤浮选的平均粒径为180μm[12]。

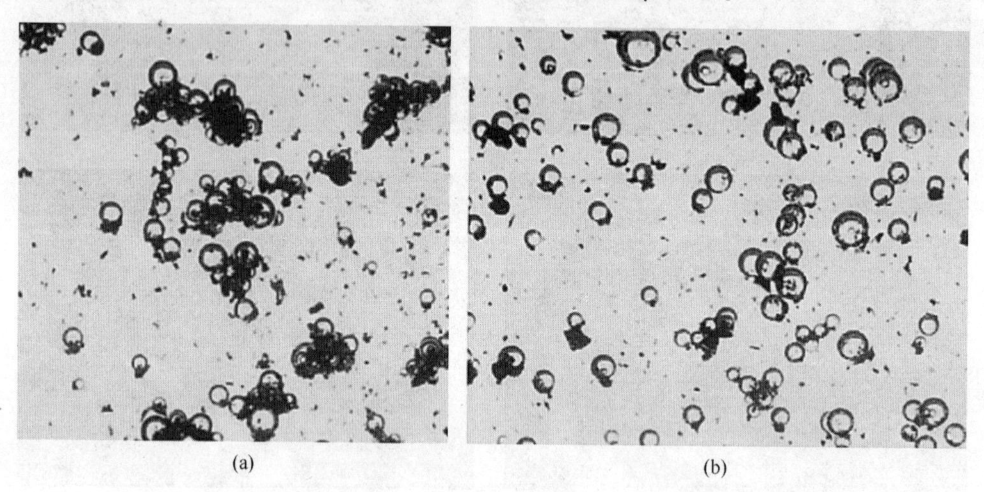

(a) (b)

图2-10 一排4个单槽浮选机的第二槽（a）和第三槽（b）表面气泡的照片

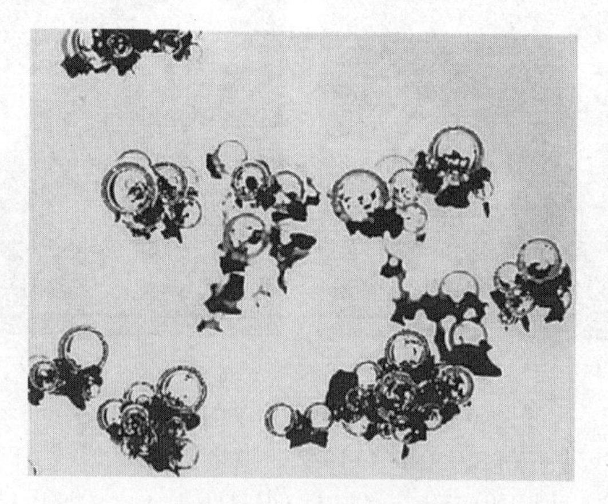

图2-11 由于煤颗粒的桥联作用形成的气泡簇

（气泡平均直径620μm，颗粒平均直径180μm）

2.2.3 矿粒-气泡的附着过程

有用矿物颗粒在气泡上附着是泡沫浮选的核心，因此，气泡和有用矿物矿粒之间发生附着是正常浮选的关键。

2.2.3.1 作用力场

从矿物的晶体结构及其表面性质可知，浮选过程中，矿物颗粒在负载气泡上的附着是一个复杂的过程。Derjaguin 和 Dukhin 根据矿物颗粒在上升气泡上附着的机理提出了一个附着模型，如图 2-12 所示[13]。在该模型中，把浮选过程中负载气泡周围的复杂力场环境，根据不同力的作用状态分为三个区域，区域 1 是矿粒与气泡接触—附着过程的最外层区域，在该区域内的作用力是以流体力为主；当矿粒在流体力的作用下进入区域 2 的范围内则是扩散效应占主导地位，同时在这个区域内存在着很强的电场；一旦矿粒在各种力的综合作用下到达区域 3，则气泡和矿粒之间的薄膜厚度减少到小于几百纳米，此时则是表面力起主导作用。几位学者[14~16]已经测量了即将破裂时的临界膜厚度，报道的数据为 25~300nm 的范围。

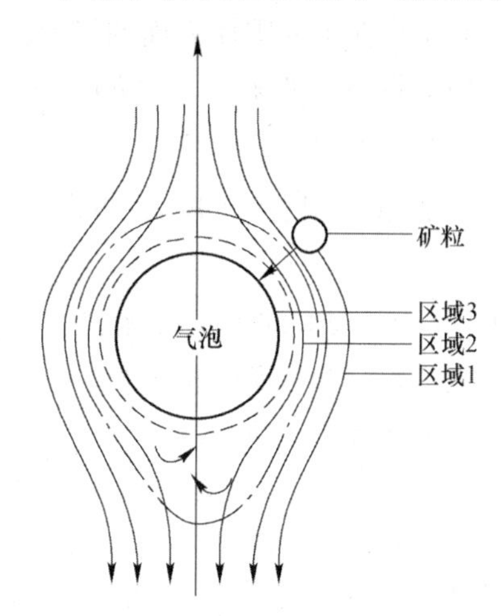

图 2-12 气泡和矿粒之间相互作用的流体力场、扩散电泳力场和表面力场

在区域 1 中，气泡在上升过程中和流体做相对运动，相对于流体拖曳力作用使矿粒掠过气泡圆周，流体的黏性力趋向于减缓两者之间的这种相对运动，而矿粒的惯性和重力则使矿粒朝向气泡运动。

在区域 2 内扩散效应是主要的，在该区域内存在着很强的电场，该区域的厚度为 10^{-4}~10^{-3}cm 之间[17]，取决于气泡的直径。围绕着移动气泡的液体流使得在气泡的表面产生了一个切向流，该切向流破坏了表面吸附离子的平衡分布，使得表面活性剂不断地从气泡的上部表面流到下部表面，在移动气泡的表面产生了离子型表面活性剂的传递，形成了浓度梯度。当阳离子和阴离子扩散系数不同时，可形成 3000V/cm 量级的强电场。因此，带电的矿粒进入区域 2 后，将如同在电泳槽一样，经受一个电泳力，或者被吸引到气泡表面，或者被排斥离开气泡表面。Derjaguin 和 Dukhin 把这种现象称之为扩散电泳现象，也就是说，扩散电泳力作为一个附加力作用在矿粒上[18]。

在区域 3 中，一旦气泡和矿粒之间的薄膜减薄到小于几百纳米，表面力则起主导作用。这些力能够加速、减缓甚至阻止矿粒和气泡之间的液体膜的变薄。从热力学的观点，液体膜的自由能不同于其本体相，这个额外的自由能，Derjaguin 称之为“分离力”（disjoining pressure），主要成分是范德华力、离子静电力及与边界层结构变化相关的力[17]。Derjaguin 和他的学生以及 Scheludko 通过实验对分离力进行了测量，既是首次实实在在地验证了表面力的 DLVO 理论，也是第一次精确地试验评估了 Hamaker 常数。分离力 F_d 取决于膜的厚度 h，有：

$$F_d(h) = P_f - P_l \tag{2-7}$$

式中，P_f 为液体膜内的压力；P_l 为靠近固体表面的液相压力。

对于靠在平的固体表面的气泡，其浸没在水中，气泡内的压力 P_b 等于 P_f。

稳定膜的力平衡时 $F_d(h)>0$，并且 $dF_d/dh<0$。

2.2.3.2　附着时间

气泡-颗粒附着时间 t_{at}，可以由式（2-8）给出[19]：

$$t_{at} = t_i + t_r + t_{tpc} \tag{2-8}$$

式中，t_i 为感应时间，是液体膜变薄到膜的临界厚度时所需的时间；t_r 为膜破裂到形成三相接触核所需的时间；t_{tpc} 为三相接触线从临界的接触核半径扩展到形成稳定的润湿周边所需的时间。

在正常条件下，t_r 是 1ms 量级的，比 t_i 和 t_{tpc} 小得多，当模拟附着时间时通常不考虑。对细粒和疏水颗粒，三相接触线的形成常常被假定是非常短的，并且由于膜破裂的时间是 10^{-9}s 的量级，因而液体膜的变薄被认为是感应时间最重要的部分，在此情况下，可以认为附着时间即为感应时间。

矿粒和气泡在碰撞之后接触的时间被认为是接触时间。气泡-矿粒碰撞后或者是矿粒从气泡表面回弹，或者是矿粒沿着气泡表面滑动。在矿粒从气泡表面回弹的情况下，接触时间的唯一成分是碰撞时间。如果在气泡-矿粒碰撞之后矿粒产生滑动，接触时间是碰撞时间和滑动时间的和。有报道指出[20]，碰撞角小于 30°，气泡-矿粒相互作用是一个碰撞过程，接触时间是 1～4ms。在碰撞角大于 30°的情况下，气泡-矿粒相互作用是一个滑动过程，滑动时间比碰撞时间长 10～20 倍。

研究认为[21]，直径小于 100μm 的矿粒在气泡表面只有碰撞和滑动，它们的碰撞动能太小不足以使气泡表面变形，没有气泡表面的变形就根本没有回弹。一般的接触时间非常短，约 10ms 或更少[22]。

把感应时间 t_i 看做是矿粒与气泡碰撞的瞬间开始，到薄膜变薄和液体排液并且形成稳定的矿粒-气泡边界所需的时间[23]，它是矿粒粒度和接触角的函数，可以通过试验和式（2-9）确定。

$$t_i = Ad_p^B \tag{2-9}$$

式中，A、B 为系数，与矿粒粒度无关。根据 Dai 等人的试验数据[24]，对不同矿物在各种不同离子浓度和 pH 值的溶液中的矿粒粒度和气泡规格进行了测量，得到系数 B 是一个常数，其值为 0.6；系数 A 与矿粒接触角 θ 成反比，因此式（2-9）可写为：

$$t_i = \frac{75}{\theta} d_p^{0.6} \tag{2-10}$$

式中，t_i的单位是 s；θ 的单位是（°）；d_p的单位是 m。但是从 Halimond 管试验的附着效率中计算的数据还是相当分散的，原因是试验条件的不同。

比较附着时间 t_{at}和气泡及颗粒之间的接触时间 t_{con}，气泡-颗粒附着能够定义并且量化[25]。很明显，当接触时间长于附着时间时，就会形成气泡-颗粒聚集体[26]。在浮选机中气泡和矿粒之间的接触时间通常在 100ms 左右，液体膜排液所需的时间和三相接触线扩展到形成稳定所需的时间 t_{tpc}差不多[27]。一些学者认为三相接触线从扩展到稳定的时间 t_{tpc}决定了气泡-颗粒附着的动力学[28,29]。

把气泡-颗粒接触时间 t_{con}和附着时间 t_{tpc}引入浮选理论，可以把附着效率量化，并且预测浮选动力学[25,30]。从以上可知，当附着发生时，其附着的时间一定小于或等于接触时间，即

$$t_{at} \leqslant t_{con} \tag{2-11}$$

在浮选机中用于量化气泡-矿粒附着的接触时间有两种：滑动接触时间和碰撞接触时间[26,31]。

滑动接触时间是指矿粒沿着气泡表面滑动，且所处的气泡表面没有重大变形时所需的时间。该理论适用于惯性很小的矿粒，如密度小的粗颗粒或者细粒（浮选中小于 100μm 的颗粒）。另外，相互碰撞是气泡-颗粒高动量的相互作用，其特点是高密度和大直径的颗粒在浮选机转子范围内以很高的径向速度运动所造成的。这种相互作用是气泡和颗粒互相相向直线运动，使得颗粒所处的气泡表面强烈变形。在相互碰撞期间，颗粒通常从气泡表面反弹，导致多次碰撞[32]并且相互碰撞转变为相互滑动。总的来说，碰撞接触时间比滑动接触时间短得多。因而，模拟时，式（2-11）中通常采用滑动接触时间。

附着时间短，说明矿物疏水性强，可浮性好；附着时间长，表明矿物疏水性弱，可浮性差。

如果液体膜在所有的厚度下都是稳定的，可以说液体完全润湿了固体，固体是亲水的。例如，当一个气泡靠近一个干净的浸没于水中的石英表面时，则会发生这种现象，在这里，Hamaker 常数是负值，相应的范德华力对石英-水-气来说是斥力。对于一个不稳定的膜，薄膜必须先排液，然后破裂，产生的气-水-固三相接触线必须在矿粒黏附到气泡上之前扩展形成润湿周边[32]。

Dobby 和 Finch 假定位流（位流的概念详见附录 C）围绕着完全可迁移的气泡表面，提出了一个滑动时间模型[33]，见式（2-12）。滑动时间定义为一个矿粒从碰撞点开始，以角度 θ_c滑动到其离开气泡表面的点时的时间，也就是 $\theta=90°$时（见图 2-13）。

$$t_{sl} = \frac{d_p + d_b}{2(u_p + u_b) + u_b \left(\frac{d_b}{d_p + d_b}\right)^3} \ln\left(\tan \frac{\theta_c}{2}\right) \tag{2-12}$$

式中，t_{sl}为矿粒的滑动时间；d_b 为气泡的直径；d_p 为矿粒的直径；u_b 为气泡的速度；u_p 为矿粒的沉降速度。

在矿粒轨迹远距离的部分中（见图 2-13），矿粒在流体流的正常组分的作用下朝着气泡表面运动。在矿粒接近气泡表面附近时，在气泡和矿粒之间的液体膜开始排液，水力阻力变大，和正常组分的液体速度相比，矿粒的运动下降。由于这个速度差的原因，矿粒受到一个净的正向力，称为水力压力。这个不足以保证矿粒和气泡表面之间能够接触，因为随着液体层变得更薄，水力阻力增加不确定。水力压力与液体的半径构成和矿粒速度之间的差异成比例。离心力则源于切向速度，其可防止赤道附近的矿粒附着。

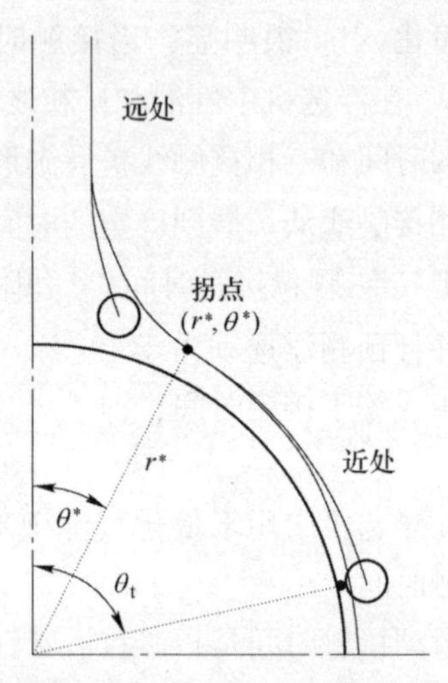

图 2-13　矿粒轨迹示意图[34]

（把流线分为远部分和近部分。在惯性的作用下，矿粒轨迹从远部分偏离流体流线朝向气泡表面，在近部分处离开气泡表面）

从图 2-13 和图 2-14[22] 能够看出惯性对矿粒轨迹的影响，在矿粒轨迹的远部分，总的惯性总是正效应，因此改善了碰撞效率。在矿粒轨迹的近部分，离心力导致矿粒偏离气泡表面，因而降低了碰撞效率。

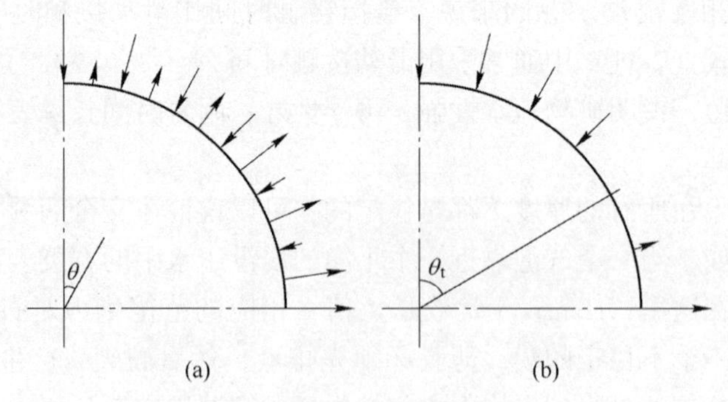

图 2-14　在气泡表面的角相关示意图

（a）压力和离心力；（b）合力

2.2.3.3　捕获效率

把气泡和矿粒发生碰撞后的捕获（或富集）效率 E 定义为[17]：

$$E = E_C \times E_A \times E_S \tag{2-13}$$

式中，E_C为气泡-矿粒聚集的碰撞效率；E_A为附着效率；E_S为稳定效率。

由于浮选过程是矿粒数 N 的一阶关系[25,35]，因此，在批量浮选过程中浮选矿粒的速率方程是：

$$\frac{dN}{dt} = -kN \tag{2-14}$$

式中，k 为浮选速率常数；t 为浮选时间。

如果在开始 $t=0$ 时的矿粒数是 N_0，积分式（2-14）得到：

$$N = N_0 e^{-kt} \tag{2-15}$$

矿粒的回收率 R 为：

$$R = \frac{N_0 - N}{N_0} \tag{2-16}$$

根据回收率，式（2-16）成为：

$$R = R_{max}(1 - e^{-kt}) \tag{2-17}$$

式中，R_{max}为时间无限长时的回收率。

在简单的批次浮选场合下，不考虑混合的情况[16,35]，则浮选速率常数是

$$k = \frac{3J_g}{2d_b}E_C \tag{2-18}$$

式中，d_b为气泡直径；E_C为气泡-矿粒碰撞效率；J_g为表面气体速度，即气体体积流量除以浮选机横截面积。

k 值通常由试验根据 $\ln(1 - R)$ 对时间作图来确定。在单分散性的同样疏水性的矿粒场合，得到线性曲线，k 由斜率确定。在多分散的矿粒粒度情况下，采用双组分配合，得到快的 k_f和慢的 k_s两个速率常数[36]。

对于分批的浮选过程，浮选回收率（给定时间 t 内回收的矿粒质量）R 则为：

$$R = 1 - \exp\left(-t\frac{3GhE_CE_AE_S}{2d_hV}\right) = 1 - \exp(-tk) \tag{2-19}$$

$$k = \frac{3GhE_CE_AE_S}{2d_hV} \tag{2-20}$$

式中，G 为气泡直径为 d_h的气泡群通过体积为 V、深度为 h 的矿粒悬浮液时的气体体积流量。

浮选速率常数 k 与化学反应动力学得到的常数完全相似，其值可以通过气泡-矿粒碰撞、附着、解吸过程以及物理变量如 G 分步确定（对于常数 G 和恒定的气泡规格分布，d_h是一个平均值）。

式（2-18）中的 E_C则对应于图 2-12 中的区域 1，这是一个远离气泡的区域，

是流体力为主。一般地说，所有的碰撞效率模型都预测碰撞效率 E_C 在恒定的气泡规格下，随着矿粒直径下降而减小，直到颗粒直径下降到 0.5μm。然后，布朗扩散效应成为主要的黏附机理。碰撞效率随着朝着气泡运动的微小矿粒的粒度减小而增大。

基于势能理论或流线型流动的 Sutherland 理论表明，在时间 t 内浮选出的矿物的浓度 C 与其最初的浓度 C_0 有关，对于回收率 R，则有：

$$R = \frac{C_0 - C}{C_0} = 1 - \exp\left\{ - t \frac{3\pi\phi R_b R_p V_t N_B}{\cosh^2[3V_t\lambda/(2R_b)]} \right\} \tag{2-21}$$

式中，R_b、R_p 分别为气泡和矿粒的半径；V_t 为气泡-矿粒的相对速度；λ 为感应时间；N_B 为单位体积内气泡的数量；ϕ 为通过气泡-矿粒附着后留在泡沫中的矿粒。

图 2-15 所示为在试验室中固体颗粒附着在气泡上的情况。从图中可以看出，微小的玻璃球在和气泡碰撞后，可能会离开气泡，也可能会沿气泡表面滑动后附着在气泡的下表面上。在矿粒和气泡的碰撞过程中，附着的概率和感应时间紧密相关[26]。这里的感应时间是指在矿粒和气泡之间的液体膜从变薄、排液、直到发生破裂时的时间，即假定在气泡没有大的变形条件下的临界滑动时间。当矿粒遇到气泡时，由于流体力的作用，先是偏离原来的运行轨迹，然后在气泡的表面暂短的滑动后，如果滑动时间小于感应时间，则附着就不会发生；如果滑动时间大于感应时间，附着就会发生。

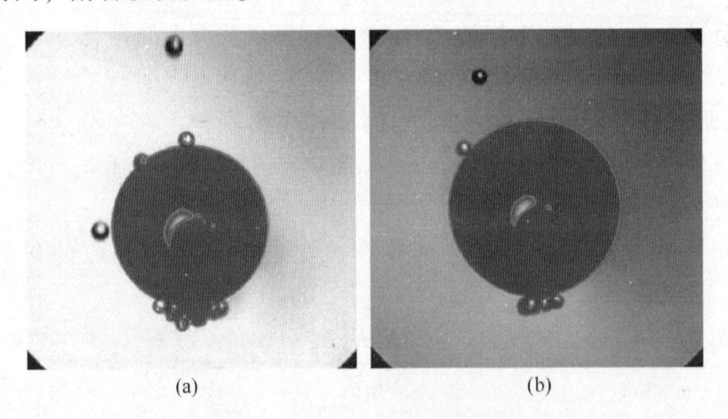

(a) (b)

图 2-15 气泡（直径 1.3mm）和附着矿粒（约 150μm，密度为 2.45g/cm³ 的玻璃球体）的图像[37]

（a）曝光时间 1/500s；（b）曝光时间 1/1000s

David 等人在采用微小的玻璃球对单气泡的碰撞附着研究中（见图 2-15）发现：

（1）玻璃球附着后滑动的速度在投影的曲率半径最大时达到最大值，但该值仍比采用 Stokes 方程预测的速度小 5%～10%，因此认为，气泡的表面表现出了很大的可迁移性，但仍未达到理论上的完全可迁移性。同时，玻璃球附着后的滑动速度与未附着的玻璃球的滑动速度没有明显的差异，认为流体动力学阻力是主要因素。

（2）部分玻璃球在气泡表面上短暂滑动后会出现朝向气泡中心方向的跳动，在跳动之前的滑动时间（即感应时间）为6~70ms，平均值为33ms。其中一个玻璃球在滑动约62ms之后发生跳动，跳动的距离为5μm，跳动的时间约为2ms。Nguyen等人[38]也报道过类似的现象：颗粒在滑动50ms之后发生跳动，跳动的幅度约15μm。分析认为这种跳动现象是由于在颗粒和气泡之间的薄膜在颗粒开始滑动时起着润滑的作用，而后排液变薄，最后导致破裂形成三相接触线（three-phase contact line，TPCL）达到新的平衡所致。当然，试验中不是所有附着的玻璃球都观察到了跳动的现象，分析可能是由于在这些场合下跳动的距离太小，以至于在采用的放大倍数下看不到。

（3）试验中观察到颗粒在跳动中有突然旋转的现象，且在气泡赤道的下面也可以附着，分析认为是由于颗粒表面的非均匀性所致，气泡表面的变形也是原因之一。

另外，从图2-15和图2-16中可以看到，碰撞后附着的颗粒会首先滑动到气泡的下表面上并逐渐累积。

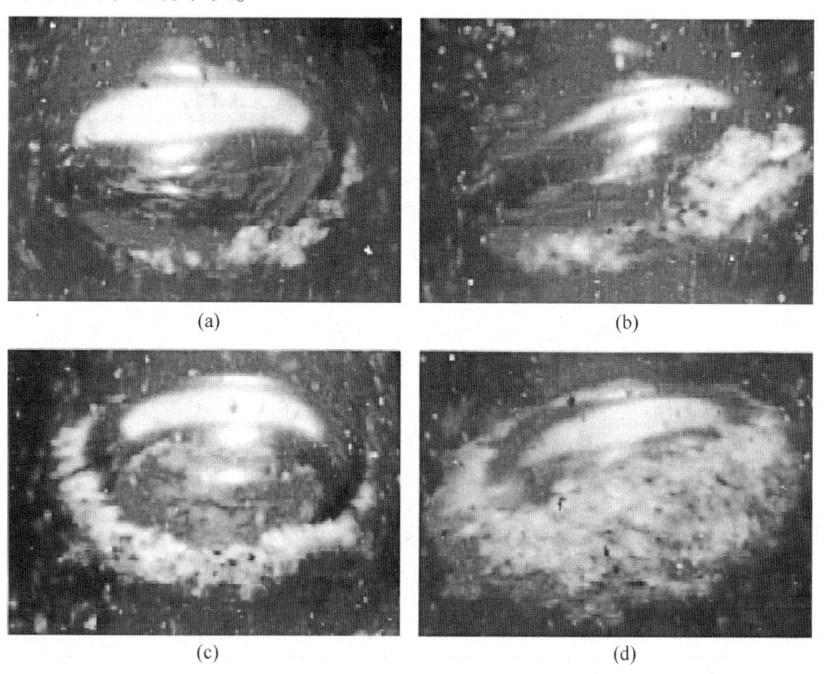

(a) (b) (c) (d)

图2-16 浮选中单个气泡的负载变化过程[39]

（a）3s；（b）10s；（c）30s；（d）125s

关于矿物颗粒在气泡上附着的过程，有各种不同的碰撞模型[40]，对这些模型进行相互比较是很困难的，因为它们都建立在不同的假定条件和流体力学条件基础上，如气泡表面的流体流动范围、气泡表面的迁移性、碰撞机理、矿粒惯性的影响、气泡大小或雷诺数的范围都不尽相同。

2.2.4 浮选中有用矿物的颗粒粒度

有用矿物的颗粒粒度是影响浮选效果的关键因素。浮选过程中，在静态条件下及紊流力场存在的条件下，适宜的浮选粒度存在上、下限[41]。太粗、太细的颗粒浮选效果都差，特别是细粒，由于其质量小、动量低，难以克服气泡表面水化膜的能垒，与气泡碰撞、附着的概率小；质量小，引起细粒混杂，降低精矿品位；矿物颗粒细，其比表面积大，对药剂非选择性吸附，增加药剂消耗；表面能大，氧化速率高，使得细粒硫化矿物可浮性降低。因而，矿物颗粒过细，恶化矿浆环境，影响浮选效果。矿物颗粒粒度太粗，则所需负载矿粒上浮的气泡太大，稳定性差而难以实现。因此，不同的矿物都有其适宜的浮选粒度（见表 2-1）。

表 2-1 一些矿物浮选回收率最佳的粒度范围[41]

矿 物	粒度范围/μm	条 件
黑钨矿	20~50	实验室批料试验
	25~52	纯矿物试验
锡石	3~20	工业试验
赤铁矿	20~76	纯矿物试验
石英	10~40	实验室连续试验
	9~50	实验室批料试验
萤石	10~90	工业生产
	50~150	工业生产
重晶石	10~30	实验室批料试验
孔雀石	5~150	实验室批料试验
方铅矿	37~295	实验室批料试验
	6~70	工业生产
	20~100	工业生产
黄铁矿	50~100	实验室连续试验
闪锌矿	15~100	工业生产
	8~70	实验室批料试验
黄铜矿	5~100	纯矿物试验

2.2.4.1 粗粒矿物浮选回收的粒度上限

粗粒矿物颗粒的回收取决于其在上升气泡上附着的稳定性，取决于其在气泡上的黏附力是否大得足以在浮选过程中的动力学条件下仍能够不脱附。假设一个光滑的圆形颗粒位于流体界面，在三相界面扩展之后形成平衡润湿周边（见图 2-17）[22]。在此条件下，净的黏附力 F_{ad} 等于附着力的和 F_a 减去分离力 F_d，即

$$F_{ad} = F_a - F_d \tag{2-22}$$

如果 F_{ad} 是负值，矿粒就不会仍然附着在气泡上，会进入到液相中。

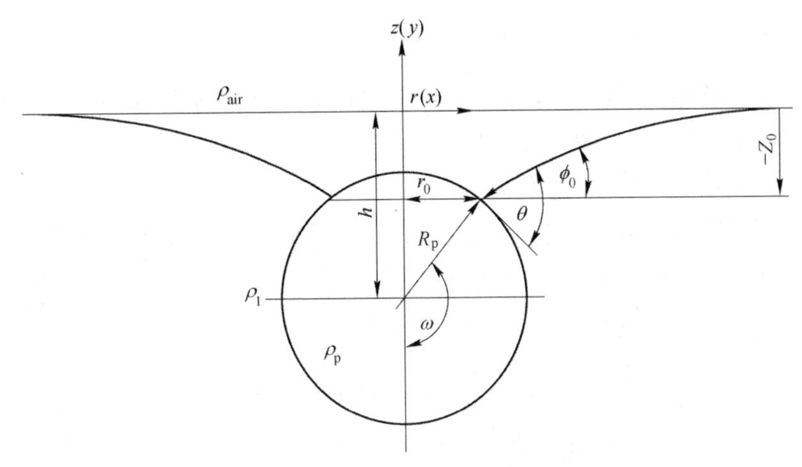

图 2-17 位于流体界面的光滑的球形颗粒

假定系统处于准静止状态，接触角相当于静止系统的接触角，半径为 R_p 的圆形颗粒附着到半径为 R_b 的气泡上，且 R_b 比 R_p 大得多，如图 2-17 所示。作用在颗粒上的力如下：

（1）沿三相界面作用于垂直方向上的毛细管力 F_C：

$$F_C = 2\pi r_0 \gamma \sin\phi_0 = -2\pi R_p \gamma \sin\omega \sin(\omega + \theta) \tag{2-23}$$

式中，γ 为液-气界面张力。

（2）沉浸颗粒的静态浮力 F_b：

$$F_b = \frac{\pi}{3} R_p^3 \rho_l g (1 - \cos\omega)^2 (2 + \cos\omega) \tag{2-24}$$

式中，ρ_l 为液体的密度。

（3）高度为 Z_0 的作用于接触面积上的液体柱静压力 F_h：

$$F_h = -\pi r_0^2 \rho_l g Z_0 = -\pi R_p^2 \sin^2\omega \rho_l g Z_0 \tag{2-25}$$

（4）气泡中作用于接触面积上的毛细管压力 F_p：

$$F_p = P_\gamma \pi r_0^2 \tag{2-26}$$

式中，P_γ 为单位面积上的毛细管力。

对球形气泡，毛细管压力近似为：

$$F_p = \pi R_p^2 \sin^2\omega \left(\frac{2\gamma}{R_b} - 2R_b \rho_l g \right) \tag{2-27}$$

(5) 重力 F_g：

$$F_g = \frac{4}{3}\pi R_p^3 \rho_p g \tag{2-28}$$

式中，ρ_p为矿粒密度。

(6) 附加分离力 F_d 近似地等于颗粒质量乘以在浮选机中广义的加速度 b_m：

$$F_d \approx \frac{4}{3}\pi R_p^3 \rho_p b_m \tag{2-29}$$

值得注意的是，实际上在浮选装置中加速的是气泡-矿粒集合体，这样，ρ_p实际上是一个近似值（$\Delta\rho = \rho_p - \rho_l$）。

平衡时，这些力的和 $\sum F$ 必须等于零。

而对于该圆形颗粒的脱附能 E_{det}，相当于迫使该颗粒从其在液气界面的平衡状态 $h_{eq}(\omega)$ 移动到某个临近点 $h_{crit}(\omega)$ 所做的功，在该临界点上，脱附发生，颗粒进入液相。各种力的和 $\sum F$ 与 E_{det}有关：

$$E_{det} = \int_{h_{eq}(\omega)}^{h_{crit}(\omega)} \sum F \mathrm{d}h(\omega) \tag{2-30}$$

式（2-30）可以通过导入各种力进行积分解出。当矿粒的动能等于 E_{det}时，即发生脱附过程。颗粒的动能由 $\frac{2}{3}\pi R_p^3 \rho_p V_t^2$ 给出，V_t是颗粒的相对（紊流）速度，是由于在浮选机的紊流区内作用于气泡-矿粒集合体上的力，如集合体与其他气泡或集合体碰撞，或者由于其他形式的激发而获得的。V_t是根据浮选机中气泡的速度，通过实验确定，ρ_p是矿粒的密度。

根据动力学理论，最大的可浮矿粒直径 $D_{max,K}$为：

$$D_{max,K} = 2\left(\frac{3}{2\pi\rho_p V_t^2}\int_{h_{eq}(\omega)}^{h_{crit}(\omega)} A\mathrm{d}h\right)^{1/3}$$

$$A = \frac{2}{3}\pi R_p^3 \rho_l g\left[1 - \frac{2\rho_p}{\rho_l} - \cos^3\omega + \frac{3h}{2R_p}\sin^2\omega - \frac{3}{a^2 R_p^2}\sin\omega\sin(\omega+\theta)\right] - \pi(R_p\sin\omega)^2\left(\frac{2\gamma}{R_b} - 2R_b\rho_l g\right) \tag{2-31}$$

式（2-31）可以通过积分或者对作为 R_p 函数的每个动能和脱附能进行作图来解出，这里 γ 和 ρ_p是不变的，V_t是特定的。该公式已经很好地描述了在浮选条件下，直径为 30~120μm 之间的球形颗粒从液-气界面的脱附和疏水的棱角形石英颗粒的浮选行为。

2.2.4.2 细粒矿物浮选回收的粒度下限

浮选过程中，细粒浮选回收率低的一个主要的原因是其质量小，没有足够的动能与气泡发生碰撞，即碰撞效率低所致[42]。关于细粒可浮性极限的理论研究结果[43]，认为细粒浮选的下限与两个量有关：一个是在气泡-矿粒接近时，激发最初的突破或三相界面扩张所需的临界功；一个是矿粒的动能。而激发或扩张所需的临界功需要通过矿粒的动能来满足。浮选中，满足这两个量的最小矿粒直径 $D_{min,K}$ 为

$$D_{min,\ K} = 2\left[\frac{3\kappa^2}{V_t^2\Delta\rho\gamma(1 - \cos\theta)}\right]^{1/3} \tag{2-32}$$

式中，κ 为线张力，与三相接触线的扩张相反。在线上的分子的自由能与在表面上的分子的自由能是不同的，表面上的分子有附加的表面自由能和表面张力，与在表面上类似，在线上的分子也有附加的线性自由能和线性张力。

事实上，

$$\kappa = \left(\frac{\partial F}{\partial L}\right)_{T,\ V,\ W} \tag{2-33}$$

式中，F 为赫尔姆茨（Helmholtz）自由能；L 为接触线；T 为温度；V 为体积；W 为热力学功。

杨氏（Young-Dupre）方程则成为

$$\gamma_{S/V} - \gamma_{S/L} = \gamma_{L/V}\cos\theta \pm \frac{\kappa}{r} \tag{2-34}$$

对于小的接触半径，线张力是很重要的，它能够抵消或加强 $\gamma_{L/V}\cos\theta$。在 Scheludko 的理论中，由于忽略了薄膜的排液和其他的流体力学影响，因此线张力不利于三相界面的形成。采用平均直径 10μm 和 35μm 之间的棱角形石英颗粒进行疏水试验的数据基本上遵循式（2-32）预测的趋势，尽管定量符合性差。

用气泡和颗粒之间碰撞的动能对仍然能够附着在气泡上的颗粒的最大粒度进行了计算，浮选的数据说明能够浮选的单独颗粒粒度的下限是 1μm，这个范围和理论限度的比较认为润湿周边的线性能给出了 $10^{-9} \sim 10^{-10}$N 的量级。利用这个能量，根据颗粒粒度和接触角预测的浮选范围和实际的结果是相符的[43]。

2.2.5 负载气泡的规格

浮选过程中，有用矿物颗粒（粒群）经过动力搅拌与捕收剂分子接触反应（或通过有用矿物自身的疏水性）变成疏水颗粒（粒群），当与气泡接触后，通过竞争吸附附着到气泡上，最后上升到泡沫层被回收。气泡的大小决定着与矿粒碰撞的概率。气泡直径越小，与矿粒碰撞的概率越大[41]，这也说明了适合于细粒级矿物回收的浮选柱采用微泡浮选的原因。由于矿物粒度范围的差异，浮选过程中合适的气泡的产生与稳定是很重要的，产生的气泡过大或过小或分散不均匀都不利于大多数矿物颗粒的回收；气泡不稳定，易于使附着的矿物颗粒脱落，回到矿浆中去，影响矿物的回收，气泡过于稳定，则不易破碎，不利于下面作业的进行。合适的气泡产生与分散方式及合适的起泡剂的选择，有利于矿物的浮选。

一般情况下，工业生产浮选机中产生的平均气泡规格为 0.5~2mm 的范围[44]，部分不同条件下产生的气泡规格见表 2-2[45]。

表 2-2 不同条件下产生的气泡规格[45]

浮选工艺/装置	气泡发生系统	气泡直径/μm
电浮选	稀释水溶液的电解（H_2和 O_2泡）	20~40①
气体微泡（aphrons）	机械搅拌或循环表面活性剂溶液的气体自吸喷嘴	10~100
气蚀浮选（CAF）	机械高速搅拌	40①
溶气浮选（DAF）	对高压下超饱和的水降压	10~100（40①）
空气喷射水力旋流器（ASH）	带有护套的离心装置	200①
气泡加速浮选（BAF）	多孔管	
射流浮选	气体吸入喷嘴把空气吸入下导管的循环水中	100~600
Microcel™浮选	通过静态混合器喷射水-气混合物	400①
喷射浮选	气体吸入喷嘴把空气吸入循环水中	400~800①
浮选柱	通过喷嘴（多孔板）射入空气	1000①
诱导浮选	机械搅拌	700~1500①

①平均气泡直径。

2.2.6 气泡表面可迁移性和矿粒惯性的影响

从 2.2.3 节可知，浮选发生的主要形式是颗粒与气泡的碰撞—附着。在浮选环境中，选择性吸附了药剂的矿物颗粒表面形成了一层水化膜。同时，形成的气泡表面也存在有带有表面活性剂的水化膜，要使矿粒与气泡碰撞—附着，就必须使颗粒表面及气泡表面的水化膜破裂，形成三相接触界面，因而矿物颗粒必须至少具有在碰撞发生时能使水化膜破裂的最小能量。因此，根据不同的浮选过程，施加不同的外界力场（重力、离心力、冲力等），使矿物颗粒具有一定的能量与气泡发生碰撞，克服表面的能垒与气泡附着后上浮。

2.2.6.1 气泡表面可迁移性的影响

在矿粒-气泡碰撞的动力学研究中，大多数的情况都是关注在气泡表面，或是由于有意的添加表面活性剂，或是由于从水中吸附的杂质而引起的非迁移的或者强烈停滞的领域[18]。当在惯性非常小的条件下，长距离流体力作用的结果已经由 Collins、Jameson[46]、Reay 和 Ratcliff[47] 在他们的试验中给出了非常有说服力的证明，试验所揭示出的最重要的结果是碰撞效率 E_C 随着颗粒粒度的降低和气泡规格增大而快速降低。Anfruns 和 Kitchener[48] 也通过试验得到了与矿粒-气泡碰撞理论相吻合的结果，当然，该结果采用的是一个停滞的气泡表面，因为该气泡的规格相当小（0.4~1mm），且水中含有微量的表面活性杂质。

然而，上述成果都是假定气泡表面停滞（即不动的）的条件下得到的。实际上气泡表面并非是停滞的。研究表明[31]，浮选过程中，在层流和非层流场中矿粒和气泡之间的流体力学作用包括碰撞和滑动两个过程，如果是较小的矿粒移到较大气泡的表面时，就会发生滑动。在滑动过程中，矿粒和气泡之间的液体薄膜必定会通过排液达到其临界厚度并且破裂，导致三相接触界面的形成和附着，且与薄膜排液时间相比，矿粒在气泡上附着的概率随着滑动的时间增加而增大。因此，碰撞理论应用到工业浮选过程中还有很大的不确定性，在足够低的表面活性剂浓度下，只要气泡不是太小，其表面都是可迁移的，David 等人的研究结果也说明了这一点[37]。他们认为，所观察到的颗粒在与气泡碰撞过程中的轨迹和速度的非对称性，是由于气泡表面的可迁移性引起的。可迁移的气泡表面的任何部位都是处在一个永久扩展的状态下，在薄膜层排液的机理中它能够导致质的变化，并且影响它的稳定性。例如，它可能增加临界厚度。因而，气泡表面的可迁移性除了对薄膜的动力学有着重要的意义之外，与矿粒的碰撞效率会提高，而气泡表面停滞会使碰撞效率降低至约 1/10。

2.2.6.2 惯性的影响

任何物体都具有惯性，且惯性的大小只与物体的质量有关。由于传统上在有表面活性剂的情况下，对较小和中等规格的气泡都是假定其表面是停滞的[18]，同时也是由于在靠近气泡表面附近液体和矿粒的运动是滞缓的，因而惯性通常被忽略，同时也忽视了本不应忽略的中等规格矿粒和气泡在高速状态下的惯性影响[33,49]。然而，Dobby 和 Finch[21] 在所进行的工作中却特别关注了颗粒在停滞的气泡表面上的惯性附着，并且考虑了 Stokes 数。无量纲的 Stokes 数 K 表示的是矿粒从流体中附着到气泡表面时颗粒的惯性大小与介质黏性阻力的比值：

$$K = \frac{2}{9}\rho U_b a_p^2 / a_b \eta \tag{2-35}$$

式中，η 为动力学黏度；ρ 为矿粒密度；U_b 为气泡上升速度；a_p、a_b 分别为矿粒和气泡半径。

如果把附着的矿粒看做是一个质点，Levin 证明[50]，矿粒的粒度小于一定的临界值时，不可能产生惯性附着。这里相应的临界 Stokes 数值 $K_c = 1/12$，这个分析结果与 Langmuir 的数字计算是吻合的。Dobby 和 Finch[21] 已经验证了惯性矿粒附着的基本作用，并对超过临界值的 Stokes 数进行了定量地描述。在亚临界 Stokes 数下，基本上采用无惯性的浮选理论来描述气泡-矿粒的相互作用[51,52]，也已证明惯性甚至能够在亚临界 Stokes 数、在气泡表面无约束的条件下产生影响[53]。另外，速度高的大气泡，其表面的切向流速像气泡上升的速度一样高。因此，惯性-流体力学的相互作用问题是一个相当新的和复杂的而且又必须考虑的问题。如果忽略矿粒的大小而把它看做一个质点，这个问题不是个新问题。

Langmuir 首先考虑了一个小的静止的微滴和一个大的下落的微滴在其流体力场内的惯性和流体力的相互作用问题[54]。为了克服数学上的困难，他把小的静止的微滴用一个质点代替。Derjaguin 和 Dukhin[55]也指出，在对 Langmuir 模型和在周围环绕的流体动力场中，或者是一个上升的气泡，或者是一个下降的更大水滴的环境下发生的气泡-矿粒碰撞结果之间的类比结果是相同的。Langmuir 在作出上述假定后得到两个微滴之间惯性附着的碰撞效率公式为：

$$E = \frac{K^2}{(K + 0.2)^2} \tag{2-36}$$

这个已经在考虑了矿粒的实际规格的研究中得到证实。随着矿粒粒径的减小，惯性和 Stokes 数 K 相应地减小，矿粒从流体中到气泡表面的惯性附着变弱。根据式（2-36），E 随着 K 的降低急速下降。这种关系已经被实验不仅是定性而且是定量地证实（$K<0.7$）。

如果不把矿物颗粒作为质点考虑，则碰撞过程就会是另一种情景，当考虑限定矿粒规格时，附着也可能发生。根据 Sutherland 模型[25]，在碰撞半径为 $R_c = \left(\frac{3d_p d_b}{4}\right)^{1/2}$ 范围内的所有矿粒都会和气泡发生碰撞，因而，碰撞效率 E_o可以由半径为 R_c 的“流体管”的截面积（$\pi R_c^2 = 3\pi d_p d_b/4$）与气泡的投影面积（$\pi d_b^2/4$）之比来表示：

$$E_o = 3d_p/d_b \tag{2-37}$$

式中，d_p、d_b分别为矿物颗粒和气泡的直径。

因此可以得出，采用质点方式建立的理论在 K 值合理地大的情况下是有用的，对于 K 值小的情况下是不合适的[56]。关于在 K 值小的情况下碰撞效率不考虑惯性的结论可能是不正确的，因为其源于把矿粒作为质点来考虑。注意到 Fonda、Herne、Michel 和 Norey 所计算的 $K>0.1$，即 $K>K_c$，Langmuir 公式的试验也是采用 $K>K_c$。对于无惯性浮选的场合，矿粒-气泡碰撞理论和现有的试验之间吻合的条件是[47,56]：

$$K \ll K_c \tag{2-38}$$

对于大的颗粒利用惯性附着到上升的气泡上，则有：

$$K \gg K_c \tag{2-39}$$

在无惯性浮选中，碰撞的发生是由于截获作用[25]，碰撞效率是矿粒粒度和气泡直径之比的函数，即：

$$E = E(d_p/d_b) \tag{2-40}$$

在惯性附着条件下，碰撞效率取决于 Stokes 数 K，如式（2-36）所示，并且采用质点方式处理（在大 K 值下）：

$$E = E(K) \tag{2-41}$$

对于中等粒径，在

$$K \approx K_c \tag{2-42}$$

的条件下，惯性的作用不能事先就排除，换句话说，碰撞效率预期是两种参数的函数：

$$E = E(d_p/d_b,\ K) \tag{2-43}$$

这个预期已经被理论和试验证实[53]，在 $K \ll K_c$ 的条件下，得到的方程接近于 Sutherland 方程，因而，结合弱惯性后就可以得到广义 Sutherland 理论。注意到当 $K \approx K_c$ 时，弱的惯性使碰撞效率产生了一个大的变化，已经确立了一个新的惯性流体力气泡-矿粒作用机理。在临界 Stokes 数条件下，矿粒-气泡相互作用中不能预期的特性是惯性在矿粒-气泡相互作用中的负面影响，与高 Stokes 数条件下的惯性附着相比，碰撞效率在研究的范围内随 K 值增加而增加，这里却是惯性影响了碰撞效率，与 Sutherland 方程相比，导致碰撞效率降低。

通过式（2-38）或式（2-42）的限定条件，可以忽略小的表面变形，但仍然必须注意在超临界 Stokes 数条件下的气泡表面的强烈变形[57,58]。

在基本浮选过程的流体动力学中，对微小规格矿粒的根本问题是其靠近表面的轨迹计算[47]，由此导出了广义 Sutherland 公式（Generalized Sutherland Equation，GSE），即

$$\frac{E_C}{E_o} = \sin^2\theta_t^2 \exp\left[3K^{lll}\cos\theta_t\left(\ln\frac{3}{E_o} \pm 1.8\right) - \frac{9K^{lll}\left(\frac{2}{3} + \frac{\cos^3\theta_t}{3} - \cos\theta_t\right)}{2E_o\sin^2\theta_t}\right] \tag{2-44}$$

其中

$$\theta_t = \arcsin\left[2\beta(\sqrt{1+2\beta} - \beta)\right]^{\frac{1}{2}} \tag{2-45}$$

$$\beta = \frac{2E_o f}{9K^{lll}} \tag{2-46}$$

$$K^{lll} = \frac{\Delta\rho}{\rho}K = \frac{2U_b\Delta\rho d_p^2}{9\eta d_b} \tag{2-47}$$

式中，θ_t 为切角；β 为无量纲数；$\Delta\rho$ 为矿粒和流体的密度差；f 为表示矿粒和自由气泡表面之间短距离流体力学作用的系数，对于自由、无滞缓的气泡表面，$f=2.034$[47]。

为了方便和简化理论和试验之间的比较，式（2-44）可以表达为

$$E_C = \left(\frac{E_C}{E_o}\right)E_o \tag{2-48}$$

对极其微小的矿粒，当矿粒的疏水性很高，且电解质浓度很高的条件下，其

附着效率和稳定效率的乘积 $E_A E_S$ 接近于其最大值，即 1[48,59,60]。在附着效率和稳定效率可以达到最大值的下，只是通过提高碰撞效率，就可以使浮选得到改善，这对微细粒矿物的浮选是一个特别重要的事情。而这种可能的改善正是一种希望，因为浮选中遇到的相对大气泡的碰撞效率总是非常低的。在 $E_A E_S \cong 1$ 的条件下，可以认为试验确定的碰撞效率 E_C 等同于试验的捕获效率 E^{exp}，即

$$E^{exp} \approx E_C \tag{2-49}$$

只有在这样两个主要步骤可控的有利条件下，才能进行关键的矿粒-气泡碰撞的不同流体力学模型的试验确定。

根据上述理论，Dai 等人在附着效率和稳定效率为最大（$E_A E_S \cong 1$）的条件下，对应于高接触角（73°）和高盐浓度（10^{-2}mol/L）得到的试验 $E(d_p)$ 曲线如图 2-18 和图 2-19 所示[47]，其中图 2-18 为对应于直径 1.52mm 的气泡的数据，图 2-19 为对应于直径 0.77mm 的气泡的数据。依据于式（2-37）和式（2-44）的理论曲线也分别见二图中[47]。从图中可以很清楚地看到广义 Sutherland 理论公式（2-44）和试验之间是非常好的吻合，而与 Sutherland 的预测公式（式（2-37））则有一个明显的发散。

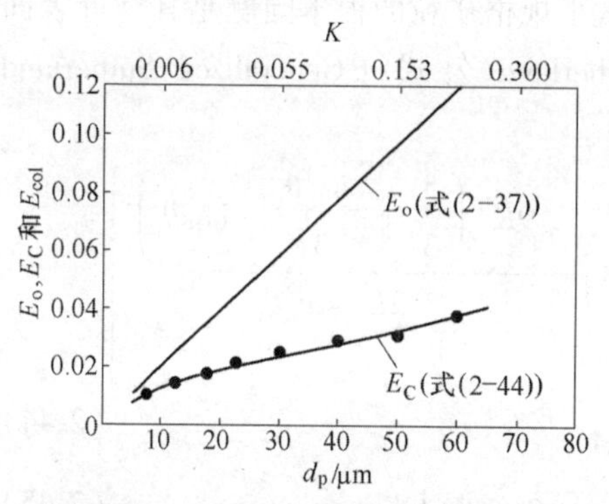

图 2-18 根据 Sutherland 公式和广义 Sutherland 公式计算的碰撞效率的比较
（圆点表示的实验数据 E_{col} 与 GSE 的预测值重合，条件是：d_b = 1.52mm；U_b = 31.6×10^{-2}m/s；pH = 5.6；KCl 浓度为 10^{-2}mol/L；θ = 73°；气泡雷诺数是 480）

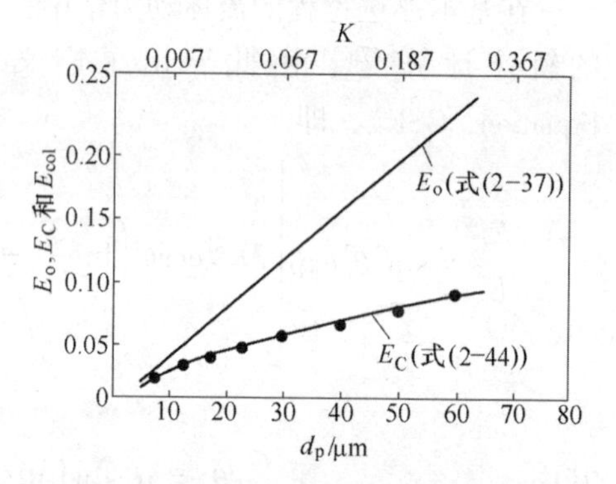

图 2-19 根据 Sutherland 公式和广义 Sutherland 公式计算的碰撞效率的比较
（圆点表示的实验数据 E_{col} 与 GSE 的预测值重合，条件是：d_b = 0.77mm；U_b = 19.6×10^{-2}m/s；pH = 5.6；KCl 浓度为 10^{-2}mol/L；θ = 73°；气泡雷诺数是 151）

在理论碰撞效率（见图 2-18 和图 2-19）的计算中，对应于规格 d_b = 1.52mm 的气泡速度为 31.6 × 10^{-2}m/s，对应于规格 d_b = 0.77mm 的气泡速度为 19.6 × 10^{-2}m/s，这些数值与其他近来研究的结果是吻合的[61, 62]。

气泡速度上的差异没有引起碰撞效率的重大变化，因为实际上的速度差异只有约 20%。然而，在直径 d_b = 1.52mm 的气泡和直径 d_b = 0.77mm 的气泡之间的速度差异是大的。不过，式（2-44）描述的两种气泡规格在很宽的粒度范围内的

试验数据吻合得很好（见图 2-18 和图 2-19）。这是一个相当严格的理论上的试验，结果是非常肯定的，需强调的是在理论和试验之间吻合得非常好只是应用于接触角不小于 70°及高的电解质浓度下。

2.3 起泡剂对浮选的影响

实际浮选过程中，在浮选机中的动态和紊流条件下，矿物颗粒与气泡的聚集可能难以达到平衡状态。不过，可以通过适当的吸附表面活性剂改变矿物颗粒的表面张力而使有用（或脉石）矿物选择性疏水从而实现矿物浮选。

研究表明[63]，浮选过程矿浆中所需的空气滞留量及形成的气泡规格与起泡剂的临界聚合浓度(critical coalescence concentration，CCC）有直接的关系，如图 2-20 所示。从图中可以看出，当溶液中没有起泡剂时，空气滞留量为 4% 左右，而气泡的直径(D_{32}）约为 4. 6mm。在溶液中加入起泡剂(MIBC)，加入的剂量不大于 $6\times10^{-4}\%$ 时，对空气滞留量影响很小，但对气泡规格的影响非常明显，气泡的直径急剧地从 4. 6mm 减小到 1. 7mm。当加入的起泡剂的浓度大于 $6\times10^{-4}\%$ 时，随着起泡剂浓度的增加，气泡的规格继续减小，在达到 1mm 左右时则趋于稳定。而在此过程中，由于气泡规格的减小，溶液中的空气滞留量则先是急剧增加，在达到一个拐点后则呈平稳上升趋势。因此，不同的溶液对应于不同的起泡剂，其临界聚合浓度是不同的，超过临界浓度以后，即使继续增大溶液中的起泡剂浓度，溶液中的气泡规格也保持稳定，空气滞留量也只是平稳增加。

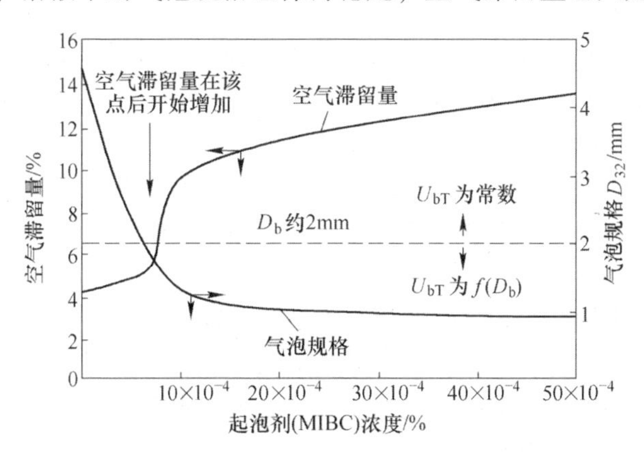

图 2-20 空气滞留量和气泡规格与起泡剂浓度的关系

（空气滞留量只有当气泡直径减小到小于 2mm 以后才增加）

U_{bT}—气泡上升末速；D_b—气泡直径

同时，浮选过程中气泡的规格也与浮选过程中的捕收效率有着密切的关系，气泡变小导致其上升速度变慢，在矿浆中的停留时间增加，就增加了气泡与矿物颗粒碰撞和黏附的概率，提高了捕收的效率。当然，气泡变得太小，会导致其浮力不够，难以带动所黏附的颗粒上升。

图 2-21 所示为不同的气泡直径下几种物料的捕收效率的对数曲线[64]。可以清楚地看出，随着气泡的变小，捕收效率越来越高。

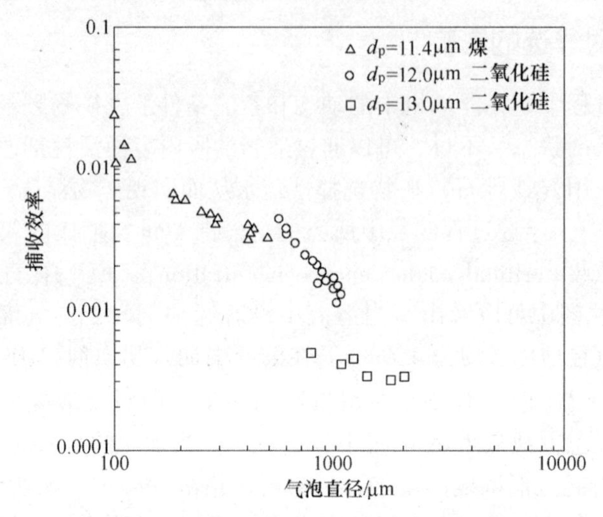

图 2-21　在不同气泡直径下物料的捕收效率

有人对 5 种不同的起泡剂（MIBC、已醇、二乙氧基-一丙氧基已醇、二乙氧基已醇、一丙氧基-二乙氧基已醇）进行的研究表明[65]，浮选机中气泡大小的影响因素有两种情况：

(1) 在起泡剂的浓度小于临界聚合浓度（CCC）时取决于气泡的兼并。

(2) 当起泡剂的浓度超过临界聚合浓度时则取决于发泡器的几何形状和水力学条件，而与气泡的兼并没有关系。

每个试验的起泡剂的临界聚合浓度在一个很窄的范围内变化，使用不同的设备得到的几乎相同的临界聚合浓度值说明，起泡剂的临界聚合浓度可以作为常数来处理[66]。

由此，溶液中液、气相之间的相互关系，可以通过加入起泡剂进行改变，使其满足于设定条件下的要求。同理，矿浆中液、气、固三相之间的关系，也可以通过改变起泡剂的用量，来改变其相互之间的表面张力关系，进而调整矿物颗粒表面的润湿性，使其更有利于浮选。

参考文献

[1]《选矿学》编写组．选矿学(下册)[M]．沈阳：东北工学院选矿教研室，1980：178.

[2] 高明炜．澳洲有色金属选矿短流程的研发和应用[R]．北京，2013.

[3] Manev E D, Nguyen A V. Critical thickness of microscopic thin liquid films[J]. Advances in Colloid and Interface, 2005(114 ~ 115) : 133 ~ 146.
[4] Ivanov I B. Thin Liquid Films[M]. New York: Marcel Dekker, 1988.
[5] Gibbs J W. The Scientific Papers of J. Willard Gibbs[M]. New York: Dover, 1961.
[6] Levich V G. Physicochemical hydrodynamics[J]. Englewood Cliffs, Prentice-Hall, 1962.
[7] Plateau J A F. Statique Experimental et Theorique des Liquides Soumit aux Seulles Forces Moleculaires[M]. Paris: Gauthier-Villars, 1873.
[8] Boussinesq J. Ann. Chim. Phys., 1913, 29: 349.
[9] Bhondayi C. Measurements of particle loading on bubbles in froth flotation[R]. Johannesburg: University of the Witwatersrand, 2010.
[10] Ata S, Jameson G J. The formation of bubble clusters in flotation cells[J]. Int. J. Miner. Process., 2005, (76) : 123 ~ 139.
[11] Jameson G J, Allum P. A Survey of Bubble Sizes in Industrial Flotation Cells[R]. AMIRA International, Melbourne, 1984.
[12] Jameson G J. Private communication, 1983.
[13] Ralston J . Bubble-particle capture[C]// Fuerstenau M C. A. M. Gaudin Memorial volume - Flotation. New York: American Institute of Mining, Metallurgical, and Petroleum Engineers, Inc., 1976: 1464 ~ 1471.
[14] Blake T D, Kitchener J A. Stability of aqueous films on hydrophobic methylated silica[J]. Journal of the Chemical Society, Faraday Transactions 1: Physical Chemistry in Condensed Phases, 1972, 68 : 1435 ~ 1442.
[15] Yoon R H, Yordan J L. The critical rupture thickness of thin water films on hydrophobic surfaces[J]. Journal of Colloid and Interface Science, 1991, 146(2): 565 ~ 572.
[16] Yoon R H, Mao L. Application of extended DLVO theory, Ⅳ. Derivation of flotation rate equation from first principles[J]. Journal of Colloid and Interface Science, 1996, 181(2): 613 ~ 626.
[17] Derjaguin B V, Dukhin S S . Theory of flotation of small and medium-size particles[J]. Progress in Surface Science, 1993, 43(1 ~ 4): 241 ~ 266.
[18] Ralston J. Controlled flotation processes: Prediction and manipulation of bubble-particle capture[J]. The Journal of The South African Institute of Mining and Metallurgy, 1999 (1 ~ 2): 27 ~ 34.
[19] Bris A, Orhan O, Anh V N, et al. A review of induction and attachment times of wetting thin films between air bubbles and particles and its relevance in the separation of particles by flotation[J]. Advances in Colloid and Interface Science, 2010, 159: 1 ~ 21.
[20] Schulze H J, Gottschalk G. Investigations of the hydrodynamic interaction between a gas bubble and mineral particles in flotation[J]. Developments in Mineral Processing, 1981, 2: 63 ~ 85.
[21] Dobby G S, Finch J A. Particle size dependence in floatation derived from a fundamental model of the capture process[J]. International Journal of Mineral Processing, 1987, 21 (3 ~

4): 241 ~ 260.

[22] Schulze H J. Physico-chemical elementary processes in flotation: An analysis from the point of view of colloid science including process engineering considerations[C]. Amsterdam, New York, Elsevier, 1984.

[23] Koh P T L, Smith L K. The effect of stirring speed and induction time on flotation[J]. Minerals Engineering, 2011(24): 442 ~ 448.

[24] Dai Z, Fornasiero D, Ralston J. Particle-bubble attachment in mineral flotation[J]. Journal of Colloid and Interface Science, 1999 (217): 70 ~ 76.

[25] Sutherland K L. The Physical chemistry of flotation XI. Kinetics of the flotation process[J]. J. Phy. Chem., 1948, 52: 394 ~ 425.

[26] Nguyen A V, Schulze H J. Colloidal Science of Flotation[M]. New York: Marcel Dekker, 2004.

[27] Stechemessere H, Nguyen A V. Time of gas-solid-liquid three-phase contact expansion in flotation[J]. Int. J. Miner. Proc., 1999, 56(1 ~ 4): 117 ~ 132.

[28] Krasowska M, Malysa K. Wetting films in attachment of the colliding bubble[J]. Adv. Colloid Interface Sci., 2007(134 ~ 135): 138 ~ 150.

[29] Radoev B, Alexandrova L, Tchaljovska S. On the kinetics of froth flotation[J]. Int. J. Miner. Process., 1990, 28: 127 ~ 138.

[30] Finch J A, Dobby G S. Column Flotation[M]. Oxford: Pergamon, 1990.

[31] Schulze H J. Probability of particle attachment on gas bubbles by sliding[J]. Adv. Colloid Interface Sci., 1992, 40: 283 ~ 305.

[32] Ralston J, Dukhin S S, Mishchuk N A. Inertial hydrodynamic particle-bubble interaction in flotation[J]. Int. J. Miner. Process., 1999 (56): 207 ~ 256.

[33] Dobby G S, Finch J A. A model of particle sliding time for flotation size bubbles[J]. Journal of Colloid and Interface Science, 1986, 109 (2): 493 ~ 498.

[34] Miettinen T, Ralston J, Fornasiero D. The limits of fine particle flotation[J]. Minerals Engineering, 2010(23): 420 ~ 437.

[35] Jameson G J, Nam S, Young M M. Physical factors affecting recovery rates in flotation[J]. Minerals Science Engineering, 1977, 9(5): 103 ~ 118.

[36] Ralston J. The influence of particle size and contact angle in flotation[J]. Developments in Minerals Processing, 1992 (12): 203 ~ 224.

[37] Verrelli D I, Koh P T L, Nguyen A V. Particle-bubble interaction and attachment in flotation[J]. Chemical Engineering Science, 2011 (66): 5910 ~ 5921.

[38] Nguyen A V, Evans G M. Attachment interaction between air bubbles and particles in froth flotation[J]. Experimental Thermal and Fluid Science, 2004, 28: 381 ~ 385.

[39] Flotation-Technical Note 9[EB/OL]. [2013-06-12]. http: //www. mineraltech. com/MODS-IM/index. html.

[40] Dai Z, Fornasiero D, Ralston J. Particle-bubble collision models—a review[J]. Advances in Colloid and interface Science, 2000, 85(2 ~ 3): 231 ~ 256.

[41] 邱冠周，胡岳华，王淀佐．颗粒间相互作用与细粒浮选[M]．长沙：中南工业大学出版社，1993：226 ~ 233.

[42] Chipfunhu D , Zanin M , Grano S . Flotation behaviour of fine particles with respect to contact angle[J]. Chemical Engineering Research and Design, 2012(90): 26 ~ 32.

[43] Scheludko A , Toshev B V , Bojadjiev D T . Attachment of particles to a liquid surface (capillary theory of flotation)[J]. J. Chem. Soc. , Faraday Trans. , 1976, 72: 2815 ~ 2828.

[44] Fuerstenau M C, Yoon R H, Jameson G J. Froth Flotation: A Century of Innovation[M]. Littleton: SME, 2007: 641.

[45] Rodrigues R T , Robio J. New basis for measuring the size distribution of bubbles[J]. Minerals Engineering, 2003(16): 757 ~ 765.

[46] Collins G L , Jameson G J . Experiments on the flotation of fine particles: The influence of particle size and charge[J]. Chemical Engineering Science, 1976, 31(11): 985 ~ 991.

[47] Reay D, Ratcliff G A. Experimental testing of the hydrodynamic collision model of fine particle flotation[J]. Canadian Journal of Chemical Engineering, 1975(53): 481 ~ 486.

[48] Anfruns J J, Kitchener J A. The rate of capture of small particles in flotation[J]. Trans. Inst. Min. Metal. , 1977, 86: C9 ~ C15.

[49] Luttrell G H, Yoon R H. A hydrodynamic model for bubble-particle attachment[J]. Journal of Colloid and Interface Science, 1992(154): 129 ~ 137.

[50] Levin L. I. Isd. Akad. Nauk SSR, Moscow, 1961: 267.

[51] Weber M E, Paddock D J. Interception and gravitational collision efficiency for single collectors at intermediate Reynolds numbers[J]. J. Colloid Interface Sci. , 1983, 94: 328.

[52] Flint L R, Howarth W J. The collision efficiency of small particles with spherical air bubbles[J]. Chem. Eng. Sci. , 1971, 26: 1155 ~ 1168.

[53] Dai Z, Dukhin S S, Fornasiero D, et al. The inertial hydrodynamic interaction of particles and rising bubbles with mobile surfaces[J]. J. Colloid int. Sci. , 1998, 197(2): 275 ~ 292.

[54] Langmuir J, Blodgett K. Mathematical Investigation of Water Droplet Trajectories[R]. Gen. Elec. Comp. Rep. , July, 1945.

[55] Derjaguin B V, Dukhin S S. Izv. Akad. Nauk OSSR Otdel. Metall. Topl. , 1959, 1: 82.

[56] Collins G L, Jameson G J. Double-layer effects in the flotation of fine particles[J]. Chem. Eng. Sci. , 1977, 32: 239 ~ 246.

[57] Masliyah J H. Symmetric Flow Past Orthotropic Bodies: Single and Clusters[D]. Vancouver: University of British Columbia, 1970.

[58] Ye Y, Miller J D. The significance of bubble/particle contact time during collision in the analysis of flotation phenomena[J]. International Journal of Mineral Processing, 1989, 25(3 ~ 4): 199 ~ 219.

[59] Hewitt D, Fornasiero D, Ralston J. Bubble-particle attachment[J]. J. chem. Soc. ,

Faraday Trans. , 1995, 91: 1997 ~ 2001.

[60] Yoon R H, Luttrell G H. The effect of bubble size on fine particle flotation[J]. Mineral Process. And Extractive Metallurgy Review, 1989(5): 101 ~ 122.

[61] Duineveld P C. The rise velocity and shape of bubbles in pure water at high Reynolds number[J]. J. Fluid Mechanics, 1995, 292: 325 ~ 332.

[62] Sam A, Gomez C O, Finch J A. Axial velocity profiles of single bubbles in water/frother solutions[J]. Int. J. Miner. Process. 1996, 47: 177.

[63] Finch J A , Cilliers J , Yianatos J . Column flotation[C]//Fuerstenau M C , Jameson G J, Yoon R-H . Froth Flotation: A century of innovation. SME 2007: 681 ~ 738.

[64] Diaz-Penafiel P, Dobby G S. Kinetic studies in flotation columns: bubble size effect[J]. Min. Eng. , 1993 (7): 465 ~ 478.

[65] Cho Y-S . Effect of flotation Frothers on Bubble Size and Foam Stability[D]. Vancouver: The University of British Columbia, 1993.

[66] Grau R A . An investigation of the effect of physical and chemical variables on bubble generation and coalescence in laboratory scale flotation cells[D]. Helsinki: Helsinki University of Technology, 2006.

3 浮选工艺

选矿学是一门试验科学。赋存于自然界矿床中的任何矿物都会随着其空间坐标的不同而变化，这是由于矿床形成过程中的温度、组分及其冷凝过程中周围环境等因素的不同所决定的。一个矿床内矿石的选别工艺流程的确定，必须通过选矿试验来确定，即使是同一个矿床内的矿石之间，当其空间位置距离大时，性质也会发生变化，因而选别工艺流程也会随着所开采矿石性质的变化而进行相应的调整。选矿工艺流程不能照搬、复制，只能经过严格的试验后方能确定，尤其是浮选工艺流程更是如此。

3.1 常规浮选

浮选工艺经过100多年的发展，已经有了一整套完整的浮选工艺流程，从准备工艺（碎磨系统）、选别工艺（包括药剂制度）、产品处理工艺（脱水-储存）都有了独立的体系。浮选工艺已经成为选矿工业应用最广泛的选别工艺。

一个独立的浮选体系中有四种物料：给矿、精矿、尾矿、中矿。给矿是需要经过该浮选体系进行浮选工艺处理的物料；精矿是经过该浮选体系从给矿中选别出的最终有用产品；尾矿是给矿经过该浮选体系处理后最终废弃的部分；中矿则是浮选过程中一直在浮选体系内进行循环的部分（“中矿”是浮选过程中的产品，不是最终产品，是动态的概念）。

浮选工艺针对不同类型的矿石采用不同的流程结构和药剂制度。根据流程结构和药剂制度的不同，浮选工艺又可分为正浮选、反浮选、混合浮选、优先浮选、开路浮选、闭路浮选、等可浮浮选等不同的结构形式（药剂制度）。但这些浮选工艺都是根据被选别矿物的自然性质，采用相应的药剂制度，按照正常的粗扫选—精选作业进行的浮选流程，作者认为，其可称为常规浮选流程。

浮选依据泡沫产品的性质分为正浮选和反浮选。浮选浮出的泡沫产品为有用矿物的浮选称为正浮选；浮选浮出的泡沫产品为脉石矿物的浮选称为反浮选。生产实践中绝大部分矿物如赤铁矿、有色金属类矿石的浮选作业为正浮选（通称浮选）。只有少部分的浮选作业为反浮选，如磁铁矿精矿降硅，则是通过浮选作业添加硅类矿物的捕收剂使其进入泡沫产品，从而除去精矿中所含的二氧化硅的过程，即为反浮选。图3-1所示为我国东鞍山铁矿选矿厂采用阴离子捕收剂碱性矿浆正浮选工艺处理赤铁矿石英岩类矿石的流程，在捕收剂为氧化石蜡皂与塔尔油的混合药剂、用碳酸钠作调整剂、矿浆 pH 值为 9~10、矿浆温度为 28~32℃的条件下进行浮选。图 3-2 所示为我国齐大山铁矿选矿厂连续磨矿—弱磁选—强磁选—阴离子反浮选工艺工业试验流程，反浮选药剂制度为苛性钠调整剂、玉米淀粉、石灰和阴离子捕收剂 RA-315[1]。

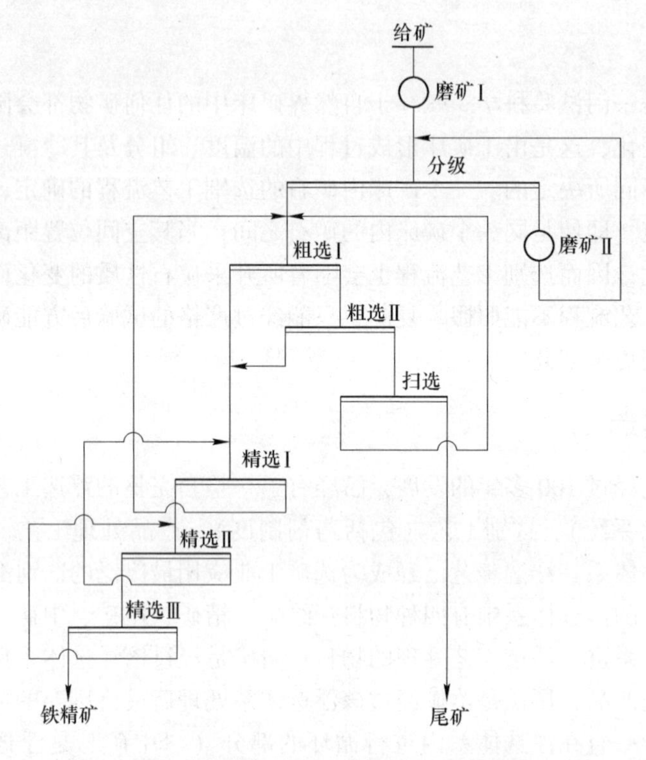

图 3-1　东鞍山铁矿选矿厂浮选工艺流程

混合浮选和优先浮选是针对多金属矿石中共生矿物的物理化学性质、共生关系及可浮性差异大小，同时考虑工业生产中的经济性因素所提出的流程结构。

混合浮选是指把矿石中所含的可浮性相等或相近的有用矿物在粗粒范围内一起浮出的过程。这些有用矿物可能由于性质相近而密切共生，在粗粒范围内并没有达到各种有用矿物的单体解离，仍是各种有用矿物的聚集体。但这些聚集体与周围的脉石矿物在粗粒范围内已经达到了解离，因而采用混合浮选使这些有用矿物的聚集体整体上浮，把绝大部分的尾矿在粗粒范围内抛掉，可以节省大量的磨矿费用，缩短实际生产流程，省去了相当量的浮选设备，这对于有用矿物含量很低的有色金属矿石（如铜钼矿石、铜锌矿石等）经济效果尤其显著。混合浮选得到的混合精矿再根据各种有用矿物的不同特性，在不同的药剂制度和粒度范围条件下进行分离，得到不同的浮选产品。如含铜、钼、硫的斑岩铜矿石，先在粗磨粒度条件下，混合浮选得到含铜、钼、硫的混合精矿，混合精矿进一步磨矿后

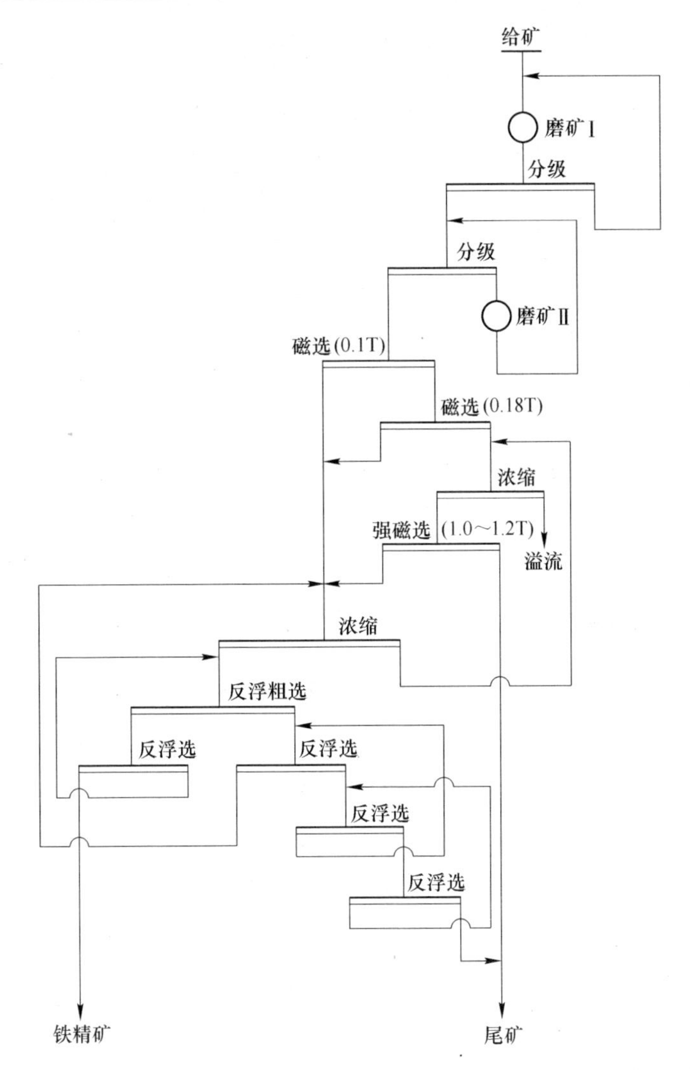

图 3-2 齐大山铁矿选矿厂连续磨矿—弱磁选—强磁选—阴离子反浮选工艺流程

进行铜、钼与硫的分离，得到铜钼混合精矿与硫精矿。铜钼混合精矿再经进一步的浮选分离—再磨—浮选后得到最终的铜精矿和钼精矿。图 3-3 所示为墨西哥 La Caridad 铜钼矿 90000t/d 选矿厂的浮选流程，该矿为一斑岩铜矿，采用了铜钼混合浮选后先抛弃绝大部分尾矿，然后铜钼混合精矿再分离的浮选流程。

优先浮选是指根据矿石中所含的不同有用矿物的可浮性不同的特点，依次在不同的浮选环境下按照自然可浮性由高到低的顺序，分别进行浮选得到不同的有用矿物产品的过程。如含铜、铅、锌的多金属矿石，根据不同的嵌布粒度，一般是优先浮选出自然可浮性较好的铜铅混合精矿，再调整浮选环境后浮选出锌精矿。优先选出的铜铅混合精矿则根据解离情况进一步再磨后进行铜铅分离浮选，

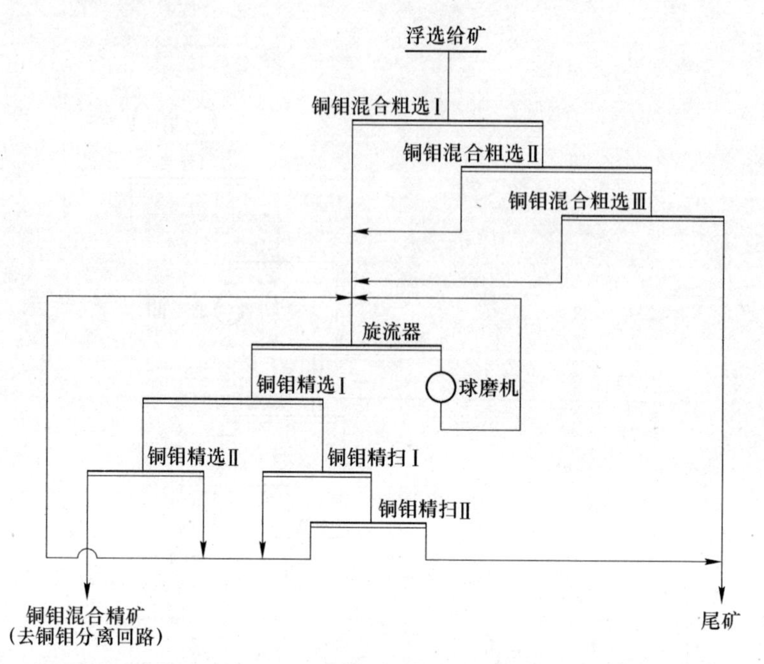

图 3-3 墨西哥 La Caridad 铜钼矿 90000t/d 选矿厂混合浮选流程

最终得到铜精矿和铅精矿。图 3-4 所示为加拿大原 Sullivan 铅锌矿选矿厂的浮选流程，为典型的“先铅后锌”优先浮选流程[2]。

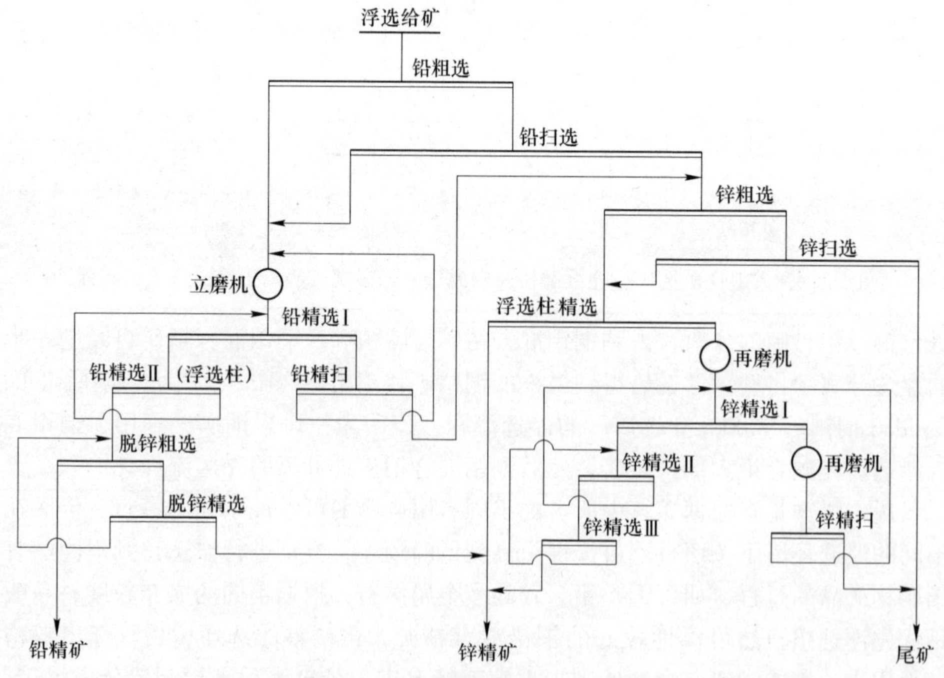

图 3-4 Sullivan 铅锌选矿厂浮选流程

开路浮选和闭路浮选是针对浮选流程中局部的某些作业而言的，是根据浮选作业是否有中矿返回给入来定义的。如该浮选作业无中矿给入，则该作业为开路浮选；反之，则为闭路浮选。

采用开路浮选或闭路浮选是根据浮选过程中中矿的性质来确定的。如果中矿以连生体为主，则该部分中矿需进一步磨矿使其解离，需返回到再磨回路处理后，再根据其品位高低，给入相应的浮选作业选别；如果中矿中有用矿物基本已单体解离，且粒度以细粒级（如 40μm 或更细）为主，可考虑下一步采用浮选柱选别；如果中矿中有用矿物基本已单体解离，且粒度以粗粒级（如大于 40μm）为主，可考虑加强浮选机的选别强度，或采用闪速浮选、单槽浮选等把已单体解离的合格粒级提前选别出。图 3-5 所示为巴西 Sossego 铜矿选矿厂的浮选流程，其粗选回路采用了开路浮选的流程结构[3]。图 3-6 所示为第一量子公司的位于芬兰中部的 Pyhäsalmi 铜锌矿选矿厂浮选流程图，其铜浮选回路的粗扫选采用闭路浮选的流程结构[4]。

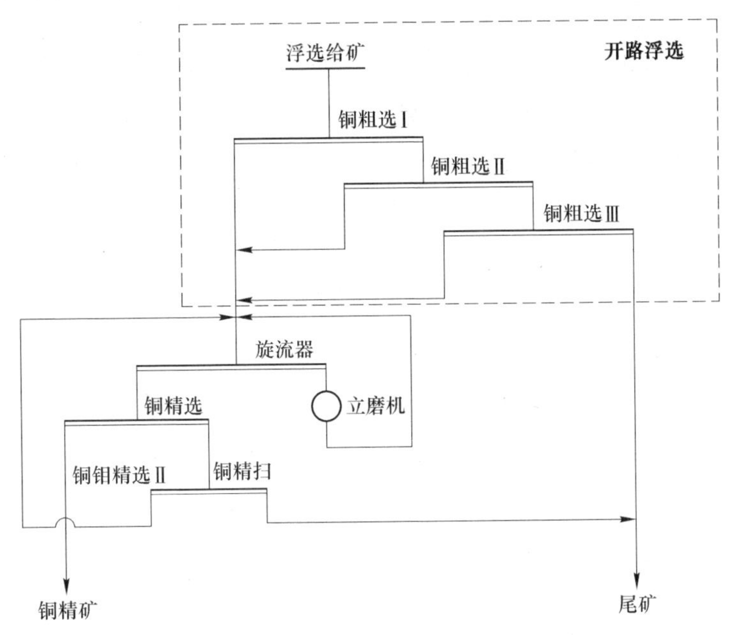

图 3-5 淡水河谷 Sossego 铜矿年产 1500 万吨选矿厂浮选流程

等可浮浮选流程是指在选别多金属矿时，根据矿石中各种可回收矿物可浮性的差异，按照可浮性先易后难的原则，使可浮性类同的有用矿物共同浮出，然后再进行分离的流程。其特点是可以降低药剂用量，有利于提高选别指标。图 3-7 所示为某硫铁矿选矿厂浮选的等可浮浮选试验流程。根据矿石中所含黄铜矿、黄铁矿和闪锌矿的可浮性差异，没有采用常规的优先浮选流程，而是采用了可浮性好的黄铜矿和黄铁矿中浮游速度快的部分共同上浮，可浮性相对差的闪锌矿和黄

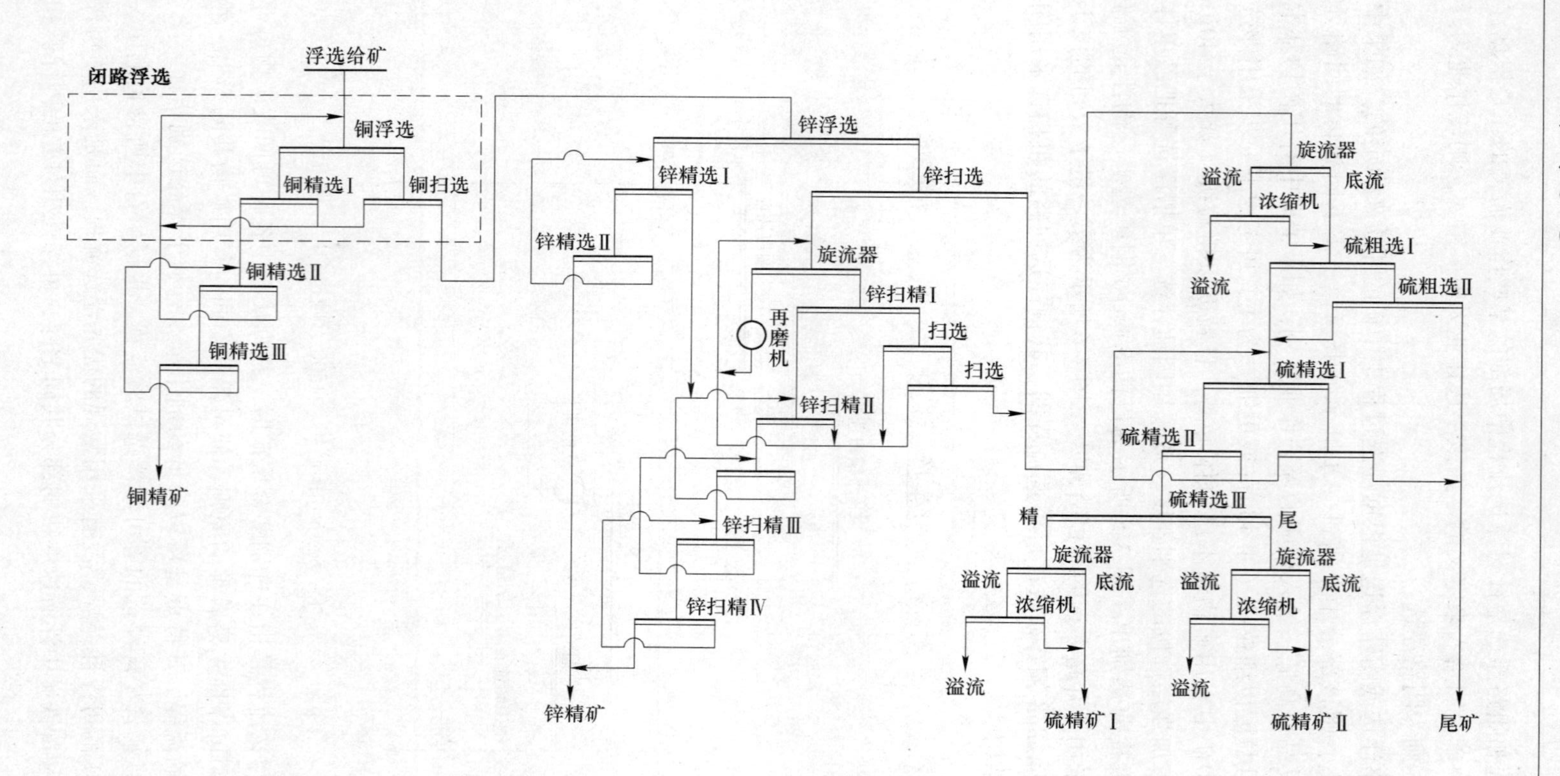

图 3-6 Pyhäsalmi 选矿厂浮选流程

铁矿中浮游速度慢的部分共同上浮的等可浮浮选流程，然后对浮选出的混合精矿再进行分离[5]。

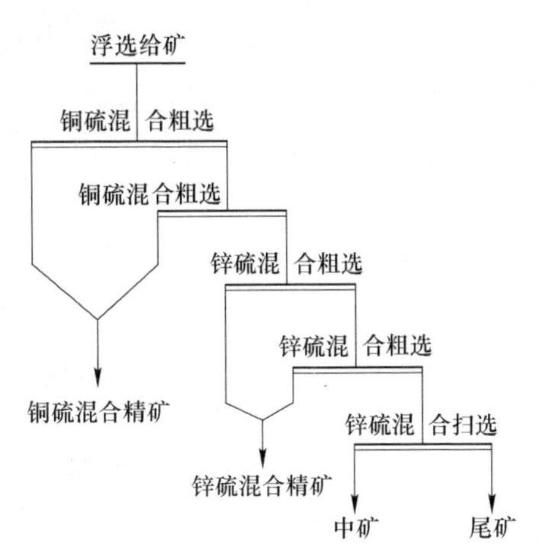

图 3-7　某硫铁矿等可浮试验流程

浮选作业根据矿石性质的特点，分为粗选作业、扫选作业和精选作业，对于复杂的矿石，根据需要会采用中矿处理作业或中矿处理回路。不同作业的次数则根据具体选别矿石的特性通过试验予以确定。

3.2　闪速浮选

闪速浮选（flash flotation）的概念出现于20世纪80年代，当时的Outokumpu公司生产了世界上第一台闪速浮选机（flash flotation cell）并用于生产。闪速浮选是工艺创新与设备创新共同作用的结果。闪速浮选作业的目的是回收矿石中的金及其他贵金属和嵌布粒度粗的重金属矿物。

闪速浮选作业与其他浮选作业的最大区别是：闪速浮选选别的是磨矿回路的中间产品，而其他浮选选别的是磨矿回路的最终产品。闪速浮选机是安放于磨矿回路当中，其给矿是磨矿回路中旋流器的底流，尾矿则返回到球磨机。由于闪速浮选作业选别回收的有用矿物与其他浮选作业有所不同，因而其作业的操作参数和使用的设备也有所不同。图3-8所示为西澳大利亚的Kanowna Belle金矿选矿厂闪速浮选流程[6]。该矿有难处理矿石和易选矿石两种矿石类型，由于粗颗粒金的存在，该矿在磨矿回路中采用了闪速浮选回路。

闪速浮选作业由于其给矿为旋流器的底流，因此，其给矿浓度范围较大，且上限很高，如浓度范围为35%～70%，而其常规浮选回路的浓度一般为37%～42%[6]。即使如此，闪速浮选的精矿的回收粒度仍有一合适的粒度范围，需根据不同矿石类型和矿石中所含有用矿物的嵌布粒度和连生情况选择适当的操作参数。

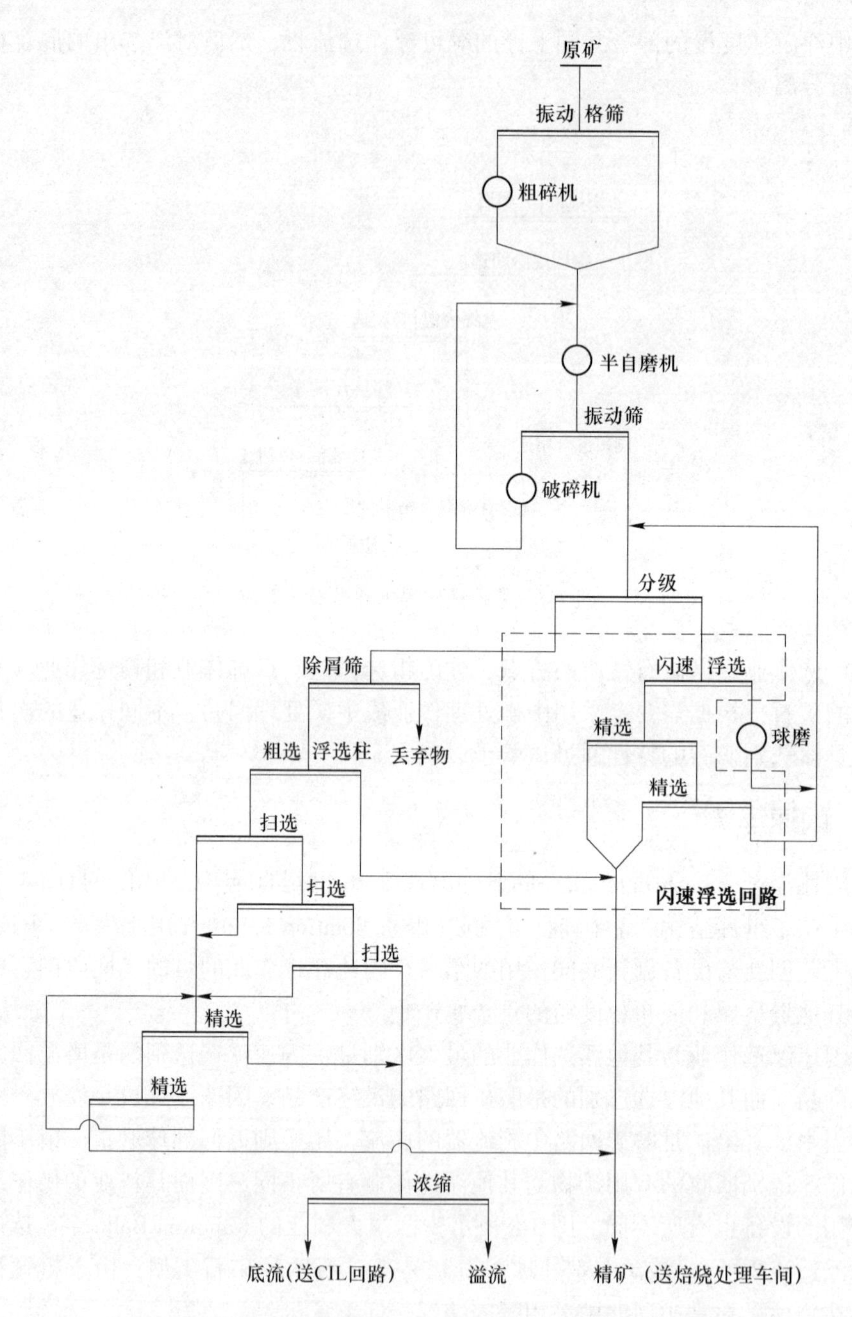

图 3-8 西澳大利亚的 Kanowna Belle 金矿选矿厂浮选流程

尽管闪速浮选流程很简单，但其对一些选矿厂的浮选回收率起着相当重要的作用，采用了闪速浮选工艺的选矿厂一直将其作为保证选矿回收率的重要手段。一个金矿选矿厂采用闪速浮选回路效果的研究案例详见附录 B。

3.3 分支浮选

前面所述的常规浮选和闪速浮选，在入选过程中，除了粒度指标不同外，其余指标没有发生变化。相对于常规浮选和闪速浮选，分支浮选正是利用浮选过程中选别指标与入选品位的正比关系，通过人为地提高其入选指标，来达到提高精矿品位和回收率的目的。

在分支浮选流程中，为了更好地利用有用矿物自身的浮游特性，把浮选作业分成平行的两个（或两个以上）系列，其中一个系列正常添加药剂，另一个系列不添加（或少添加）药剂，浮选时第一个系列不同作业的泡沫产品给入第二个系列的同名作业进行合并选别，选别后得到的产品再进行后续的流程选别处理。分支浮选的目的在于人为地提高矿石的入选品位，提高精矿品位和回收率。

矿物资源是不可再生资源，随着人类不断增长的需求，原矿品位高的矿物资源随着不断的开采在逐渐减少，所需选矿处理的矿石资源则越来越贫，且随着能耗的不断增长，对选矿产品的质量要求也越来越高。在一方面选矿所处理的原矿品位在不断下降，另一方面要求精矿品位又不断提高的过程中，就出现了“分支浮选”的概念。

20 世纪 60 年代初期，国外有人提出了“分流浮选”流程（见图 3-9）[7]。20 世纪 70 年代末，我国开始了分支浮选的试验研究，先后对钨矿泥、硅卡岩铜矿、铝土矿、铅锌矿、赤铁矿、斑岩铜矿等进行了小型试验，并对斑岩铜矿、铅锌矿等进行了工业试验，试验结果均不同程度地提高了精矿品位及回收率，并大量地降低了药耗[8]。

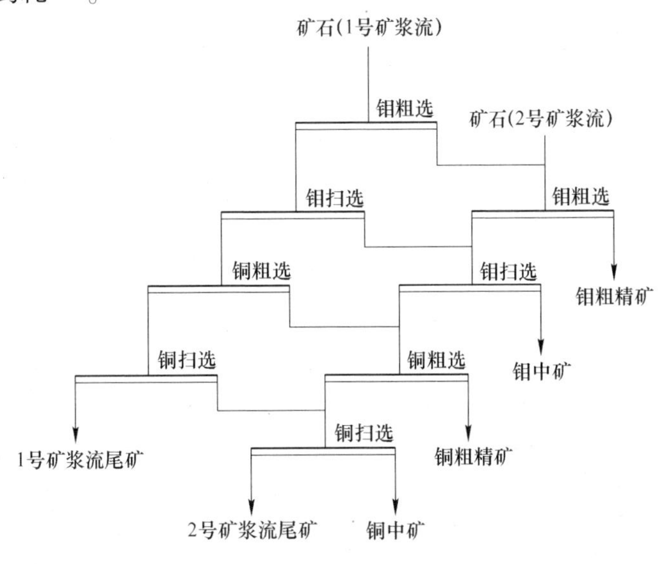

图 3-9 “分流浮选”流程

3.3.1 入选品位提高的动力学影响

在分支浮选流程中，由于前一支的泡沫产品加入后一支的浮选作业中，使后一支浮选作业的入选品位提高，这是选矿指标改善的第一个因素。

根据化学反应动力学方程，反应速率是反应浓度的函数，则有

$$\frac{dc}{dt} = -Kc^n \tag{3-1}$$

式中，c 为有用矿物浓度；t 为浮选时间；K 为速率常数；n 为反应级数；$\frac{dc}{dt}$ 为浮选速率。

当前一支的泡沫加入后，后一浮选作业中有用矿物浓度增大，浮选速率加快，同时，根据矿物竞争模型[9]，不同的矿物粒子在浮选过程中，一方面不断地碰撞—附着于气泡上，另一方面由于剧烈搅拌，不断从运动的气泡上脱落，整个浮选过程是一个动态平衡过程。但是，由于有用矿物粒子表面的选择性捕收剂膜的存在，这种膜与起泡剂形成缔合物[10]，使得有用矿物粒子在气泡上的附着力加强，黏着比较牢固，而脉石矿物粒子则由于表面缺乏这种起泡剂-捕收剂的缔合物，在气泡上的附着力较弱。各种矿物由于搅拌等作用的影响，在气泡上的停留时间发生了变化，有用矿物由于缔合物的存在，在运动气泡上的停留时间变长，脉石矿物则变短，这就使矿物粒子在气泡上的附着发生了竞争，在气泡上平均停留时间长的矿物粒子的附着几率大于平均停留时间短的矿物粒子的附着几率。

对有用矿物，则有

$$\frac{dc_{有}}{dt} = -K_{有}\ c_{有}^{n_{有}} \tag{3-2}$$

对脉石矿物，则有

$$\frac{dc_{脉}}{dt} = -K_{脉}\ c_{脉}^{n_{脉}} \tag{3-3}$$

由上面分析可知：脉石矿物的浮选速度小于式（3-3）所示的量，对此，引入一个竞争系数 θ[9]，则有

$$\frac{dc_{脉}}{dt} = -\theta_{脉}\ K_{脉}\ c_{脉}^{n_{脉}} \tag{3-4}$$

式中，$\theta_{脉}$ 为脉石矿物在运动的气泡上当气泡浮到液面上时所占据的面积。

设有用矿物粒子在气泡上的附着时间为 $t_{有}$、脉石矿物为 $t_{脉}$，气泡产生后，直到浮出液面为止的时间为 T，则有用矿物的附着—脱落次数为 $n_{有} = T/t_{有}$，对脉石矿物则有 $n_{脉} = T/t_{脉}$。设有用矿物在物料中所占比例为 r，则脉石矿物所占比

例为 $1-r$，矿物在理想状态下开始浮选。在浮选开始瞬间，有用矿物在气泡上所占面积比例为 r，脉石矿物为 $1-r$，而当附着时间等于 $t_{脉}$时，脉石矿物粒子脱落，由于 $t_{有}>t_{脉}$，有用矿物粒子仍停留在气泡上，此时气泡上空出的 $1-r$ 的面积则由有用矿物和脉石矿物粒子再次竞争占据。假定第一次参加竞争的矿物（有用矿物和脉石矿物）粒子占总物料的比例忽略不计，$1-r$ 的面积仍由有用矿物占据 r，则脉石矿物所占的面积为

$$\theta_{脉}=(1-r)(1-r)=(1-r)^2 \tag{3-5}$$

在整个浮选过程中，假定 $t_{有}>T$，$n_{有}<1$，则

$$\theta_{脉}=(1-r)^{n_{脉}} \tag{3-6}$$

当 $t_{有}<T$ 时，设 $t_{有}/t_{脉}=\varphi$（$\varphi>1$），则：

（1）当 $\varphi=2,3,4,\cdots$（φ 为整数）时，由于脉石矿物脱落第 φ 次时，有用矿物同时脱落，此时，可认为在矿物的脱落点环境中的有用矿物与脉石矿物的比率仍为 $r:(1-r)$。实际上，浮选过程中的不同高度上，有用矿物与脉石矿物的比率是不同的，随着高度的增加，有用矿物的比率应该增加，所以此时竞争的结果仍是

$$\theta_{脉}=(1-r)^{\varphi} \tag{3-7}$$

即当运动气泡最终浮到液面时，仍有

$$\theta_{脉}=(1-r)^{n} \tag{3-8}$$

（2）当 $\varphi\neq2,3,4,\cdots$（φ 为小数）时，有用矿物第一次脱落时，脉石矿物并不脱落，仍有

$$\theta_{脉}=(1-r)^{\varphi} \tag{3-9}$$

因此，有用矿物脱落空出的面积可认为仍按有用矿物与脉石矿物的比率 $r:(1-r)$ 竞争占据。当有用矿物第一次脱落后再次附着时，则有：

$$\theta_{脉}=(1-r)^{\varphi}+\theta_{有}(1-r) \tag{3-10}$$

有用矿物经过 n 次脱落到达液面时，则：

$$\theta_{脉}=(1-r)^{n\varphi}+\theta_{有\varphi}(1-r)^{(n-1)\varphi}+\theta_{有2\varphi}(1-r)^{(n-2)\varphi}+\cdots+\theta_{有n\varphi}(1-r) \tag{3-11}$$

式中，$\theta_{有i\varphi}$为有用矿物第 i 次脱落后空出的面积。

由式（3-6）、式（3-8）及式（3-11）看出，随着 r 的增大，$\theta_{脉}$变小，脉石夹杂的可能性变小，而使精矿品位提高[11]。

3.3.2　药剂添加量变化的动力学影响

在常规浮选流程中，为了取得较好的回收率，常需较高的药剂量，但是，药剂添加过多，使药剂对有用矿物的选择性降低，同时，逐渐增加捕收剂用量，回收率不都总是能提高的，如图 3-10 和图 3-11 所示。其中图 3-10 中数据来自布干

维尔铜矿的粗选机组，试验 A 中捕收剂的添加量比试验 C 增加 50%，试验 B 用中等捕收剂添加量[12]。从图 3-11 中看出，药剂量过大造成过剩，回收率反而降低，这是因为药剂过多，在矿物颗粒上形成了多层捕收剂，当捕收剂分子烃基端不朝向溶液中时，颗粒的疏水性就降低。因此，过量的捕收剂降低了矿物的可浮性。

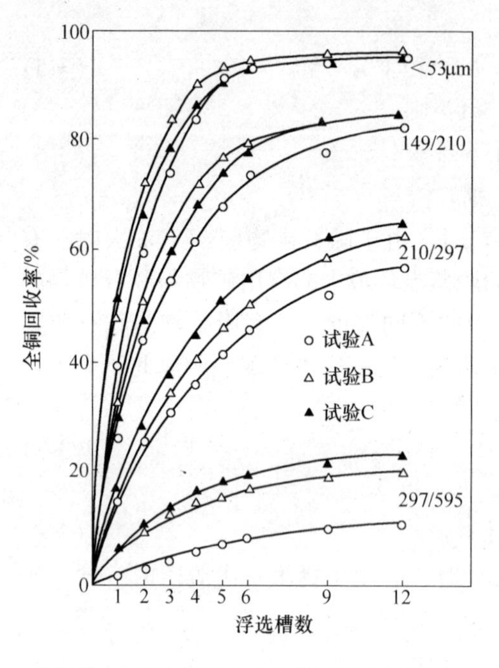

图 3-10 捕收剂用量对全铜回收率的影响

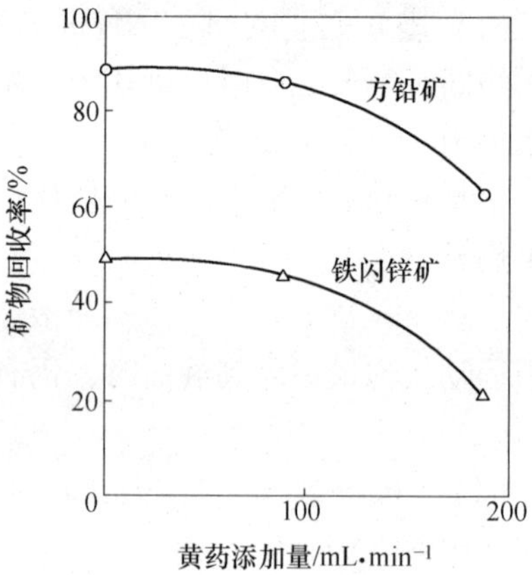

100
80
60
40
20
0
矿物回收率/%
方铅矿
铁闪锌矿
100
200
黄药添加量/mL·min⁻¹

图 3-11 黄药用量对铅精选的影响

分支浮选当中，前一支的泡沫加入后一支浮选作业中后，在不加药或少加药的情况下，则相对于总的浮选原矿量，药剂用量大为减少，使选择性增强。有用矿物的富集，也使其竞争能力增强。在剧烈的搅拌作用下，一方面，前一支泡沫带来的脉石矿物因竞争能力弱而从气泡上脱落；另一方面，后一支浮选作业中的矿物与前一支多余的药剂充分接触发生作用，既充分利用了药剂，又提高了对有用矿物的选择性。表 3-1 是东鞍山赤铁矿分支浮选指标[13]，从表中可以看出，在第一支刮泡较充分的情况下，第二支中被第一支泡沫所“负载”上来的有用矿物产率为 40.17%，品位为 60.53%，回收率为 74.77%。

因此，可以认为，在分支浮选中，由于前一支泡沫的加入，使后一支中有用矿物上浮，同时，由于前一支泡沫中剩余药剂量的局限，使后一支矿浆中的有用矿物不可能完全浮出，这就避免了常规流程在浮选后期细泥及脉石矿物上浮的局面，当前一支泡沫中的药剂充分发挥作用后，剩下的较难浮的有用矿物再加入少量的捕收剂，使其上浮，这样，整个矿浆中的最大药剂浓度始终小于常规流程的最大药剂浓度，既提高了药剂的选择性，又避免了矿泥对捕收剂无价值的吸附，使浮选既节省药剂，又改善指标。

表 3-1 东鞍山赤铁矿分支浮选指标

刮泡时间/min	原矿品位/%	第二支入选品位/%	第二支被第一支泡沫“负载”上的精矿			
			质量/g	产率/%	品位/%	回收率/%
3	32.39	37.66	84.0	28.01	62.38	53.94
5	32.36	37.57	90.6	30.09	64.67	59.67
7	32.46	37.29	104.8	34.89	61.16	65.74
9	32.52	37.15	121.5	40.17	60.53	74.77

3.3.3 泡沫结构的改善

我们知道，存在于天然矿石中的某一种矿物，经过磨矿及药剂搅拌处理后，由于其粒度分布上的不均匀性、药剂吸附的不均匀性及连生体的存在等原因，使得该矿物的不同颗粒具有不同的可浮性，即不同的颗粒具有不同的 K 值。从前面可知，矿物粒度对于浮选速度有很大影响，对于一般金属在 10~74μm 范围内有较好的浮游性，大于 74μm 及小于 10μm 的物料的可浮性均有不同程度地降低，由此可以认为，在分支浮选过程中，加入后一支浮选作业中的泡沫的含泥量是比较少的，因而使后一支浮选作业单位体积内的含泥量比前一支的少，使矿化过程中细泥罩盖混杂的恶劣影响有所减弱，从而使浮选环境得到改善。

3.4 浮选工艺的影响因素

影响浮选的因素主要有矿物的内在因素如嵌布粒度、晶体结构、物理不均匀性、化学性质、电学性质，还有外在的因素如磨矿粒度、浮选浓度、pH 值、药剂制度、浮选时间等。

3.4.1 矿物的内在影响因素

3.4.1.1 矿物的嵌布粒度

复杂的成矿因素决定了绝大多数的矿物是以共生关系存在于矿体之中，且每一种矿物单体的大小、形态、嵌镶关系不尽相同。因此，各种矿物之间复杂的共生嵌镶关系决定了其在矿体之中的嵌布粒度差别很大（见图 3-12）。

矿物的嵌布粒度不同则采用的选别工艺不同，采用浮选工艺处理的矿物一般是嵌布粒度为细粒嵌布（0.2~0.02mm）和微粒嵌布（20~2μm）范围内的矿物。

实践中矿物在矿石中的嵌布粒度特性大致分为以下四种类型：

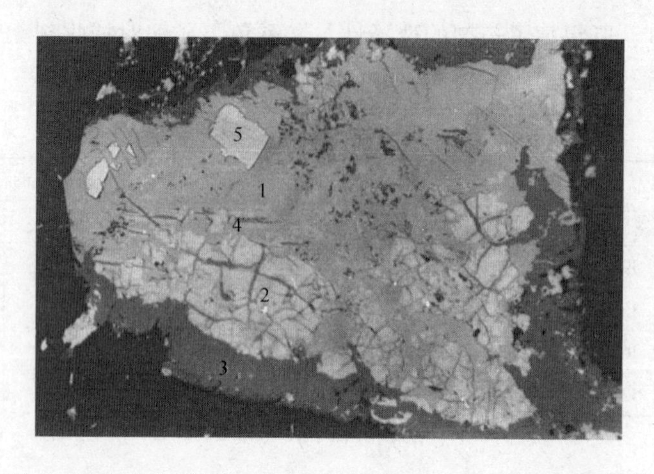

图 3-12 某镍矿中嵌布于脉石中的金属矿物集合体（×200）[14]

1—磁黄铁矿；2—镍黄铁矿；3—磁铁矿；4—黄铜矿；5—黄铁矿

（1）有用矿物颗粒具有大致相近的粒度（见图 3-13 中曲线 1），可称为等粒嵌布矿石，这类矿石最简单，选别前可将矿石一直磨细到有用矿物颗粒基本完全解离为止，然后进行选别，其选别方法和难易程度则主要取决于矿物颗粒粒度的大小。

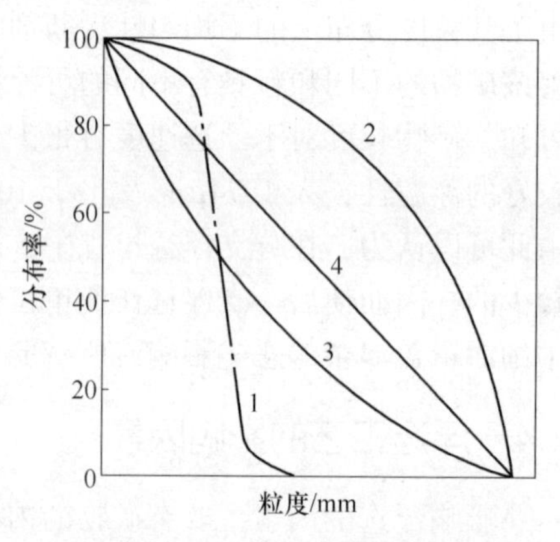

图 3-13 粒度分布曲线

（2）粗粒占优势的矿石，即以粗粒为主的不等粒嵌布矿石（见图 3-13 中曲线 2），一般应采用阶段破碎磨碎、阶段选别流程。

（3）细粒占优势的矿石，即以细粒为主的不等粒嵌布矿石（见图 3-13 中曲线 3），一般须通过技术经济比较之后，才能决定是否需要采用阶段破碎磨碎、阶段选别流程。

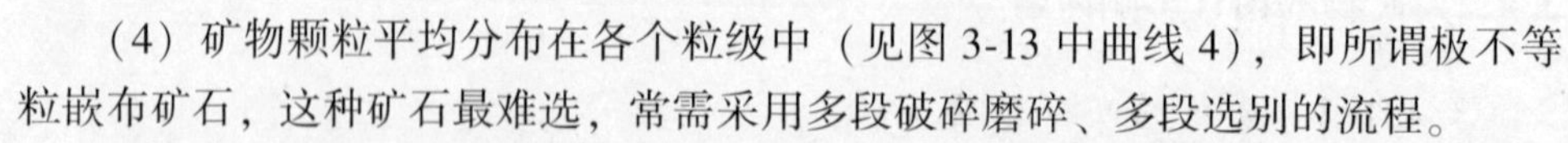

（4）矿物颗粒平均分布在各个粒级中（见图 3-13 中曲线 4），即所谓极不等粒嵌布矿石，这种矿石最难选，常需采用多段破碎磨碎、多段选别的流程。

因此，矿石中有用矿物颗粒的嵌布粒度和分布特性决定着选矿方法和选矿流程的选择以及可能达到的选别指标。矿石嵌布特性的研究通常具有极重要的意义。

由于有用矿物嵌布粒度的不同，即使是同种共生关系的多金属矿也会给浮选指标造成重大的差别。如位于澳大利亚的新南威尔士州的 Broken Hill 铅锌矿和位于昆士兰州的 Mount Isa 铅锌矿，两者都属于铅锌多金属矿，地质上归类于相似的成因，但在浮选性能上却有着重大的差别。Broken Hill 的硫化矿石在给矿粒度为55%小于74 μm的条件下，不经再磨，浮选得到的铅精矿含铅超过70%，回收率大于90%；锌精矿含锌52%，回收率大于90%。Broken Hill的硫化锌矿物是含铁10%~11%的铁闪锌矿，精矿中含锌的理论上限是54%。与此相比，Mount Isa铅锌选矿厂在浮选给矿粒度为80%小于37 μm的条件下，得到的铅精矿含铅约55%，回收率大于80%；而锌回路则在再磨至80%小于12 μm和再处理后再磨至80%小于7.5 μm后，得到的锌精矿含锌52%，回收率为75%~80%。因此，尽管从地质成因上两者都是同类型的多金属矿，其浮选性能的差别是很大的[15]。

3.4.1.2 矿物的内部结构

矿物的性质取决于其组成元素的性质，也取决于其内部的结构。矿物是由离子、原子或分子等质点组合而成。根据内部质点的排列是否规则，矿物被分成晶体和非晶体。当前一般矿物学只是把晶质固体称为矿物，作为主要的研究对象。而非晶质称为准矿物（mineraloid），如蛋白石（$SiO_2 \cdot nH_2O$）。

矿物具有相对固定的化学组成，一定的晶体结构，因而也具有一定的形态、物理和化学性质。但由于地质成矿条件的多样性和复杂性，同一种矿物产于不同的矿床，或产于同一矿床的不同矿区，其浮选性质往往有差异，有时差异还比较大。例如，由于类质同象的原因，不同矿床的闪锌矿，由于含铁量的不同，具有不同的变种，浮选行为明显的不同。

矿物的成分、结构和它们的形态、性质并非是一成不变的。由于生成条件的不同，其成分、结构、形态和性质均可有不同程度的差异。但这种差异只发生在一定的范围之内，主要的成分、结构仍不改变。这种不变的属性构成了矿物种属性，使其与其他的矿物种区分开来。任何一种矿物都只是在一定的地质条件下才是相对稳定的，但外界条件改变到一定的程度时，原有的矿物就要发生变化，同时生成新的矿物，其性质也随之改变。如黄铁矿，和空气及水分充分接触，就要发生变化，生成褐铁矿。

相同的化学组成，一般来说，在自然界以同一矿物晶体产出，但也有例外，如金刚石和石墨，都是由碳元素组成，但由于成矿条件不同，一个是在高温高压条件下成矿，一个是在高温条件下成矿，因而二者的内部结构完全不同，晶体结构完全不同，两种矿物的性质也完全不同，金刚石具有极高的硬度而石墨却很柔软。二者的表面性质也有很大的差别，金刚石破裂后由于有强的不饱和键而具有亲水性，石墨由于其表面是弱的分子键而具有强的疏水性。

A 晶体类型[16]

矿物的表面性质除了和晶体的化学成分有关外，主要取决于组成矿物的晶体内部结构。从浮选的角度，矿物晶体内部的关键在于化学键的性质和键的强弱。晶体化学上根据晶体内部占主导地位的化学键的性质将矿物晶体分为离子晶体、共价晶体、金属晶体、分子晶体和氢键型晶体。

(1) 离子晶体。以离子键为主要键性的晶体称为离子晶体。离子键是组成矿物的正负离子之间由于静电引力的相互作用而互相吸引，但在足够近时又产生排斥力，当引力和斥力达到平衡时的化学键。判断离子晶体结构的稳定性采用鲍林规则。

离子键无方向性和饱和性，电负性差值较大。离子键强度较大，其强度与电价的乘积成正比，与半径之和成反比。

(2) 共价晶体。以共价键为主要键性的晶体称为共价晶体。共价键是由于组成矿物的原子之间在相互靠近时，原子轨道相互重叠而组合成分子轨道，原子核之间的电子云密度增加，电子云同时受到两个原子核的吸引成为共用电子对，因而使体系的能量降低所形成的键。共价键需用量子力学理论、价键理论和分子轨道理论解释。

共价键有方向性和饱和性，其强度很大。

(3) 金属晶体。以金属键为主要键性的晶体称为金属晶体。由于组成矿物的金属原子失去其外层价电子而成为金属阳离子，金属阳离子如刚性球体排列在晶体中，电离下来的电子可在整个晶体范围内，在阳离子堆积的空隙中“自由”运行，阳离子之间虽然相互排斥，但运动的自由电子能吸引晶体中所有的阳离子，把它们紧紧地“结合”在一起，这种键合力就是金属键。金属键的解释一般采用“自由电子”理论和量子力学的“能带理论”。

金属晶体与离子晶体的不同在于离子晶体中有阴、阳两种离子，而在金属晶体中只有阳离子，阴离子的作用被自由电子所替代。金属键也不同于共价键，金属中的自由电子并不像共价键那样仅属于某些固定原子所占有，而是属于整个晶体中的所有原子，只不过在一瞬间围绕某个原子运动而已。

金属键没有方向性和饱和性。

(4) 分子晶体。通过分子作用力而形成的晶体称为分子晶体。惰性气体及一些共价键构成的分子均可形成分子晶体。在这些物质的聚集态中，分子与分子之间存在着一种较弱的吸引力。如气体分子能够凝聚成液体和固体，主要依靠这种分子间的作用力。这种分子间的作用力就是范德华（Van der Waals）力，其形成的键就称为范德华键。范德华键键力较弱，它不会引起晶体内部原子电子运动状态的实质改变。范德华力主要由静电力、诱导力和色散力构成。

范德华键没有方向性和饱和性，与离子键、共价键和金属键相比，其键能要低 1~2 个数量级。范德华键极弱。

(5) 氢键型晶体。通过氢键结合而形成的晶体称为氢键型晶体。所谓氢键，是分子间作用力的一种，是一种永久偶极之间的作用力，氢键发生在已经以共价键与其他原子键合的氢原子与另一个原子之间（X—H…Y），通常发生氢键作用的氢原子两边的原子（X、Y）都是电负性较强的原子。氢键可以是分子间氢键，也可以是分子内的氢键。其键能最大约为200kJ/mol，一般为5~30kJ/mol，比共价键、离子键和金属键键能要小，但强于范德华键。

氢键型晶体主要存在于一些有机化合物中，氢键对于生物高分子具有尤为重要的意义，它是蛋白质和核酸的二、三和四级结构得以稳定的部分原因。在矿物中只有个别晶体是氢键型晶体，但含有氢键的矿物却比较常见，如氢氧化物、层状硅酸盐以及一些含水的矿物等。

氢键不同于范德华力，它具有饱和性和方向性。

在天然矿物晶体中，除上述五种典型键型外，还有一种是过渡形式的键。根据化学键理论，在两个原子相互作用时，当元素的电负性相差很大时，原子间形成离子键；反之，相差很小时则形成共价键；在介乎两者之间的情况时原子间形成的键则为极性键。极性键就是过渡形式的键，这在晶体内是常见的。此外，有的晶体中经常同时存在几种不同性质的键，即使由同一种元素组成的晶体内有时也有不同性质的键，如石墨为典型的层状结构，其层内的C—C以共价键为主，键长0.142nm，层与层之间则为范德华键相连，间距0.34nm。

B 晶体结构

结晶化学上根据晶体内部的化学成分和结构与晶体本征性质之间关系把矿物晶体分为五类：

（1）配位（atomic）结构的晶体。配位结构的晶体中，只存在一种化学键，且化学键在三维空间均匀分布。具有配位结构的晶体通常是金属晶体、离子晶体和共价晶体，如自然铜、石盐、金刚石等。除金属晶体的键力一般较弱外，离子晶体和共价晶体的键力均较强，这类矿物晶体破裂后其表面具有很强的键力，因此这样的矿物表面具有很强的极性，极易水化，极易和水中离子发生作用。

（2）岛状（group）结构的晶体。岛状结构的晶体主要是指在结构中存在着原子基团，且基团内的化学键强远大于基团外的键强，如自然硫、黄铁矿、砷华等。这些原子基团可成多种形状，线状的如黄铁矿中的［S_2］和毒砂中的［AsS］；三角形的如碳酸根CO_3^{2-}、硼酸根BO_3^{3-}、硝酸根NO_3^-；四面体的如硅酸根SiO_4^{4-}、硫酸根SO_4^{2-}、磷酸根PO_4^{3-}等；八面体的如［TiO_6］$^{8-}$、［ZrO_6］$^{8-}$等。此外，原子基团也可由2个配位多面体组成，如硅酸盐中的双四面体［Si_2O_7］$^{6-}$、硼酸盐中的双三角形［B_2O_5］$^{4-}$，或多个配位多面体组成的环状，如自然硫的S_8环，［SiO_4］组成的三元环、四元环和六元环等。对这些配位多面体构成环形的情形，通常也称为环状基型。

岛状基型的矿物由于其晶体结构的原子基团内的化学键强远大于基团外的键强，因此，矿物的碎裂更易于在阳离子占优势的晶体表面解理产生或者在基团与阳离子之间的化学键处断裂产生，从而使表面更易于吸附阴离子捕收剂，或者由表面的基团吸附金属阳离子后再与阴离子捕收剂发生吸附。

(3) 链状(chain)结构的晶体。在链状基型结构中,最强化学键趋向于单向分布,原子或配位多面体连接成链,链键以范德华键或少量强键连接,如自然硒、辉锑矿等。该类矿物晶体破裂后,一般表面具有非极性。

(4) 层状(sheet)结构的晶体。层状基型结构中的最强键趋向二维分布,原子或配位多面体连接成平面网层,层间以范德华键连接,如石墨、辉钼矿、滑石等。

(5) 架状(framework)结构的晶体。架状基型结构中,最强的化学键在三维空间均匀分布,配位多面体主要共角顶连接,同一角顶连接的多面体不多于2个,如石英、长石等。该类矿物晶体破裂后表面具有很强的键,形成极性很强的表面。

C 固溶体(solid solution)和类质同象(isomorphism)

固溶体是指在固态条件下,一种晶态组分内"溶解"了其他的晶态组分,由此所组成的、呈单一结晶相的均匀晶体。一般将含量高的组分看成是固态的溶剂,其他则为溶质。当两种晶体能以任意比例互相溶解并保持结构不变时,这样的固溶体称为完全固溶体。如橄榄石 $(Mg, Fe)_2SiO_4$,可以看做是镁橄榄石 Mg_2SiO_4 和铁橄榄石 Fe_2SiO_4 相互溶解而形成的一种完全固溶体。当溶剂晶体只能有限溶解溶质晶体时所形成的固溶体称为不完全固溶体。如闪锌矿 ZnS 可以溶解不超过26%的 FeS 分子而形成 ZnS-FeS 不完全固溶体。

类质同象是指在确定的某种晶体的晶格中,本应全部由某种离子或原子占有的等效位置,一部分被性质相似的它种离子或原子所替代占有,共同结晶成均匀的、呈单一相的混合晶体,但不引起键性和晶体结构形式发生质变的现象。显然,类质同象属于替代型的固溶体。类质同象替代的前后,虽然键性和晶体结构没有发生质变,但晶格常数一定会发生量的变化。如对于上述的 ZnS-FeS 不完全固溶体,其中的 Zn^{2+} 被 Fe^{2+} 替代时,含铁闪锌矿的晶胞参数(a_0)会变大。

类质同象是矿物中一个极为普遍的现象,如辉钼矿中的铼,闪锌矿中的镉、铟、铁,橄榄石中的镁、镍、铁等。类质同象是引起矿物化学成分变化的一个主要原因。

固溶体或类质同象交换的结果是矿物的外形没有改变,但是矿物的性质发生了变化。高价离子置换低价离子的结果是增大了矿物的晶格能,因此增大了矿物的硬度和界面的自由能,降低了矿物的溶解度。对矿物浮选性质的影响也是非常明显的,这也是为什么不同矿床的同一种矿物具有不同可浮性的主要原因。

D 极性和非极性

根据矿物的表面性质,所有的矿物可以分为极性矿物和非极性矿物。

非极性矿物的特征是表面为相对弱的分子键。这些矿物的共价分子通过范德华力结合在一起，非极性的表面不易于附着水偶极子，因此，其表面是疏水的。这类矿物有石墨、硫、辉钼矿、金刚石、煤和滑石，其接触角在60°~90°之间，自然可浮性很好。尽管这类矿物不需要药剂也可以浮选，通常还是添加烃类油或药剂来增强其疏水性。

表面具有共价键或离子键的矿物则为极性矿物，其极性表面自由能很高，可以和水分子强烈反应。这类矿物自然亲水。

根据其极性的大小，极性矿物分为不同的类别（见表3-2）[17]，从表3-2组1到组5，极性递增。组3（a）中的矿物表面在碱性水溶液中硫化后能够呈疏水性。除自然金属外，组1的矿物都是硫化物，由于其表面是共价键，与表面为离子键的碳酸盐和硫酸盐矿物相比，极性相对弱。一般极性增加的程度是硫化矿→硫酸盐→碳酸盐→岩盐→磷酸盐等，然后是氧化物→氢氧化物，最后，硅酸盐和石英。

3.4.1.3 *矿物晶体的物理不均匀性*

由磨矿所得到的矿物表面性质是很不均匀的，即使理想的解理面其表面的性质也是不均匀的。这种不均匀性主要表现在浮选过程中表面各点和药剂的作用特征不同。矿粒表面的不均匀性是由多种原因同时作用的结果，其中主要的原因有如下几种[18]：

（1）在理想的条件下，晶体的破裂应在键力较弱的面上，但实际当中并不完全遵循这一规律，在表面上各个区域具有不同的性质，有时即使破裂沿解理面裂开，同一面上不同区域的原子也不相同，所以性质也不同。

（2）晶体棱边上的原子与晶面上的原子具有不同数目的不饱和键，因此和药剂的作用活性就不同，从而导致棱边和面上的性质不同。

（3）实际晶体的晶格中，存在许多的“微缺陷”。晶格的某一区域按理想的排列应该有某一种原子，但由于某些原因缺少了一个原子，或者在某一区域多增加了一个原子，或者在某一区域某一离子被符号相同或不同的另一种离子交换构成所谓晶格的“微缺陷”。“微缺陷”在晶体内是可以移动的，移动需要某种活化作用，这种活化作用与“缺陷”本身的性质、晶格的构造有关。

（4）晶体表面常存在很多微细的孔隙和裂纹，这些表面的裂纹由于表面存在不平衡力所引起。这些微细的孔隙和裂纹的存在大大增加了矿物的比表面积。例如，粒度为147~208μm的石英的比表面积为3000cm^2/g，软锰矿的比表面积为155000cm^2/g，同样粒度的烟煤，由于内部存在巨大的表面，其比表面积可达1500000cm^2/g。

（5）实际晶体存在凹凸不平的区域，这种凹凸形状只有通过电子显微镜才能看到。晶体形成时，由于各个晶面方向的生长速度不同，造成晶体外形的歪曲，有很多晶体在一起同时生长，晶面的取向也不会完全相同。一个大晶体由很多个小晶体堆积而成，形成所谓的“嵌镶结构”。这种嵌镶结构也是造成晶体内部产生不平衡力，从而使晶体产生裂纹的原因。

表 3-2 极性矿物的分类

组 1	组 2	组 3	组 4	组 5
方铅矿 PbS	重晶石 $BaSO_4$	(a)组:	赤铁矿 Fe_2O_3	锆石 $ZrSiO_4$
铜蓝 CuS	硬石膏 $CaSO_4$	白铅矿 $PbCO_3$	磁铁矿 Fe_3O_4	硅锌矿 Zn_2SiO_4
斑铜矿 Cu_5FeS_4	石膏 $CaSO_4 \cdot 2H_2O$	孔雀石 $CuCO_3 \cdot Cu(OH)_2$	针针铁 $Fe_2O_3 \cdot H_2O$	异极矿 $H_2Zn_2SiO_5$
辉铜矿 Cu_2S	硫酸铜矿 $PbSO_4$	蓝铜矿 $2CuCO_3 \cdot Cu(OH)_2$	铬铁矿 $FeO \cdot Cr_2O_3$	绿玉 $Be_3Al_2Si_6O_{18}$
黄铜矿 $CuFeS_2$		钼铅矿 $Pb(MoO_4)$	钛铁矿 $FeTiO_3$	长石 $(Na,K,Ca,Ba)(Si,Al,Be,B)_4O_8$
辉锑矿 Sb_2S_3		(b)组:	刚玉 Al_2O	硅线石 Al_2SiO_5
辉银矿 Ag_2S		萤石 CaF_2	软锰矿 MnO_2	石榴石 $(Ca,Mg,Fe,Mn)M_3(Al,Fe,Mn,Cr,Ti)_2(SiO_4)_3$
辉铋矿 Bi_2S_3		方解石 $CaCO_3$	褐铁矿 $2Fe_2O_3 \cdot 3H_2O$	石英 SiO_2
针镍矿 NiS		毒重石 $BaCO_3$	硼砂 $Na_2B_4O_7Fe_2O_3 \cdot 10H_2O$	
辉钴矿 $CoAsS$		菱镁矿 $MgCO_3$	钨锰铁矿 $(Fe,Mn)WO_4$	
砷黄铁矿 $FeAsS$		白云石 $(Ca,Mg)CO_3$	钶(铌)铁矿 $(Fe,Mn)[(Nb,Ta)O_3]_2$	
黄铁矿 FeS_2		磷灰石 $Ca_5(PO_4)_3(F,Cl,OH)$	钽铁矿 $(Fe,Mn)Ta_2O_6$	
闪锌矿 ZrS		白乌矿 $CaWO_4$	金红石 TiO_2	
雌黄 As_2S_3		菱锌矿 $ZnCO_3$	锡石 SnO_2	
镍黄铁矿 $(Fe,Ni)S$		菱锰矿 $MnCO_3$		
雄黄 (AsS)		菱铁矿 $FeCO_3$		
自然金、铂、银、铜		独居石 $(Ce,La,Nd,Th)(PO_4)$		

矿物表面的不均匀性直接影响矿物和水及水中药剂的作用特征。药剂在矿物表面的分布是不均匀的，常常呈斑点状分布。图 3-14 所示为黄铜矿和硅酸盐共生颗粒的表面形态，图 3-14（a）及（b）中颗粒表面的左边为黄铜矿，右边为硅酸盐。图 3-14（a）为在超纯水中浸泡 30min 后的表面，没有检测到任何变化；图 3-14（b）为在 5×10^{-4}mol/L 的乙基磺酸钾溶液中浸泡 30min 后，在左边的黄铜矿表面的局部区域上形成了附着物（如图中箭头所指），而右边的硅酸盐表面上则仍然很干净。

同样，图 3-15 所示为黄铜矿在 5×10^{-4}mol/L 的乙基磺酸钾溶液中浸泡 10min 和 30min 后，乙基磺酸钾在黄铜矿表面吸附的情况[19]。

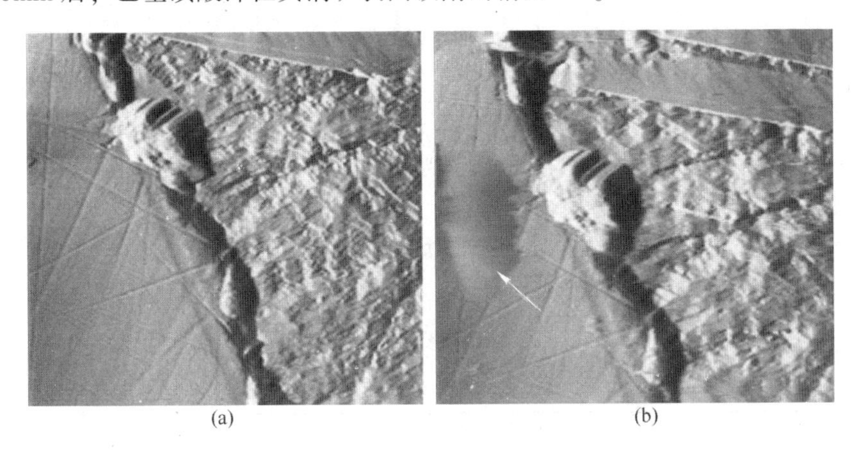

(a) (b)

图 3-14 黄铜矿和硅酸盐颗粒的表面[19]

（图像扫描范围为 10μm×10μm，成像高度为 100nm）

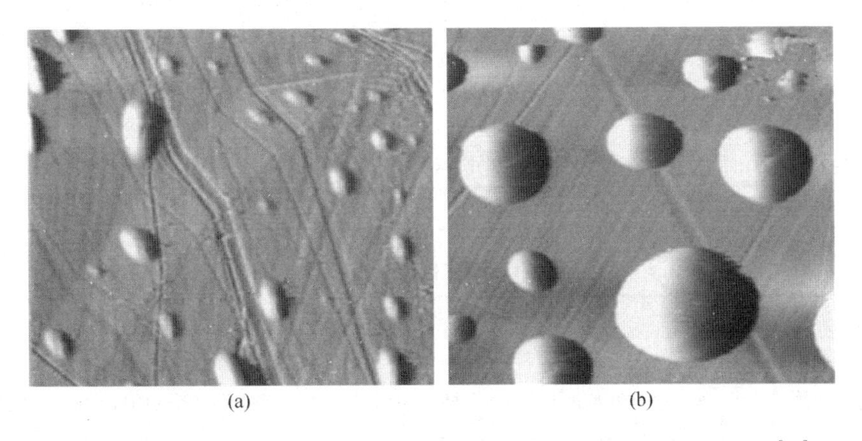

(a) (b)

图 3-15 黄铜矿颗粒在 5×10^{-4}mol/L 的乙基磺酸钾溶液中浸泡后的表面[19]

（图像扫描范围均为 10μm×10μm）

（a）浸泡 10min，成像高度为 50nm；（b）浸泡 30min，成像高度为 200nm

从图 3-14 可以看出，矿粒的表面均匀性很差。同样，从图 3-15 中看出很明显，药剂在表面的附着是不均匀的。在某些区域没有药剂，而在另一些区域则吸附了几个或几十个分子厚度的药剂。这些和药剂作用活泼的区域称之为活化中心。一般认为药剂和矿物的作用首先从活化中心开始，然后向外延伸。

3.4.1.4　矿物的化学性质

矿物的化学性质包括化学成分、矿物化学式、类质同象（见 3.4.1.2 节）、晶体化学（见 3.4.1.2 节）、矿物的可溶性、矿物的氧化还原等，都直接影响浮选的指标和流程的确定。

A　矿物的化学成分

按化学成分矿物可分为：单质，如自然金、自然铜、自然银；简单化合物，如赤铁矿（Fe_2O_3）、石英（SiO_2）、磁黄铁矿（FeS）、盐（NaCl）；复杂化合物，特别是复盐，如白云石（(CaMg)[CO_3]），钠长石（$NaAlSi_3O_8$）。主要矿物类型有：单质、硫化物、卤化物和含氧化合物。由于含氧化合物的种类和数量很多，因此又以晶体化学为基础进一步再分为：氧化物、氢氧化物（无络负离子），含平面络负离子的硝酸盐、碳酸盐、硼酸盐；硅酸盐的种类和数量较其他盐类多，因而按硅氧四面体构造排列方式划分若干亚类。矿物化学分类及硅酸盐的构造分类见表 3-3 和表 3-4[20]。

表 3-3　矿物的化学分类

类　别	阴离子	实　例
自然元素	无	自然铜（Cu）
硫化物及类似化合物	S^-及类似的阴离子	黄铁矿（FeS_2）
氧化物及氢氧化物	O^{2-}，OH^-	赤铁矿（Fe_2O_3），水镁石（$Mg(OH)_2$）
卤化物	Cl^-，F^-，Br^-，I^-	食盐（NaCl）
碳酸盐及类似化合物	CO_3^{2-} 及类似的阴离子	方解石（$CaCO_3$）
硫酸盐及类似化合物	SO_4^{2-} 及类似的阴离子	重晶石（$BaSO_4$）
磷酸盐及类似化合物	PO_4^{2-} 及类似的阴离子	磷灰石($Ca_5F(PO_4)_3$)
硅酸盐	SiO_3^{2-}	辉石（$MgSiO_3$）

表 3-4　硅酸盐的构造分类

亚　类	构造排列	Si：O	实　例
岛状硅酸盐	独立的四面体	1：4	镁橄榄石($Mg_2[SiO_4]$)
群状硅酸盐	两个硅氧四面体共用一个氧	2：7	异极矿($Zn_2[(OH)_2 \mid Si_2O_7]H_2O$)
环状硅酸盐	每个硅氧四面体环共用两个氧	1：3	绿柱石（$Be_3Al_2Si_6O_{18}$）
链状硅酸盐	连续的两个单链硅氧四面体共用两个氧	1：3	顽火辉石($Mg[SiO_3]$)
	连续的双链硅氧四面体交替共用两个及三个氧	4：11	直闪石($Mg_7[(OH)_2 \mid Si_4O_{11}]$)

续表 3-4

亚 类	构造排列	Si∶O	实 例
层状硅酸盐	每个连续硅氧四面体层共用三个氧	2∶5	金云母($KMg_3[(OH)|AlSi_3O_{10}]$)
架状硅酸盐	每个连续硅氧四面体的网架共用所有的四个氧	1∶2	石英（SiO_2），霞石（$NaAlSiO_4$）

B 矿物化学式

矿物化学式可以表示矿物化学建造单元数量的比例关系，矿物的化学成分是矿物分类的基础。化学式按照定比定律确定各元素的量。化学式也称实验式，可由化学分析结果直接计算而得。矿物化学式多数情况下不等于分子式，但有时一致。矿物的化学简式与单位晶胞数的乘积则为分子式。例如，磁铁矿的化学式为：$FeFe_2O_4$(FeO，Fe_2O_3)，而分子式为 $Fe_8Fe_{16}O_{32}$；金红石的简式与锐钛矿、板钛矿的化学简式相同，都为 TiO_2，而分子式分别为 Ti_2O_4（金红石），Ti_4O_8（锐钛矿）及 Ti_8O_{16}（板钛矿），化学式表示简单的成分比例，分子式表示单位晶胞中 TiO_2总量。

C 矿物的可溶性

矿物在水中，其表面会和极性水分子发生作用，作用的强弱取决于矿物表面的不饱和键的性质或极性的强弱，这种作用被称为矿物表面的水化作用。水和矿物表面的这种水化作用不仅会引起矿物被水润湿在表面形成水化层，而且还会引起矿物在水中的溶解。

当矿物置于水中时，在水化作用的过程中，矿物晶格表面的正负离子外围吸引了水分子，由于这些水分子的作用，使矿物晶体内部的键能削弱，最终可能使这些表面的离子脱离晶格而进入水中形成水化离子，从而使水中含有某些与矿物组成有关的分子或离子。

矿物的溶解一方面吸收能量破坏晶格键，这一能量等于矿物的晶格能；另一方面离子的水化会放出能量，这一能量等于离子的水化能。如果水化能大于晶格能，矿物将溶解，这二者能量的差值即为矿物的溶解热。

离子的水化能随着离子价数的增加和离子半径的减小而增大，晶格能也同理。然而，随着离子价数的增加，水化能增大得较晶格能慢，所以增大离子的价数溶解度会降低。这也解释了为什么二价金属的硫化物和氧化物的溶解度大大地小于相应金属一价的化合物。同一金属阳离子化合物的溶解度随阴离子半径增大而减小。

同时，水中的气体，特别是氧与矿物的作用对矿物的溶解有显著的影响。

D 矿物的氧化还原性

矿物的氧化还原性是矿物性质改变的主要原因之一。许多矿物在氧化还原条件下不稳定，容易发生氧化或还原。自然界的氧化还原条件下往往会使某些容易浮选的硫化矿物变得难以浮选，如在自然条件下黄铁矿会发生氧化，发生下面的反应：

$$4FeS_2 + 15O_2 + 2H_2O = 2H_2SO_4 + 2Fe_2(SO_4)_3 \tag{3-12}$$

这也是有色矿山酸性水产生的主要原因之一。

利用氧化还原作用又可以使难分选的矿物变得易于分选，如采用还原焙烧可以使赤铁矿变为磁铁矿而易于选别：

$$3Fe_2O_3 + CO \xrightarrow{\triangle} 2Fe_3O_4 + CO_2\uparrow \tag{3-13}$$

3.4.1.5 矿物的电化学性质

电化学主要是研究电能和化学能之间的互相转化以及转化过程中相互规律的科学，也即其研究的主要是两类导体——电子导体（如金属或半导体）和离子导体（如电解质溶液）形成的界面上所发生的带电及电子转移变化的相互规律。能量的转换需要一定的条件（如一定的装置和介质），无论是电能转变为化学能，还是化学能转变为电能，都需要借助于电极和相应的电解质溶液来完成。因此，矿物的电化学性质可以认为是指矿物在浮选过程中所具有的能够作为电子导体参与矿浆中电化学反应过程的性质，如导电性、氧化还原性等。到目前为止，研究电化学性质最多的矿物是硫化矿物。

硫化矿物浮选的电化学理论认为[21]：在硫化矿物的浮选体系中，阳极反应为捕收剂与硫化矿物作用形成捕收剂金属盐或者是捕收剂的二聚物如双黄药，阴极反应则是矿浆中的氧接受阳极反应给出的电子而被还原，从而使硫化矿物、捕收剂和氧三者之间通过电化学反应而在硫化矿物的表面形成了疏水性的产物而使其可浮。主要有以下形式：

（1）捕收剂-硫化矿物的电化学反应。在浮选过程中，当捕收剂（黄药、黑药、硫氮类）与硫化矿物表面接触时，在合适的条件下捕收剂在矿物表面的阳极区被氧化，氧气则在阴极区被还原，硫化矿物本身也可能被氧化。

（2）静电位对浮选过程电化学反应的影响。位于溶液介质中的硫化矿物表面在无静电流通过时的电极电位定义为该矿物在此溶液中的静电位。只有当矿物-捕收剂溶液的静电位大于相应的双黄药生成的可逆电位时，黄药类捕收剂才会在其表面氧化；在静电位低的硫化矿物表面，则形成黄原酸金属盐。

（3）矿浆电位对浮选的影响。硫化矿物在浮选矿浆中发生了一系列的氧化还原反应，当所有的这些反应达到动态平衡时，溶液所测得的平衡电位称为混合电位。通常所说的矿浆电位就是混合电位。改变矿浆电位，可以改变硫化矿物表面和溶液中的氧化还原反应，从而影响浮选过程。

对于硫化矿物（MS）而言，假定发生了以下反应：

$$MS + 2X^- \longrightarrow MX_2 + S^0 + 2e \tag{3-14}$$

则
$$E_1 = E_1^0 - \frac{RT}{2F}\ln c_{X^-}^2 \tag{3-15}$$

式中，E_1为捕收剂在硫化矿表面形成疏水性产物的热力学平衡电位。

式（3-14）表示浮选的开始，式（3-16）则对应了硫化矿表面的氧化反应产生亲水物质 $M(OH)_2$、$S_2O_3^{2-}$ 等，浮选开始受到抑制。

$$2MS + 7H_2O \longrightarrow 2M(OH)_2 + S_2O_3^{2-} + 10H^+ + 8e \tag{3-16}$$

$$E_2 = E_2^0 + \frac{RT}{8F}\ln c_{S_2O_3^{2-}} - \frac{2.303RT}{8F}pH \tag{3-17}$$

从热力学的角度而言，只有当硫化矿物的电极电位 E 处于 E_1 和 E_2之间时，硫化矿物才具有可浮性，即：

$$E_1^0 - \frac{RT}{2F}\ln c_{X^-}^2 < E < E_2^0 + \frac{RT}{8F}\ln c_{S_2O_3^{2-}} - \frac{2.303RT}{8F}pH \tag{3-18}$$

由式（3-18）表明，对于硫化矿物的浮选过程，E、pH 值及捕收剂浓度 c 控制了矿物浮选的范围，E、pH 值、c 是浮选过程的三个基本参数。

3.4.2 矿物的外在影响因素

3.4.2.1 磨矿粒度

从 3.4.1.1 节矿物的嵌布粒度可知，通过破碎—磨矿使矿石中所含的有用矿物充分解离出来是浮选指标达到最优的关键，只有使有用矿物达到单体解理，才能使其与脉石矿物分离。但实际当中，由于矿物嵌布粒度的不均匀性和嵌镶关系的复杂性，使所有的有用矿物都达到单体解理是不可能的。而且在生产实践中，晶体结构不同的矿物对于磨矿粒度降低的敏感程度是不一样的。如那些晶体为配位型、岛状和环状结构的硫化物多为粒状（如方铅矿、闪锌矿、黄铁矿等），这些矿物在外力作用下的解离主要是离子键和共价键的断裂，随着粒度的减小，比表面积增大，表面的极性会越来越强，表面的性质会发生变化，从而会影响浮选的回收率；而一些晶体结构为层状的矿物如辉钼矿，由于其层状基型结构中的最强键趋向二维分布，层间以范德华键连接，在外力作用下的解离则主要是范德华键的断裂，其颗粒表面的性质基本没有变化，且粒度越细，越接近于辉钼矿晶体的本征性质。有人曾研究过辉钼矿受外力作用磨碎后，所出露的破裂面种类和各种破裂面的比例及其工艺性质[22]，将辉钼矿磨细，在小于 0.038mm（400 目）的矿粒中，其晶体沿分子键解离的面与小于 0.038mm（400 目）矿粒的产率成正比，即辉钼矿磨得越细，沿构造层的分子键解离的表面越多；而沿构造层的横切面的化学键解离的破裂面越少。将辉钼矿由 0.0833mm（180 目）磨细至 0.038mm（400 目）浮选对比，回收率和品位并无下降趋势。

图 3-16 所示为一多金属矿选别出的锌精矿。从图中可以看出，精矿中部分

连生体矿物的粒度比一些闪锌矿单体的粒度还大（如图中双向箭头所指），如将精矿继续再磨，可以使这些连生体解离，但同样会使原本已经单体解理的闪锌矿颗粒变得更细，甚至过磨，导致其损失于尾矿中。

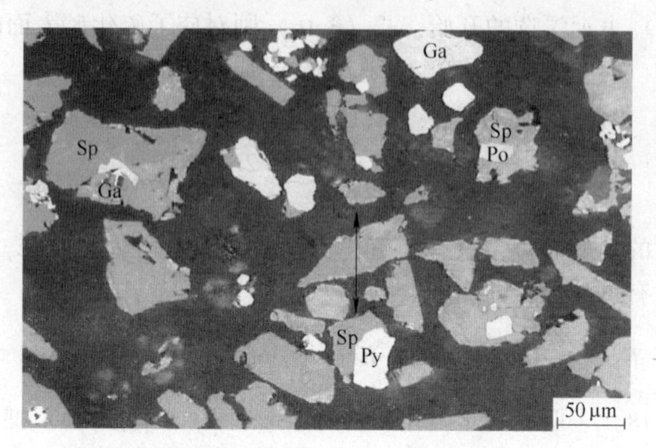

图 3-16 某锌精矿中的粒度及杂质解离状况

Sp—闪锌矿；Ga—方铅矿；Py—黄铁矿；Po—磁黄铁矿

因此，磨矿粒度的大小和范围，是否采用粗精矿再磨，要结合有用矿物的性质，根据有用矿物的嵌布粒度和共生关系，结合技术上的可行和经济上的合理共同考虑，综合技术经济上最优的指标来确定。

3.4.2.2 浓度

在浮选体系中，矿浆浓度的高低与浮选有着直接的关系，会影响浮选时间、药剂浓度、药剂消耗量、充气量等运行参数，从而影响浮选的指标。

在浮选工艺的生产规模和浮选设备确定后，矿浆浓度高，浮选的停留时间会延长，单位体积的药剂浓度会增大，单位体积的空气持有量会降低。反之则相反。

在生产实践中，浮选作业矿浆浓度的高低，要根据矿石性质和浮选环境来确定。当矿石密度较大、粒度较粗时，宜采用较高的浮选浓度。当矿石密度较小、粒度较细时，宜采用较低的浮选浓度。实际应用中的浮选浓度，一般为粗选作业25%~45%，混合精矿分离作业和精选作业10%~20%，扫选作业20%~35%。

3.4.2.3 药剂及添加地点

A 药剂

矿物的浮选是利用不同矿物表面的物理化学性质差异，在固-液-气三相界面对各种矿物分选的过程。因此，固-液-气三相界面的性质决定了浮选过程的顺利与否。尽管自然界有些矿物如辉钼矿、石墨、自然硫等具有天然的可浮性，但大多数矿物需要通过添加特定的有机或无机药剂来改善矿物表面的物理化学性质

(如疏水性或亲水性)，以提高或降低矿物的可浮性，扩大矿浆中各种矿物之间的可浮性差异，同时也要添加药剂调整矿浆中的浮选环境，以利于改善固-液-气三相界面的性质，使之易于分选。因此，浮选药剂是浮选工艺的关键因素之一。

浮选药剂根据所起作用基本上分为捕收剂、起泡剂和调整剂三大类：

(1) 捕收剂，是能选择性地作用于矿物表面并使它疏水的有机物质，其作用于固-水界面，提高了矿物的可浮性，使矿粒能牢固地附着于气泡而上浮。

(2) 起泡剂，是一种分子结构由非极性的亲油（疏水）基团和极性的亲水（疏油）基团构成的表面活性剂，加入矿浆中后，其富集于水-气界面，能够促使空气在矿浆中弥散成小气泡，并防止气泡的兼并，提高气泡在矿化和上浮过程中稳定性，从而保证矿化气泡上浮形成泡沫进入泡沫产品。

(3) 调整剂，是用来调整捕收剂与矿物的作用，促进或抑制矿物的可浮性，调节矿浆的酸碱度及离子的药剂总称。调整剂根据作用效果的不同，又分为以下五种：

1) 活化剂，凡能促进捕收剂与矿物的作用，从而提高矿物可浮性的药剂（多为无机盐类）称为活化剂，其作用称为活化作用。

2) 抑制剂，与活化剂相反，凡能削弱捕收剂与矿物的作用，从而降低和抑制矿物可浮性的药剂（各种无机盐类和一些有机化合物）称为抑制剂，其作用称为抑制作用。

3) 介质 pH 值调整剂，该类药剂主要是调整矿浆的性质，造成对某种矿物浮选有利而对另一些矿物浮选不利的介质性质，例如用来调整矿浆的离子组成，改变矿浆的 pH 值，调整可溶性盐的浓度。

4) 分散剂，该类药剂主要是通过一定的电荷排斥原理或高分子位阻效应，使各种细粒矿泥合理地分散并稳定在矿浆中，以便于其中有用矿物的合理分选。分散剂主要吸附于固体颗粒的表面，使凝聚的颗粒表面易于润湿，同时由于吸附的矿粒表面荷电产生的静电斥力而分离，或者由于吸附的高分子本身的立体位阻和荷电的增加所产生的静电斥力而分离。

5) 絮凝剂，凡是用来将水溶液中的溶质、胶体或者悬浮物颗粒产生絮状物沉淀的物质都称做絮凝剂。

浮选药剂分类及典型实例见表 3-5。

B 药剂添加地点的确定

药剂的添加与矿物的浮选时间及可浮性有着密切的关系，矿物与药剂之间由于种类不同及浮选环境不同，而发生作用的时间不同，也就是有用矿物成为可浮粒子之前的准备时间不同。浮选时间是指有用矿物粒子与药剂发生作用（成为可浮粒子）开始到浮出（成为精矿而进入下一作业段）所经过的时间，由于矿物成为可浮粒子之前所需的准备时间不同，具体对某一矿物所需药剂的添加地点也就不同。因此，在浮选回路设计中要对具体的矿石进行分析。

表 3-5 浮选药剂分类及典型实例[23]

浮选药剂类别					实例
捕收剂	极性型	阴离子型	硫代化合物类	黄药类	乙基黄药、丁基黄药
				黑药类	25 号黑药、丁基胺黑药
				硫氮类	乙硫氮、丁硫氮
				硫醇及其衍生物	苯并噻唑硫醇
				硫脲及其衍生物	二苯硫脲
			烃基含氧酸及其皂类	羧酸及其皂	油酸、氧化石蜡皂、塔尔油
				烃基硫酸酯	十六烷基硫酸钠
				烃基磺酸及其盐	石油磺酸钠
				烃基磷酸	苯乙烯磷酸、浮锡灵
				烃基胂酸	混合甲苯胂酸、苄基胂酸
				羟肟酸	异羟肟酸
		阳离子型	胺类	脂肪胺	月桂胺、混合脂肪胺
				醚胺	烷氧基正丙基醚胺
				吡啶盐	烷基吡啶盐酸盐
		非离子型	硫代化合物内酯		Z-200
			多硫代化合物		双黄药
	非极性型		烃油		煤油、柴油
起泡剂	烃基化合物		脂环醇、萜烯醇		松醇油
			脂肪醇		甲基异丁基甲醇、C_4~C_8混合醇
			酚		甲酚、木馏油
	醚及醚醇		脂肪醚		三乙氧基丁烷
			醚醇		乙基聚丙醚醇
	吡啶类				重吡啶
	酮				樟脑油
调整剂	抑制剂		无机化合物（其中石灰、硫化钠、水玻璃等具有多重作用）		硫酸锌、氰化钠、亚硫酸钠、硫代硫酸盐、重铬酸盐、硫化钠、水玻璃、氟硅酸钠、六偏磷酸钠、石灰
			有机化合物（大分子有机化合物多兼絮凝作用）		单宁、淀粉、糊精、木素磺酸钠、羧基甲基纤维素、腐殖酸
	活化剂				硫酸铜、碱土金属及重金属离子的可溶性盐
	介质 pH 值调整剂		无机酸碱（常与抑制作用、活化作用交织在一起）		硫酸、石灰、碳酸钠
	分散剂				水玻璃、六偏磷酸钠
	絮凝剂		高分子化合物（兼抑制作用）		聚丙烯酰胺、聚丙烯酸

对于一些浮选回路，由于药剂添加地点及添加方式不合适，致使浮选系统不活跃，只能靠增加浮选时间来补偿，其主要原因在于没有重视浮选之前的药剂添加作业，在给入浮选机之前矿浆未充分调整好，结果浮选系统的前几个槽起了延伸调整的作用。

在浮选回路中，一般都在浮选作业之前加搅拌作业，并根据生产或试验结果来确定搅拌时间及选择相应的搅拌设备。在生产实践中，根据不同药剂的作用机理及不同的矿石性质，将药剂添加到不同的地点，如石灰一般加入球磨机中，捕收剂及起泡剂加入搅拌作业中，但也有的矿山，由于其矿石中的有用矿物与药剂发生作用时间短，而不采用搅拌作业，直接将捕收剂及起泡剂加入浮选前的分配器中，如原布干维尔铜矿选矿厂、我国的原白银铜矿选矿厂、德兴铜矿大山选矿厂等。对于不同的矿石，药剂添加的地点及方式是不同的：桃林铅锌矿在铜铅混合浮选前，把碳酸钠、硫酸锌、硫代硫酸钠及氰化钠加入球磨机中；黄沙坪铅锌矿，将黑药加入球磨机中，浮选采用等可浮流程，原矿浆不加任何抑制剂、调整剂，只加捕收剂和起泡剂就进行以铅为主的混合浮选，其泡沫产品添加石灰、硫酸锌，抑制闪锌矿和黄铁矿，浮选方铅矿；原柴河铅锌矿氧化铅矿物浮选中，将硫化钠、氰化钠等加入球磨机中；意大利的塞尔托里铅锌矿选别氧化铅矿物，在白铅矿精选前，设置了3台搅拌槽预先进行搅拌硫化，在扫选作业前又设置了4台搅拌槽，以使氧化铅矿物用硫化剂充分接触[24]。而对氧化铜矿物孔雀石和蓝铜矿来说，由于这两种矿物硫化速度快，在实践中进行硫化时，通常不需预先搅拌，而是将硫化剂直接加入浮选第一槽。

综上所述，不同的矿石、不同的矿物，与药剂发生作用的时间是不同的，因而，药剂的添加地点也不同。

药剂与有用矿物完全发生作用的前提是充分接触，即使在搅拌槽中，由于槽体本身的结构设计及搅拌强度等因素的影响，充分接触也只是一个相对的概念。当不采用搅拌作业，而直接将药剂添加到流槽或分配器中时，由于在其中难以形成更均匀、充分的接触区域，因而加入的药剂没有充分发挥作用，一方面是有用矿物没有被捕收，另一方面则是药剂的浪费。因此，药剂添加地点与药剂和矿物的接触发生方式是浮选回路设计的一个重要方面，应当引起重视。

近年来，有人通过试验提出了一种新的工艺[25]：采用毫微颗粒作为浮选的捕收剂，吸附到比其大得多的亲水性矿物颗粒表面，然后与气泡碰撞附着后被回收。试验中采用46nm阳离子型的聚苯乙烯毫微颗粒吸附到直径43μm的玻璃球上，将玻璃球浮选回收，玻璃球的表面只有5%被毫微颗粒覆盖就极大地提高了浮选效率。同时还采用微观力学测量了从气泡表面把玻璃球拉回液相中所需的最大拉力：毫微颗粒覆盖的玻璃球为1.9μN；干净的玻璃球为0.0086μN。

3.4.2.4 浮选时间

A 浮选时间与停留时间的概念

浮选时间与停留时间是两个严格不同的概念。浮选时间是指有用矿物粒子与药剂发生作用（成为可浮粒子）开始到浮出（成为精矿而给入下一作业段）所经过的时间。因而是矿物粒群与药剂发生作用而浮出成为精矿所需的时间。实际上，由于矿物颗粒不可能是均匀的，其浮选时间差异很大，为了使整个有用矿物的粒群都能更好地分选，通常使用的浮选时间均是指有用矿物粒子不均匀粒群的浮选时间。

停留时间则是指矿粒进入选别作业开始到离开该作业的时间，也可称为通过时间。

浮选时间与停留时间有着本质的不同。浮选时间具有质的意义，而停留时间只有量的意义。矿物粒子的浮选时间由于加药地点的不同、搅拌时间的长短不同及整个粒群与药剂作用的均匀程度不同，无法精确计算，起始点可在进入浮选回路之前，也可在浮选回路中通过一段时间之后。而矿物粒子的停留时间则只是矿物粒子通过浮选回路的时间，可以精确计算。

B 浮选时间的计算

根据化学反应动力学模型，浮选过程的分选速率模型可写成：

$$\frac{\mathrm{d}\varepsilon}{\mathrm{d}t} = k(\varepsilon_i - \varepsilon)^n \tag{3-19}$$

式中，$\frac{\mathrm{d}\varepsilon}{\mathrm{d}t}$为分选速率；$t$为反应时间；$\varepsilon_i$为$t=\infty$时的理论回收率；$k$为速率常数；$n$为反应级数。

现代的浮选工艺已充分证明均匀粒群的浮选过程的时间延伸是一阶函数，因此，式（3-19）中$n=1$，则

$$\frac{\mathrm{d}\varepsilon}{\mathrm{d}t} = k(\varepsilon_i - \varepsilon) \tag{3-20}$$

积分式（3-20）得：

$$\ln(\varepsilon_i - \varepsilon) = -kt + c'' \tag{3-21}$$

将式（3-21）写成：

$$\varepsilon_i - \varepsilon = c'\mathrm{e}^{-kt} \tag{3-22}$$

式（3-22）两边同除以ε_i（$\varepsilon_i>0$），则

$$1 - \frac{\varepsilon}{\varepsilon_i} = c\mathrm{e}^{-kt} \tag{3-23}$$

当$t=0$时，$\varepsilon=0$，则$c=1$，得：

$$1 - \frac{\varepsilon}{\varepsilon_i} = \mathrm{e}^{-kt} \tag{3-24}$$

则有

$$\varepsilon = \varepsilon_i(1 - \mathrm{e}^{-kt}) \tag{3-25}$$

式（3-25）即是矿物在浮选过程中的回收率方程。

矿物分选过程中，当浮出矿物Ⅰ与抑制矿物Ⅱ的可浮性差异最大，即其回收率差异最大时，分选效果最好，因此有：

$$\Delta\varepsilon = \varepsilon_{\mathrm{I}} - \varepsilon_{\mathrm{II}} \tag{3-26}$$

对式（3-26）偏微分并令其等于零：

$$\frac{\partial \Delta\varepsilon}{\partial t} = k_{\mathrm{I}} \varepsilon_{i\mathrm{I}} \mathrm{e}^{-k_{\mathrm{I}} t} - k_{\mathrm{II}} \varepsilon_{i\mathrm{II}} \mathrm{e}^{-k_{\mathrm{II}} t} = 0 \tag{3-27}$$

解式（3-27）得：

$$t = \frac{\ln k_{\mathrm{I}} \varepsilon_{i\mathrm{I}} - \ln k_{\mathrm{II}} \varepsilon_{i\mathrm{II}}}{k_{\mathrm{I}} - k_{\mathrm{II}}} \tag{3-28}$$

则 t 为最佳浮选时间。

将式（3-25）写成：

$$\ln\left(\frac{\varepsilon_i - \varepsilon}{\varepsilon_i}\right) = -kt \tag{3-29}$$

由式（3-29）即可得到矿物Ⅰ、矿物Ⅱ的 ε_i 及 k，代入式（3-28），即可得到 t。

C 分选品位与浮选时间的关系

从式（3-28）可以计算出最佳浮选时间，而分选矿物的品位也是浮选时间的函数，由此可以认为，与最佳浮选时间 t 相对应应有一最佳分离效率。选矿采用的综合分离效率主要有两类[26]，第一类以汉考克公式为代表（式（3-30）），第二类以弗莱明-斯蒂芬公式为代表（式（3-31））。

$$E(\%) = \frac{\gamma(\beta - \alpha)}{\alpha(1 - \alpha/\beta_{\max})} \tag{3-30}$$

$$E(\%) = \frac{\varepsilon(\beta - \alpha)}{\beta_{\max} - \alpha} \tag{3-31}$$

对式（3-30）、式（3-31）偏微分后发现，式（3-30）具有极值点，而式（3-31）则没有，认为式（3-30）存在有与最佳浮选时间 t 相对应的最佳分离效率。因此，将式（3-30）写成分选过程变量方程，则

$$E(\%) = \frac{Q_2\beta_{\max}(\beta - \alpha)}{Q_1\alpha(\beta_{\max} - \alpha)} \tag{3-32}$$

式中，E 为综合分离效率；Q_1 为给矿质量；Q_2 为精矿质量；α 为给矿品位；β 为精矿品位；$\beta_{\max}$ 为理论最高精矿品位。

当分离效率最佳时，则有：

$$\frac{\partial E}{\partial t} = \frac{\beta_{\max}}{Q_1\alpha(\beta_{\max} - \alpha)}\left[(\beta - \alpha)\frac{\mathrm{d}Q_2}{\mathrm{d}t} + Q_2\frac{\mathrm{d}\beta}{\mathrm{d}t}\right] = 0 \tag{3-33}$$

即
$$(\alpha-\beta)\frac{\mathrm{d}Q_2}{\mathrm{d}t}=Q_2\frac{\mathrm{d}\beta}{\mathrm{d}t} \tag{3-34}$$

又因为在浮选过程中有用矿物含量变化为

$$\int_0^t \beta'\mathrm{d}Q_2=Q_2\beta \tag{3-35}$$

式中，β'为瞬时精矿品位。

微分式（3-35）得：

$$\beta'\mathrm{d}Q_2=Q_2\mathrm{d}\beta+\beta\mathrm{d}Q_2 \tag{3-36}$$

将式（3-36）写为

$$\beta'=Q_2\frac{\mathrm{d}\beta}{\mathrm{d}Q_2}+\beta \tag{3-37}$$

式（3-37）两边同乘以$\frac{\mathrm{d}Q_2}{\mathrm{d}t}$，得：

$$\beta'\frac{\mathrm{d}Q_2}{\mathrm{d}t}=Q_2\frac{\mathrm{d}\beta}{\mathrm{d}t}+\beta\frac{\mathrm{d}Q_2}{\mathrm{d}t} \tag{3-38}$$

即
$$Q_2\frac{\mathrm{d}\beta}{\mathrm{d}t}=\beta'\frac{\mathrm{d}Q_2}{\mathrm{d}t}-\beta\frac{\mathrm{d}Q_2}{\mathrm{d}t} \tag{3-39}$$

将式（3-39）代入式（3-34）中，得：

$$(\alpha-\beta)\frac{\mathrm{d}Q_2}{\mathrm{d}t}=\beta'\frac{\mathrm{d}Q_2}{\mathrm{d}t}-\beta\frac{\mathrm{d}Q_2}{\mathrm{d}t} \tag{3-40}$$

由式（3-40）得：

$$\alpha=\beta' \tag{3-41}$$

即当$\beta'=\alpha$时，有$\frac{\partial E}{\partial t}=0$，此时，分选效率最佳。

由此可知，在分选作业中，当该作业泡沫产品的品位与该作业给矿品位相等时，其分离效率最大，而此时的时间即为最佳浮选时间，此时间理论上与式（3-28）计算的时间应相等[27]。

有人采用硫化铜矿石对不同解离度下的矿物在气泡上的附着时间及其捕收剂用量和矿石中 Cu 品位对附着时间的影响进行了研究[28]。研究采用的铜矿石中主要含铜矿物为斑铜矿和黄铜矿，原矿含铜 1%。在实验室条件下，采用棒磨机在 60%的磨矿浓度下湿磨至 $P_{80}=90\mu m$，在 pH 值为 8.2~8.8 的条件下，经浮选分别得到 0.5min（精矿 1）、4min（精矿 2）、10min（精矿 3）的 3 个精矿产品和尾矿。考虑颗粒粒度对附着时间的敏感性，对 4 个产品分别用湿筛筛出 106~63μm 的粒级用于研究。对解离度的分析结果见表 3-6。

从表 3-6 中看到，随着时间的延长，精矿的品位急速降低，所富集的有用矿物的解离度也越来越差。从图 3-17 和表 3-7 中可以看到，在 10^{-5}mol/L 异丁基磺酸钠的浓度下，不同时间的精矿达到100%的附着率的时间有着巨大的差别。

表 3-6 产品中有用矿物解离度分析

项目		精矿 1 (0~0.5min)	精矿 2 (0.5~4min)	精矿 3 (4~10min)	尾矿
铜含量/%		40.4	22.2	12.3	0.2
解离度/%	高（>75）	81	49.2	35.8	7.4
	中（75~25）	4.1	23.8	22.7	61.2
	低（<25）	14.9	27.1	41.5	31.4

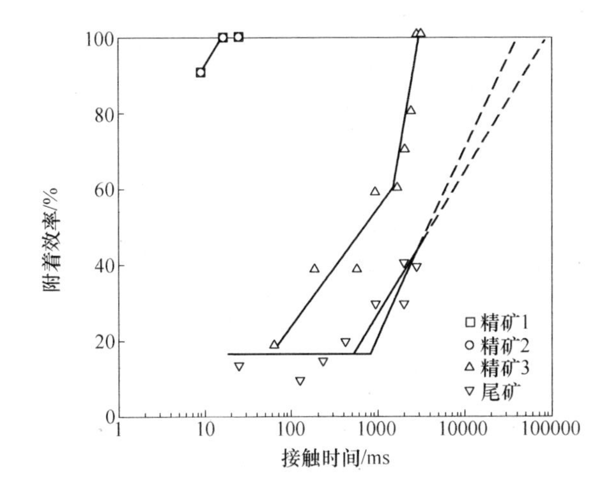

图 3-17 在异丁基磺酸钠浓度为 10^{-5}mol/L 的条件下附着效率和接触时间的关系
（图中曲线表示趋势）

表 3-7 不同浮选产品达到 100%附着率所需的附着时间

产品	附着时间/ms
精矿 1	15
精矿 2	15
精矿 3	3000
尾矿	65000±25000

研究表明，附着时间的长短取决于有用矿物的解离度、有用矿物的品位和捕收剂的用量。富集 0.5min 和 4min 的浮选产品的附着时间随着捕收剂用量的增加而急剧降低，而富集 10min 的浮选产品的附着时间随着捕收剂用量的增加降低缓慢，其原因是由于含铜品位降低和解离度低，如图 3-18 所示。而在恒定的捕收剂浓度下，浮选产品的附着时间随着含铜品位的增加而减小，如图 3-19 所示。

3.4.2.5 *矿浆 pH 值*

pH 值是水溶液最重要的理化参数之一，凡涉及水溶液的自然现象、化学变

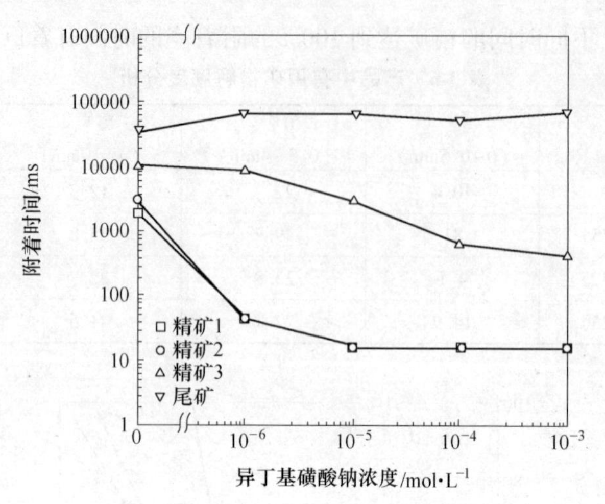

图 3-18 附着时间和药剂用量的关系

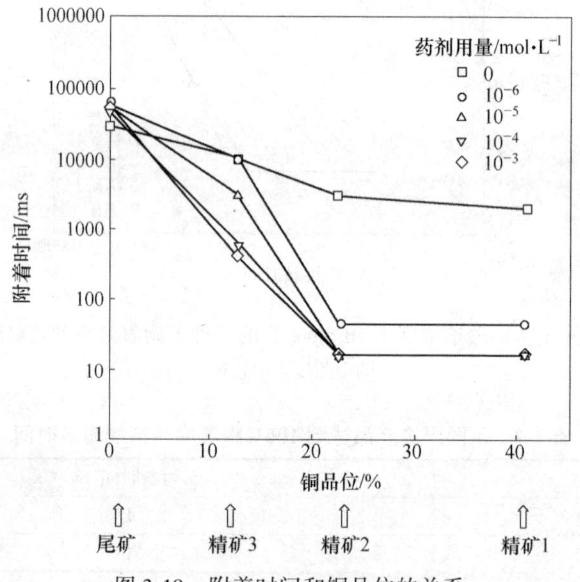

图 3-19 附着时间和铜品位的关系

化以及生产过程都与 pH 值有关。水是最重要的浮选介质，因此，在浮选过程中，pH 值是矿物浮选的重要影响因素。

溶液的 pH 值被定义为溶液中氢离子活度的负对数值，表示为：

$$pH = -\lg a_{H^+}$$

pH 值有时也称氢离子指数，由于氢离子活度的数值往往很小，在应用上很不方便，所以就用 pH 值来表示。

我们知道，水是一种极弱的电解质，可以发生微弱的电离，其电离方程式为：

$$H_2O + H_2O \rightleftharpoons H_3O^+ + OH^- \tag{3-42}$$

简写为

$$H_2O \rightleftharpoons H^+ + OH^- \tag{3-43}$$

在纯水中，水分子电离出的 H^+ 和 OH^- 数目在任何情况下总是相等的，在25℃时，1L 纯水中只有 1×10^{-7}mol 的水分子发生电离，即此时水中的 $c_{H^+}=c_{OH^-}=1\times10^{-7}$mol，也即是此时纯水的 pH=7，为中性。

水的电离是一个吸热过程，受温度影响。水的电离是水分子与水分子之间的相互作用而引起的，因此极难发生。在水中加酸或加碱都能改变水的电离平衡。

浮选过程是以水为介质进行的，不同的矿物有各自易于浮选的 pH 值范围，所采用的不同的浮选药剂有其适应的有效选择的 pH 值范围。生产当中，浮选所采用的新水受周围环境的影响，其 pH 值或呈酸性，或呈碱性，很难恰好是中性。而浮选所采用的回水，由于浮选过程的要求，绝大多数场合下呈碱性。因此，为了有用矿物的有效选别，矿浆的 pH 值必须进行调整。

浮选矿浆 pH 值的调整，主要有以下几种作用：

（1）调整重金属离子的浓度。浮选矿浆中常含有大量的金属或非金属离子，特别是一些重金属离子 Me^{m+}，对浮选过程的影响很大。这些重金属离子，易与矿浆中的 OH^- 反应生成氢氧化物 $Me(OH)_m$ 沉淀。由于氢氧化物的溶度积是一个常数，提高矿浆的 pH 值，可以明显地降低重金属离子的浓度。

（2）调整矿浆中所添加药剂的作用状态。浮选过程中添加的捕收剂或以分子状态，或以离子状态与有用矿物发生作用；添加的抑制剂多由强碱和弱酸构成，在水中可以水解；添加的分散剂或絮凝剂需要更好的发挥效果。这些各种各样的药剂都需要在各自适宜的 pH 值下才能用量最小、效果最大地发挥作用。

（3）调整捕收剂与矿物之间的作用关系。大多数的矿物浮选采用阴离子型捕收剂，这些药剂水解后产生的阴离子与溶液中的 OH^- 在矿物表面产生吸附竞争。因此，pH 值的变化，直接影响到捕收剂离子在矿物表面的竞争吸附，pH 值增高，OH^- 浓度增大，捕收剂离子在矿物表面的竞争吸附会减弱。当 OH^- 浓度增大到一定的程度时，矿物的浮选会受到抑制。

在矿物的浮选过程中，在一定的捕收剂浓度下，某种矿物开始被 OH^- 抑制时的 pH 值称为该矿物的临界 pH 值。不同矿物的临界 pH 值是不同的，例如，在室温下，浓度为 25mg/L 的乙基黄药溶液中，部分硫化矿物的临界 pH 值见表 3-8。

表 3-8 部分硫化矿物在室温下 25mg/L 乙基黄药溶液中的临界 pH 值[18]

矿物	磁黄铁矿	砷黄铁矿	方铅矿	黄铁矿	白铁矿	黄铜矿
临界 pH 值	6.0	8.4	10.4	10.5	11.0	11.8
矿物	铜蓝	活化的闪锌矿	斑铜矿	黝铜矿	辉铜矿	
临界 pH 值	13.2	13.3	13.8	13.8	14.0	

矿物的临界 pH 值也与捕收剂的浓度有关，随着捕收剂浓度的增大，矿物的临界 pH 值也增大。如图 3-20 所示[29]，图中为采用气泡接触法测得的黄铁矿、方铅矿和黄铜矿三种矿物在不同捕收剂浓度下的临界 pH 值曲线。曲线的左侧为该矿物的可浮区，曲线的右侧为抑制区。

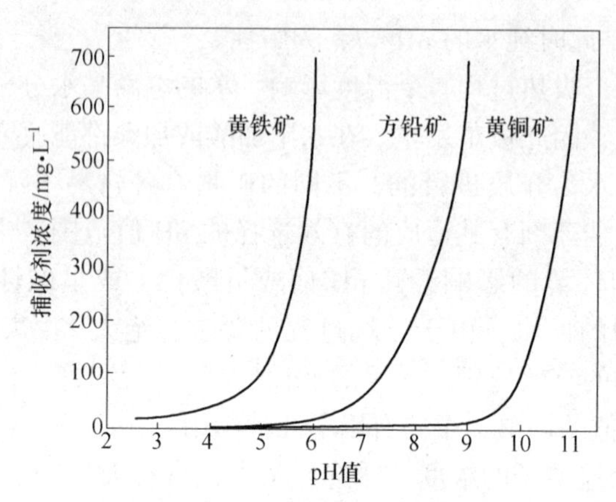

图 3-20 矿物临界 pH 值与二乙基二硫代磷酸盐浓度之间的关系

同时，捕收剂阴离子和 OH^- 在矿物表面的竞争还与捕收剂的性质密切相关，同一种矿物使用不同的捕收剂其临界 pH 值是不同的，见表 3-9。

表 3-9 不同硫化物在不同捕收剂溶液中的临界 pH 值[18]

捕收剂	溶液浓度 /mg·L⁻¹	临界 pH 值			
		闪锌矿	方铅矿	黄铁矿	黄铜矿
二乙基二硫代磷酸钠	32.5		6.2	3.5	9.4
乙基磺酸钾	25		10.4	10.5	11.8
二乙基二硫代氨基甲酸钠	26.7	6.2	约 13	10.5	约 13
戊基磺酸钾	31.6	5.5	12.1	12.3	约 13
二戊基二硫代氨基甲酸钾	42.3	10.4	约 13	12.8	约 13

从表 3-9 中可以看出，对所列四种矿物，二乙基二硫代磷酸钠（钠黑药）对后三种矿物的选择性比较好，可以通过临界 pH 值将其分离。而其余的四种药剂对后三种矿物的临界 pH 值相近，则仅通过临界 pH 值很难使其分离。

在浮选过程中，首先要将矿浆的 pH 值调整到正常浮选所需的范围，才能进行后续的浮选准备过程。

生产中常用的 pH 值调整剂主要有石灰（CaO）、苏打（Na_2CO_3）、苛性钠（NaOH）、氨水（NH_4OH）、盐酸（HCl）和硫酸（H_2SO_4）。

3.4.2.6 氧

氧是一种强氧化剂，也是浮选过程的关键影响因素之一。在浮选过程中，氧的来源主要是水中溶氧和所充空气中的氧。

在浮选过程中，一方面矿浆中的氧可以使浮选药剂（如硫化钠或硫氢化钠）发生氧化，从而失去抑制作用，导致药剂消耗量增大：

$$2Na_2S + O_2 + 2H_2O \longrightarrow 4NaOH + 2S \quad (3\text{-}44)$$

$$4NaHS + O_2 + 2H_2O \longrightarrow 4NaOH + 2H_2S + 2S \quad (3\text{-}45)$$

另一方面，氧的存在可以使硫化矿物表面发生轻度氧化，硫化矿氧化后大都在表面生成硫酸盐。如方铅矿、闪锌矿、黄铁矿和黄铜矿与氧发生反应则有：

$$PbS + 2O_2 \longrightarrow PbSO_4 \quad (3\text{-}46)$$

$$ZnS + 2O_2 \longrightarrow ZnSO_4 \quad (3\text{-}47)$$

$$2FeS_2 + 7O_2 + 2H_2O \longrightarrow 2FeSO_4 + 2H_2SO_4 \quad (3\text{-}48)$$

$$CuFeS_2 + 4O_2 \longrightarrow CuSO_4 + FeSO_4 \quad (3\text{-}49)$$

由于硫酸盐的溶解度比相应硫化物要大得多，这就有利于黄药类的捕收剂与 SO_4^{2-}之间进行离子交换（式（3-50）），从而在表面形成捕收剂膜而疏水。

$$MA + 2X^- \longrightarrow MX_2 + A^- \quad (3\text{-}50)$$

式中，X^-为黄药阴离子；A^-为 SO_4^{2-}或 SO_3^{2-}；M 为金属元素。

实践也证明，硫化矿的表面轻度氧化，其与捕收剂分子发生离子交换后表面主要生成单分子层的黄酸盐。氧化程度过深，则表面生成黄酸盐的多分子层，其疏水性反而下降。如在铜钼混合精矿的分离作业中，由于黄铜矿和黄铁矿的氧化速度远高于辉钼矿的氧化速度，因此，采用过度氧化的方式，可使黄铜矿、黄铁矿的浮游性受到抑制，与辉钼矿的可浮性差异增大，使分离得到更好的指标。

3.4.2.7 介质中杂质的含量

浮选是以水作为介质，生产中浮选用水的水源主要是就地（或附近）的地下水、河（溪）水、水库（雨）水或海水等，因而水中含有某些气体（如氧、二氧化碳、氮等）、各种离子（如除常见的 Ca^{2+}、Mg^{2+}、K^+、Na^+、Cl^-、SO_4^{2-}，CO_3^{2-} 等离子外，有时还含有铁、锰、硅酸等离子或少量的卤化物）、有时还会含有某些有机物。水中所含的这些物质可能会影响到浮选过程。

在磨矿及浮选过程中，由于矿物本身的溶解或氧化而产生的产物的溶解，会使水中含有某些组成矿物的离子。此外，为了环境保护和降低成本，浮选过程中的水主要是选矿工艺的循环水，循环水占选矿总用水量的 60%~80%，甚至更高。因此，除上述的各种离子外，循环水中还含有大量的组成矿物的重金属离子、悬浮物、各种药剂分子或离子等。

表 3-10 及表 3-11 分别为某矿山选矿厂生产地表供水水质指标分析结果和不同作业水质分析结果；表 3-12 为某矿山选矿废水中主要残余药剂浓度测定结果（平均值）；表 3-13 为某矿山选矿厂生产地下水供水水质指标分析结果，表 3-14 为某矿山选矿厂生产采用海水供水水质指标分析结果。

表 3-10　某矿山选矿厂生产地表供水水质指标分析结果[30]

水质测定项目	河水	水库净化水	选厂内供水管道水质
pH 值	7	7.82	7.1~8.4
Pb 浓度/mg · L^{-1}	0.1	0.042	0.12
Zn 浓度/mg · L^{-1}	0.037	0.464	0.262
Cd 浓度/mg · L^{-1}	0.0001	0.001	—
Hg 浓度/mg · L^{-1}	0.0001	0.0001	—
As 浓度/mg · L^{-1}	0.0033	0.001	0.001
耗氧量/mg · L^{-1}	1.6	1.15	1.0
悬浮物浓度/mg · L^{-1}	23.4	17.4	—
总硬度	0.13	3.36	2.0
总碱度	0.115	2.16	3.6
溶解氧浓度/mg · L^{-1}	8.2	7.89	—
溶解固形物浓度/mg · L^{-1}	36	10	—
水质状况	新鲜水、中性	中性、水清	中性、水清

表 3-11　国内某矿山选矿厂不同作业水质分析结果[30]

指　标	铅精矿溢流水	锌精矿溢流水	锌尾矿溢流水	2 号池总回水	地沟污水	硫精矿+锌精矿溢流水
pH 值	11.43	11.25	11.85	11.46	11.58	11.81
Cl^-浓度/mg · L^{-1}	9.59	16.22	12.54	18.43	13.27	10.32
F^-浓度/mg · L^{-1}	1.59	2.97	1.92	2.97	1.83	1.95
SO_4^{2-} 浓度/mg · L^{-1}	159	1147	310	617	195	327
SiO_2 浓度/mg · L^{-1}	2.5	3.1	2.07	2.08	2.26	2.15
Pb 浓度/mg · L^{-1}	6.76	4.35	15	11.84	12.73	20.1
Zn 浓度/mg · L^{-1}	0.12	0.21	0.94	0.38	0.55	0.92
Cu 浓度/mg · L^{-1}	0.007	0.018	0.024	0.015	0.014	0.02
Fe 浓度/mg · L^{-1}	0.104	0.081	0.057	0.039	0.116	0.076
As 浓度/mg · L^{-1}	0.015	0.01	0.025	0.015	0.01	0.025
电导率/mS · m^{-1}	1451	2910	2980	2390	1750	2901
矿化度/mg · L^{-1}	518	2308	1080	1452	818	1174
总硬度/mg · L^{-1}	425	1413	868	933	490	866
总碱度/mg · L^{-1}	216	146	525	218	209	442
$KMnO_4$(以 O_2 计)/mg · L^{-1}	29.15	156.4	64.83	91.41	40.83	69.61

表 3-12 选矿废水中主要残余药剂浓度测定结果（平均值）[30]

编号	选矿废水样	乙硫氮浓度 /mg·L^{-1}	丁黄药浓度 /mg·L^{-1}	$CuSO_4$浓度 /mg·L^{-1}	H_2SO_4 (以50mg/L H_2SO_4计)/mL
1	铅精水	80.59	81.5		5.2
	铅尾水	879.64	813.18		11.8
2	混精水	323.41	52.04	323.41	2.6
	混尾水	358.31	1095.59	358.31	6.2
3	锌精水		66.01	471.58	6.6
	锌尾水		501.44	233.18	11.2
4	硫精水		85.27		0.6
	硫尾水		200.64		0.0
5	地沟污水	275.02	136.63	275.02	3.6
	总废水	256.95	108.69	256.95	4.9

表 3-13 某矿山选矿厂生产地下水供水水质指标分析结果[31]

成分	浓度 /mg·L^{-1}	成分	浓度 /mg·L^{-1}	成分	浓度 /mg·L^{-1}	性质	指标
Ca^{2+}	54.36	CO_3^{2-}	未检出	总碱度	4.86	色	<5°
Mg^{2+}	41.95	HCO_3^-	296.54	亚硝酸盐	<0.0028	臭味	无
Na^+	520	NO_3^-	0.104	氨氮	<0.05	肉眼可见物	砂状微小颗粒
Cl^-	456.95	SiO_2	86.09	Zn^{2+}	<0.1	pH 值	7.6
K^+	13.0	Cu^{2+}	<0.1	F^-	0.285		
Fe	0.34	Pb^{2+}	<0.1	Cr^{6+}	<0.01		
As^{3+}	0.012	悬浮物	26	Cd	<0.01		
SO_4^{2-}	0.54	溶解性总固体	2420	总硬度（德国）	17.27		

表 3-14 某矿山选矿厂生产采用海水供水水质指标分析结果[32]

成分	Na^+	Mg^{2+}	Ca^{2+}	K^+	Sr^{2+}	Cl^-	SO_4^{2-}	HCO_3^-
浓度/mg·L^{-1}	10506	1290	455	379	9.32	18836	2561	140
成分	Br^-	CO_3^{2-}	H_3BO_3	N_2	O_2	SiO_2	pH 值	电阻率/Ω·cm
浓度/mg·L^{-1}	168	20	20.8	11	6.4	8	7.95	20~27

从表 3-11 可以看出，浮选过程废水中各种离子的存在是难免的，尤其是所处理矿石本身所含矿物在磨矿及浮选过程中自身溶解或其氧化产物的溶解而产生

的各种离子更是不可避免的。这些离子的存在，会对浮选过程产生影响，如铁离子会抑制硫化矿物的浮选，铜离子会活化硫化矿物的浮选，水的硬度会严重影响脂肪酸类捕收剂的浮选指标，水中氧的含量由于有机物及低价离子的氧化而降低时，浮选指标会恶化。但上述的水中所含杂质的影响是否对浮选过程有害，仍需进行试验后确定，如表3-11和表3-12中，该矿为多金属矿，选别中存在有用矿物相互分离的过程，在药剂制度上则存在很大的差异，不同作业的回水混合后，会导致药剂的互混，恶化选别效果，因而必须对各选别回路回水分别处理。表3-13和表3-14中的地下水和海水，尽管水中所含杂质差别很大，但由于所浮选的矿石分别为黄铜矿和含金黄铁矿，矿物性质单一，比较容易浮选，因而对浮选指标并没有影响。

因此，浮选用水的水质如果差别较大，必须通过试验确定，以检验是否适宜于所选别的矿石，否则需进行预处理。

3.5 工艺设计

浮选工艺设计的依据是选矿的浮选试验报告（包括工艺矿物学研究报告）。对于不同的有用矿物，其浮选流程的主要区别在于选别段数、中矿循环及各选别段的精选、扫选作业次数以及中矿返回地点的不同。其中选别段数、中矿循环是区别浮选原则流程的重要特征，而精选、扫选次数和中矿返回地点则是浮选流程内部的组成结构。

3.5.1 试验报告

浮选试验报告中所列出的工艺流程和选别指标是工程设计中确定浮选流程的主要依据。但是，由于矿石性质和试验样品代表性以及试验规模等因素的影响，小型试验所得结果与工业生产必定存在一定差异，如停留时间、选别指标、作业次数、中矿返回地点等，这类因素需结合试验结果，依据工艺矿物学研究报告，根据类似矿山实际生产数据，综合分析后进行适当的调整。

3.5.1.1 停留时间

计算浮选矿浆在工业浮选回路中的停留时间时，在浮选机选型过程中一般在试验室小型实验的基础上考虑一个系数，该系数的大小因矿山和矿石类型而异。从表3-15的数据可以看到这一点[33]。同时，从图3-21可以看出，刮泡的连续

表3-15 浮选时间与 *F* 值

项 目	粗 选	扫 选	合 计
小型试验/min	4	8	12
半工业试验/min	—	—	最大16
实际操作/min	8.7	11.1	19.8
F	2.18	1.3	1.65

性越强，浮选结果则越好[34]。因此，实验室小型试验的结果不可能完全满足工业生产的要求。有人对浮选时间的 F 值（F 为小型试验与工业生产的浮选时间之比）进行了研究[33]，通过对 Cu、Pb、Zn、Sb、Mo 等有色金属的粗选以及混合浮选的时间比例测定值表明，F 值广泛分布在 0.9～2.62 之间，其中大部分在 1.75 以下，平均值为 1.54，见表 3-16。

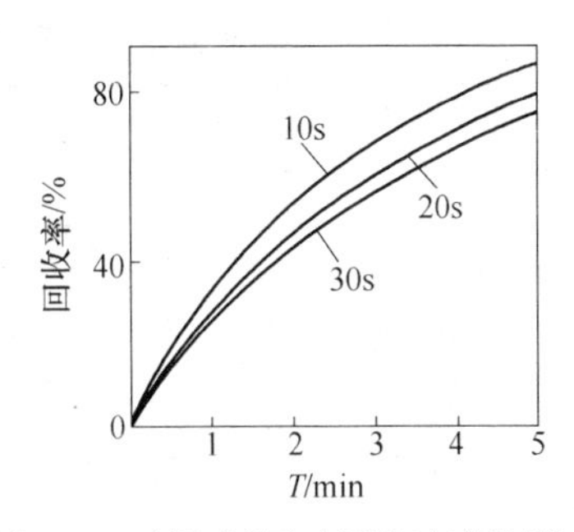

图 3-21　刮泡间隔对浮选速度的影响

表 3-16　各金属矿浮选作业的 F 值

序号	浮选作业	F	序号	浮选作业	F
1	Cu 粗选	1.1	6	Zn 粗选	1.82
2	Cu 粗选	2.07	7	Cu、Zn、Sb 混合粗选	1.2
3	Pb 粗选	1.2	8	Cu、Pb 混合粗选	1.1
4	Zn 粗选	1.75	9	Cu、Mo 混合粗选	1.65
5	Zn 粗选	0.9	10	Mo 粗选	2.62

从表 3-16 中看出，即使是相同的矿样，其 F 值也存在着很大差异。

另外，在日本实测了 5 例，其 F 值都接近于 1，见表 3-17。

表 3-17　日本各选厂浮选时间及 F 值

选厂名称	浮选作业	小型试验时间/min	实际操作时间/min	F 值	使用浮选机	槽数×系列
丰羽	Pb 粗选	12	14	1.2	48 号瓦曼浮选机	10×3
丰羽	Zn 粗选	9	8	0.9	48 号瓦曼浮选机	10×2
释迦内	Cu、Pb 混选	15	16	1.1	48 号阿基泰尔浮选机	12×2
日立	Cu、Zn、Sb 混选	6	7	1.2	66 号瓦曼浮选机	10×1
日立	Cu 粗选	8	9	1.1	48 号阿基泰尔浮选机	14×1

因此，把实验室的结果应用于流程设计时，要将浮选时间适当放大，而更精确的浮选时间，则应在生产之后根据浮选动力学的理论调整后得到。

表 3-18 为 Metso Minerals 所采用的各种不同的矿物（物料）浮选的试验室和工业应用停留时间及其二者之间的相互关系[35]。

表 3-18 不同矿物（物料）种类浮选的停留时间

矿物（物料）①	粗选浓度②/%	粗选停留时间③/min	试验室浮选时间/min	放大系数
铜	32~42	13~16	6~8	2.1
铅	25~35	6~8	3~5	2.0
钼	35~45	14~20	6~7	2.6
镍	28~32	10~14	6~7	1.8
钨	25~32	8~12	5~6	1.8
锌	25~32	8~12	5~6	1.8
重晶石	30~40	8~10	4~5	2.0
煤	4~8	3~5	2~3	1.6
长石	25~35	8~10	3~4	2.6
氟石	25~32	8~10	4~5	2.0
磷酸盐	30~35	4~6	2~3	2.0
碳酸钾	25~35	4~6	2~3	2.0
沙子（含杂易浮）	30~40	7~9	3~4	2.3
硅石（铁矿石）	40~50	8~10	3~5	2.6
硅石（磷酸盐）	30~35	4~6	2~3	2.0
污水	实际浓度	7~12	4~5	2.0
油类	实际浓度	4~6	2~3	2.0

①矿物（物料）必须是可浮选的；

②精选作业的固体浓度为粗选的60%；

③精选作业的停留时间约为粗选作业的65%。

3.5.1.2 浮选指标

浮选指标的确定需要根据试验报告的结果，结合有用矿物的嵌布粒度、共生关系和单体解理度以及是否需要再磨等因素进行，一般为等于或略低于试验室的试验指标，且同类型的矿石因矿床的不同而不同。

如在国外某铜金矿浮选指标的确定中[36]，根据三家单位试验的指标（见表3-19~表3-21），结合工艺矿物学研究的结果，确定了选别的设计指标（见表3-22），并对三个试验报告中差别较大的硫的选别指标进行了重新确认。在粗选作业中，国外所做结果中硫精矿中硫的含量在小型试验中为38.9%~49.6%，在半工业试验中为50.7%~52.17%，硫的回收率为42.8%~51.76%。但在国内所做试验中，硫精矿中硫的品位为44.01%，回收率仅为24%左右，同国外所做试验结果差异较大，为了确认两者差异是否存在，又进一步对硫浮选的尾矿进行了焙烧后X射线衍射能谱检查和物相分析，能谱检查焙砂中硫化物中的硫能谱波峰为零，焙砂的物相分析结果也表明，硫化铁中铁为微量，说明尾矿中的硫基本上为石膏中的硫，而非硫化矿中的硫。因此，硫化物中硫的理想回收率应为30%左右，品位为40%左右。投产后的考核和生产指标达到和超过了设计指标（见表3-23）。

表3-19 国外流程试验结果（综合指标）

流 程	产率/%	原矿品位/%			精矿品位/%			回收率/%			备 注
		Cu	Mo	Au/g·t^{-1}	Cu	Mo	Au/g·t^{-1}	Cu	Mo	Au	
Seltrust	1.82	0.43	0.004	0.59	21.6	0.212	21.257	90.9	80.1	65.57	JM-27
MSRD	1.53	0.41	0.004	0.59	24.4	0.213	21.943	89.8	78.2	56.9	JM-28
MSRD	1.32	0.4	0.004	0.59	26.6	0.27	21.67	84.9	74	48.48	JM-30
MSRD	1.43	0.43	0.004	0.59	24.9	0.25	19.68	88.8	86.5	47.7	JM-31
MSRD（蓝）	1.41	0.39	0.0038	0.434	24.8	0.22	17.562	89.6	79.52	61.7	半工业试验
MSRD（黄）	1.45	0.4	0.0055	0.515	25.1	0.32	16.876	91.07	85.45	62.58	半工业试验

表3-20 国外流程试验结果（各作业指标）

流 程	混合粗选精矿		Cu-Mo粗选精矿		Cu-Mo一精精矿		Cu-Mo二精精矿		精选段	备 注
	β/%	ε/%	β/%	ε/%	β/%	ε/%	β/%	ε/%	ε/%	
Seltrust	5.5	94.8	17.9	91.7	21.6	90.9			95.89	JM-27
MSRD	5.7	94.2	17.2	92.4	22	91	24.4	89.8	95.33	JM-28
MSRD	5.4	94.2	21.4	89	24.5	86.9	26.6	84.9	90.13	JM-30
MSRD	5.3	94.8	19	90.8	22.7	90	24.9	88.8	93.67	JM-31
MSRD（蓝）	7.6~10.6	87.13~93.9	—	—	—	—	24.8	89.6	约96.34	半工业试验
MSRD（黄）	6.75~8.6	94.52~95.72	—	—	—	—	25.1	91.07	约95.36	半工业试验

注：β为精矿品位；ε为选矿回收率。

表3-21 国内试验综合指标

产品	产率/%	品位/%				回收率/%			
		Cu	S	Au/g·t^{-1}	Ag/g·t^{-1}	Cu	S	Au	Ag
铜精矿	1.63	23.17	32.25	19.79	36.75	91.19	21.49	62.88	32.73
硫精矿	1.4	0.335	44.01	2.88	4.252	1.13	24.71	7.86	4.52
原 矿	100	0.414	2.49	0.513	1.83	100	100	100	100

表 3-22 选矿厂设计指标

产品	产率/%	品位/%				回收率/%			
		Cu	S	Fe	Au/g·t^{-1}	Cu	S	Fe	Au
铜精矿	1.67	22	—	—	17.97	89	—	—	61
硫精矿	1.88	—	40	—	—	—	30	—	—
铁精矿	1.47	—	—	60	—	—	—	20	—
原 矿	100	0.414	2.5	4.4	0.492	100	100	100	100

表 3-23 选矿厂实际达到指标

产品	产率/%	品位/%				回收率/%			
		Cu	S	Fe	Au/g·t^{-1}	Cu	S	Fe	Au
铜精矿	1.49	24.39	—	—	>18	89.61	—	—	>61
硫精矿	0.78	—	40.41	—	—	—	31.52	—	—
铁精矿	1.29	—	—	61.14	—	—	—	21.96	—
原 矿	100	0.407	1.00	3.66	<0.492	100	100	100	100

3.5.1.3 流程结构

流程结构是选矿指标得以实现的关键。在试验流程的基础上，要结合工业生产的可操作性，对浮选的流程结构进行分析。对于试验室操作是合理的，但在工业上实现有难度、或不经济、或不合理的操作单元，或是工业上可以比试验室条件下更好地实现的，通过分析后应去掉或合并优化。如浮选试验过程中的脱水，工业生产上则需根据实际情况慎重取舍；试验中粗扫选作业和精选作业的次数工业上会根据实际配置适当取舍。此外，根据矿物的嵌布粒度、有用矿物可浮性的快慢、不同矿物共生关系的密切程度，试验流程中没有设置的作业如闪速浮选（见 3.2 节）、单槽浮选、重选、中矿的返回位置和再磨作业等，在工业生产流程中应予以考虑。

单槽浮选是指在浮选流程中对浮游速度快的有用矿物采用粗选作业第一个浮选槽（或两个浮选槽）直接产出粗精矿或最终精矿的工艺，符合“早收快收”的原则，减少了浮选回路的循环量，缩短了总体的停留时间，也降低了生产成本。

重选则是指在浮选前的磨矿回路中加入重选作业如采用 Knelson 选矿机等，其目的主要是回收原矿中所含的贵金属元素如金、铂族金属等，这类金属嵌布粒度细、密度大，易在磨矿回路中累积，且极易在浮选过程中损失于尾矿中，因而提前分离回收可提高其回收率，又可减小浮选回路的停留时间。

中矿的返回位置则是依据试验流程在工业上调整后的流程结构进行重新定位。中矿返回的目的一是为了使单体解离或大部分解离的有用矿物有充分的时间被回收到最终产品中；二是使没有解离或仍处于连生状态的有用矿物能够解离。如赞比亚的穆富里拉选矿厂在对原有浮选流程（见图 3-22（a））进行考察后发现[37]，流程中过量的铜随中矿循环，有时甚至达到新给矿铜含量的 500%，矿物分析结果证明，在循环产品中有 87%的铜矿物以单体存在。在精选后及再磨后增加浮选作业（见图 3-22（b）），使循环中矿中铜金属含量由 500%降至 50%，并使铜精矿质量提高，回收率提高约 1%。后来，通过进一步试验表明，在保证满意的回收率情况下，浮选时间需达 30min 以上，而粗选作业所需浮选时间仅为 12~14min。因此，决定将粗选闭路改为开路，并适当延长再磨后产品的浮选时间。改造后三个月的生产实践表明，铜的回收率超过以往的最高纪录，平均都超过 1%。开路流程如图 3-22（c）所示。

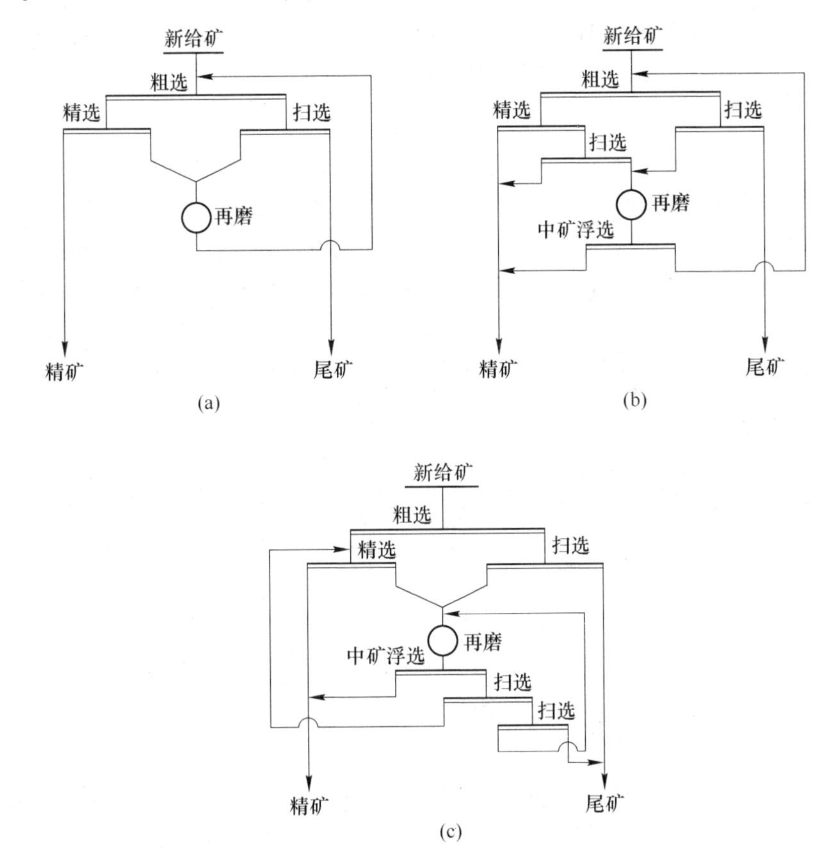

图 3-22 穆富里拉浮选工艺流程

（a）原有流程；（b）改造后的闭路流程；（c）改造后的开路流程

因此，中矿返回位置合适与否，对浮选指标有着很大的影响。

是否需要再磨以对精矿或中矿中的连生体进一步的解离，则需要根据产品的质量要求和技术可行性及经济比较分析后进行。

3.5.2 回路的配置

3.5.2.1 系列配置

浮选回路的配置要根据所处理矿石的性质、生产规模、浮选系列的数量来确定。同等条件下，流程结构越简单越好，浮选系列越少越好，如单系列能满足是最好的；当所处理的矿石性质变化大，需要分别处理时，则要考虑分系列处理的技术经济指标；对于多金属矿，则要考虑不同开采时间内对所开采矿石处理流程上的灵活性。

对于有用矿物单一（如铜矿石）浮选产品或有用矿物共生（如铜铅锌矿石）的多产品矿石，在考虑当时使用的浮选设备规格可以满足时，则以单系列配置为首选方案。利用规模效应，可以节省投资，降低运行成本，也有利于选矿自动化的实现。

由于矿石性质不同需要分别浮选时，则应根据所需分别处理的矿石量或年限来确定是否需要分系列进行浮选。同一种目的元素（如铜）的原生矿和氧化矿，由于矿石性质不同，若氧化矿石量较小，可采用混矿浮选，或采用其他选别方式（如浸出）进行处理。如氧化矿石量较大，则可做经济比较后确定单独系列浮选。若是由于同一矿床中矿石不同需要分别浮选时，则要考虑分系列浮选。在同一矿床中存在不同的矿石且不能同时开采时，则应采用按最长的流程配置、灵活使用的方式进行。如我国浙江省的原闲林埠钼铁矿[38]为钼、铜、铁、硫共生多金属矿床，矿体赋存于花岗岩与灰岩的接触带，属高中温热液接触交代硅卡岩型含钼、铜、磁铁矿矿床。矿体围岩上盘为花岗岩，下盘为灰岩，矿体周围被硅卡岩包围。矿体分为四部分，即钼铁矿体、铜铁矿体、磁铁矿矿体和含钨磁铁矿矿体。整个矿体是以贫磁铁矿为主的多金属矿。矿体中主要金属矿物有磁铁矿、磁黄铁矿、黄铁矿、黄铜矿、辉钼矿。局部有白钨矿，微量的闪锌矿、方铅矿和辉银矿。脉石矿物以石榴子石、透辉石为主，其次有绿帘石、黑云母、绿泥石、阳起石、方解石和石英等。矿石的结构构造复杂，矿物间的嵌布比较致密，尤以金属矿物与脉石的关系更为密切。矿体以贫磁铁矿为主，兼有不同的其他矿物而分作四个矿体：钼矿、钼-铁矿、铜-铁矿和含钨铁矿。为此，选矿厂的选别流程配置充分考虑了不同矿石的选别要求，整个流程按生产铜、钼、铁、硫四个产品配置，处理不同类型矿石时可分别调整流程作业，使之满足不同的选别作业要求。

3.5.2.2 浮选机数量配置

浮选机中，泡沫的生成到排出大致可分为四个区域，即气泡生成区、气泡高速上升区、泡沫稳定区、泡沫兼并区。

矿浆经加药并充分混合调整后进入浮选机底部，在浮选机叶轮的强力搅拌下进入紊流状态，此时矿物颗粒与充入（或吸入）的弥散气泡发生碰撞—附着。根据矿物浮选过程竞争模型[9,11]，此过程是一可逆过程，由于有用矿物颗粒粒度、颗粒表面的药剂吸附量、颗粒在外力场作用下获得的能量、弥散气泡的大小、气泡的稳定性及均匀性、上升过程中气泡的兼并等诸多因素的影响，使得有用矿物颗粒在气泡上附着后有可能脱落，然后再次发生碰撞-附着，反复多次，直至成为泡沫产品浮出。在此过程中，不同高度的四个区域的作用是不同的，以铜矿石的浮选为例（见图 3-23）[9]，气泡生成区基本上是矿浆液面以下区域；在气泡高速上升区，铜品位随泡沫厚度变化最大；在泡沫稳定区，铜精矿品位继续上升，但增加缓慢。在泡沫兼并区的结果表明，在溢流堰下几厘米处，铜精矿品位不变。

在方形浮选机及先前的搅拌方式状态下，由于结构特点的影响，在浮选机中存在着“死区”及“短路”现象。部分矿浆没有进入紊流循环，而呈稳定悬浮状态，因此没有机会与气泡充分接触，在浮选机中的有效停留时间减少。另有部分矿浆由于搅拌方式不合理，进入浮选机后没有经过充分混合即流出，进入下一浮选机而形成“短路”。因此，在当时的条件下，为了避免“短路”现象影响回收率，在浮选回路的配置上，普遍认为，连续作业单排配置不得少于一定的槽数。实际应用上一般不少于 12 个槽。

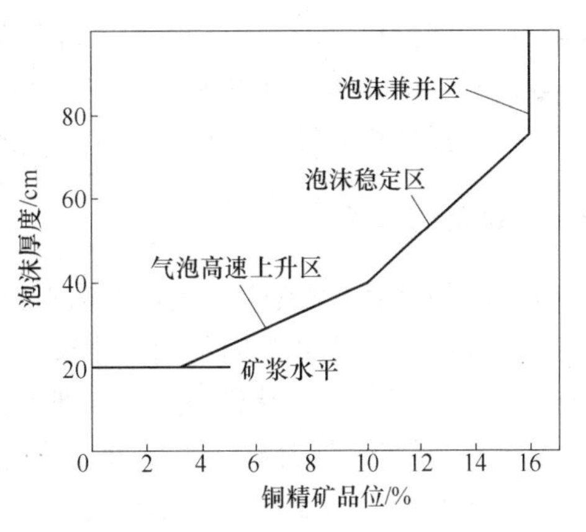

图 3-23 铜精矿品位和粗选泡沫层厚度的关系

后于 20 世纪 90 年代出现的短柱型浮选机，其槽体断面为圆形结构，矿浆的给入及排出口均在槽子的最底部，因而，矿物颗粒与气泡相互作用最活跃的区域处于槽子的下部，由于槽子深，槽子上部的扰动较小，避免了强烈扰动引起的较粗颗粒从气泡表面上脱落及大量气泡的破碎，同时，由于短柱型浮选机一般情况下槽子体积大，矿浆停留时间长，矿浆深度大，特别是浮选机内部结构及搅拌装置原理上的变化，使得内部整个浮选系统中矿浆流的冲力影响几乎可以忽略，基本上不存在以前小型常规浮选机所发生的“短路”问题。国外的生产实践已经证明了这一点[39,40]。在智利 EI Teninte 铜矿的一个粗选作业中，采用了 4 台 $130m^3$ 的 Wemco 浮选机，配置为给矿箱-浮选机（2 台）-中间箱-浮选机（2 台）-排矿箱，停留时间为 20min，粗选回收率为 92%，同原有浮选机相比，回收率没有损失。在另一铜矿应用实例中，采用两台 $70m^3$ 的 OK 短柱型浮选机与一排共 20 台常规浮选机所得到的回收率相同，两个回路的停留时间相同。

3.5.2.3 浮选回路配置对矿物浮选特性的影响

在选矿厂浮选回路配置中，采用以前的常规方形浮选机，根据工艺流程的不同、规模的大小，一般考虑粗扫选作业的配置槽数不少于 12 槽。这种多槽数的串联配置，是为了避免“短路”现象的发生，但同时也增加了一些氧化速度快的矿物（如部分黄铁矿、磁黄铁矿等）在被氧化后从尾矿中损失的可能性；回路中有用矿物颗粒，在流动中每通过一个槽子，其再次与气泡碰撞-附着的概率就减少一定的值，即回路中具有同等可浮性的矿物颗粒，由于竞争吸附的原因及矿浆横向流动过快，其浮出到精矿中的概率是不同的。采用短柱型浮选机，单槽配置不存在“短路”问题，相对于多槽配置，其横向流速小，具有同等可浮性的矿物颗粒浮出概率差异小，有利于有用矿物的浮出[41]。

因此对性能先进的短柱型浮选机，对同一浮选作业，停留时间相同的情况下，较少的浮选槽数配置有利于改善矿物的浮选特性。

3.5.3 设备的选择

浮选设备目前主要是两大类：浮选机和浮选柱。由于工作原理的不同，浮选机和浮选柱所适应的选别范围不同：浮选机适用于粗粒级选别，一般范围为0.04~0.2mm；浮选柱适用于细粒级选别，一般范围为 0.01~0.04mm 或更细粒级。

浮选柱与浮选机的构造、原理和几何参数不同，其选别效果也不一样。以某铜矿粗选作业为例，浮选柱粗精矿与浮选机粗精矿在粒度组成上有着显著的差异[42]，见表 3-24。

从表 3-24 可知，在 0.175~0.074mm（80~200 目）的粒级范围内，机械搅拌式浮选机的回收率明显高于浮选柱，且粒级增大，差值也增大（尤其是大于 0.121mm（120 目））。而在小于 0.04mm 的粒级范围内，浮选柱的粒级回收率超过了浮选机。国外试验的结果也证实了这一点[43]，见表 3-25 与表 3-26。

表 3-24 浮选柱与浮选机粗精矿粒级回收率（Cu） （%）

粒级	>0.175mm（80 目）	>0.121mm（120 目）	>0.096mm（160 目）	>0.074mm	>0.06mm	>0.05mm	>0.04mm	>0.03mm	>0.02mm	>0.01mm	<0.01mm	合计
浮选机	27.35	65.51	82.13	88.23	95.51	94.43	95.32	94.36	96.11	94.58	82.56	85.59
浮选柱	10.99	29.04	62.17	80.75	94.53	93.68	94.19	95.84	96.11	96.36	85.78	86.8

表 3-25 浮选柱与浮选机粒级回收率比较（Cu） （%）

粒 级	>0.295mm（48 目）	>0.208mm（65 目）	>0.147mm（100 目）	>0.104mm（150 目）	>0.074mm（200 目）	>0.045mm（270 目）
浮选机	61	81.7	91.3	95.5	97.9	97.6
浮选柱	71	79.3	90.1	93.3	95.4	94.1

表 3-26 浮选柱与浮选机产品分析（Cu）

粒级	给矿				精矿				尾矿			
	浮选柱		浮选机		浮选柱		浮选机		浮选柱		浮选机	
	产率/%	品位/%	产率/%	品位/%	产率/%	品位/%	产率/%	品位/%	产率/%	品位/%	产率/%	品位/%
>0. 295mm(48 目)	2. 5	0. 51	4. 4	0. 75	—	—	—	—	0. 6	0. 48	0. 6	0. 46
>0. 208mm(65 目)	4. 0	0. 76	4. 0	0. 8	—	—	—	—	1. 4	0. 64	1. 4	0. 44
>0. 147mm(100 目)	7. 5	1. 22	6. 2	1. 17	0. 5	25. 6	1. 2	28. 9	4. 1	0. 49	5. 4	0. 35
>0. 104mm(150 目)	8. 9	1. 57	7. 5	1. 35	2. 9	29. 1	5. 0	29. 3	6. 6	0. 30	7. 5	0. 29
>0. 074mm(200 目)	10. 0	1. 64	8. 2	1. 71	6. 9	29	9. 0	25. 2	8. 8	0. 15	9. 6	0. 18
>0. 045mm(270 目)	6. 5	1. 86	5. 5	1. 67	6. 2	29. 3	7. 0	21. 8	5. 9	0. 09	6. 2	0. 12
>0. 038mm(400 目)	11. 0	2. 24	9. 0	1. 98	10. 4	28. 2	13. 0	19. 7	11. 1	0. 05	11. 0	0. 10
<0. 038mm(400 目)	49. 6	2. 62	55. 2	2. 29	73. 1	26. 2	64. 2	22. 0	61. 5	0. 06	58. 0	0. 15
合计	100. 0	2. 11	100. 0	1. 91	100. 0	26. 9	100. 0	22. 4	100. 0	0. 12	100. 0	0. 17
化验结果		1. 87		1. 87		26. 9		22. 1		0. 16		0. 18

从表 3-26 中也可以看出，大于 0. 147mm（100 目）粒级在尾矿中的铜含量比较，浮选机明显低于浮选柱，而在小于 0. 104mm（150 目）范围内，则浮选机明显高于浮选柱。这就表明：在矿石性质相同的情况下，在较粗粒级范围内，浮选机的选别效率高于浮选柱；在细粒级范围内，浮选柱的选别效率高于浮选机。

浮选柱对细粒级矿物回收率高的原因在于：浮选柱本身结构及细粒级矿物的浮游特性。

矿物颗粒的浮选行为有两种主要过程：浮选回收和夹带回收。浮选回收具有选择性，夹带回收没有选择性。浮选中粗粒级矿物主要靠浮选回收，微细粒级矿物主要靠夹带回收[44]。

从浮选动力学的角度认为：有用矿物的浮游是由于与脉石矿物在气泡黏附上发生竞争的结果。在浮选机中，强烈的机械搅拌作用，使得有用矿物粒子获得了碰撞—附着所需的动能，使矿物粒子不断与气泡碰撞、附着，同时又不断从气泡上脱落。这种碰撞—附着—脱落的周期很短，因而有用矿物在浮选过程中竞争的附着几率大大高于脉石矿物，且有用矿物粒子在气泡上的附着力强，停留时间也长。竞争的结果是有用矿物附着气泡，最终作为精矿浮出。而在浮选柱中，没有剧烈的搅拌作用，有用矿物粒子所受到的力只有重力和流体力，没有机械力的作用，有用矿物颗粒特别是粗颗粒无法获得足够的能量来与气泡进行有效的碰撞，竞争效果的影响极弱，与浮选机相比，颗粒碰撞—附着—脱落的周期很长，在整个浮选过程中，有用矿物粒子竞争附着的几率大大减少，因此部分粗粒级矿物由于竞争附着机会少而损失于尾矿中。

微细粒级矿物主要靠夹带回收，在浮选机中，由于搅拌作用，细粒级的碰撞、附着能量小，且机械夹带的机会很少；在浮选柱中，没有搅拌作用，矿粒所受到的使其能够进入尾矿中的力主要是重力，浮选过程比较平稳，夹带的细粒很容易上升到泡沫相精选区。浮选柱的操作特点之一就是对泡沫相精选区喷加冲洗水，使得浮选过程保持正向偏差，即浮选柱的尾矿排出流量大于给矿流量，以产生逆向流动。这样，夹带而进入精选区的细粒受冲洗水逆向流的影响，接触角小的脉石矿物由于在气泡上附着力小，在冲洗水的冲力和重力作用下，脱离气泡，离开泡沫相而进入矿浆中，有用矿物细粒则仍旧附着于气泡上被回收。即使有用矿物颗粒同时脱落，但与浮选机相比，仍有100%的浮选概率使其可能重新附着于气泡上回到泡沫相。而在浮选机中，由于作业的浮选机槽数多，在同样的情况下，有用矿物颗粒再次附着于气泡的几率总是小于100%的。

浮选柱浮选的另一个重要因素是液位。液位通常利用改变冲洗水量即控制尾矿流量来维持。降低矿浆液位，就增加了泡沫相厚度，减少了在回收区的停留时间，结果品位增加，但回收率降低。反之亦然。研究表明，浮选柱浮选中泡沫层厚度至少大于1m[45,46]，如果小于500mm，就根本没有选择性[45]。浮选柱浮选过程中泡沫层厚度与品位的关系曲线如图3-24所示。

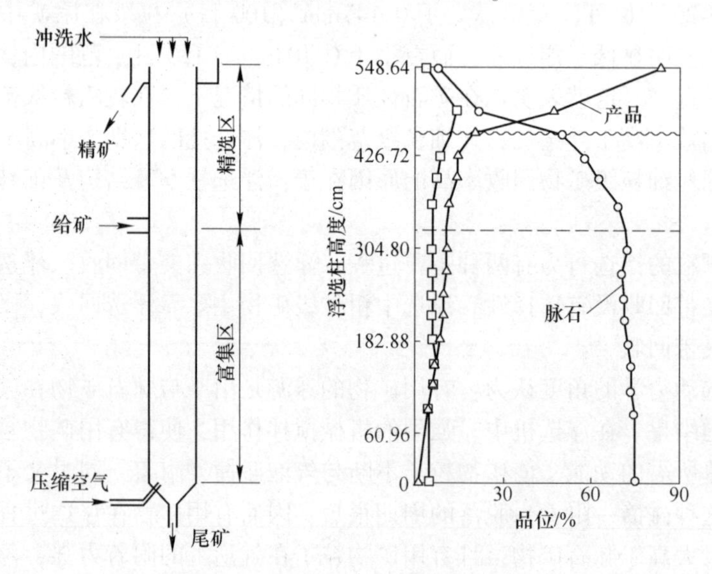

图3-24　浮选柱浮选过程品位分布

因此，浮选设备类型选择的一般原则是粗选、扫选设备采用浮选机，精选设备采用浮选柱。

参考文献

[1] 朱家骥，朱俊士，张闿，等．中国铁矿选矿技术［M］．北京：冶金工业出版社，1994：342~357.

[2] Fairweather M J. The Sullivan concentrator-the last（and best）30 years［J］. Minerals Engineering，2006（19）：852~859.

[3] Metso Minerals. 自磨-半自磨技术生产应用［R］. 2004.

[4] Lähteenmäki S. Pyhäsalmi Concentrator［J］. Mining Magazine，1989（7）：40~47.

[5] 伏雪峰，周文峰．硫等可浮流程在硫铁矿综合回收中的应用［J］．有色矿山，1994（5）：35~39.

[6] Newcombe B，Wightman E，Bradshaw D. The role of a flash flotation circuit in an industrial refractory gold concentrator［J］. Minerals Engineering，2013（53）：57~73.

[7] 李怀先，等．铜钼矿石的选矿［J］．有色矿山. 1977（4）：1~18.

[8] 黄开国．分支浮选的进展及应用［J］．有色金属（选矿部分），1991（2）：22.

[9] 陈子鸣．浮选动力学研究之三［J］．有色金属（选矿部分），1978（12）：17~23.

[10] Crozier D，李怀权．起泡剂在硫化矿浮选中的作用［J］．国外金属矿选矿，1981（9）：1~9.

[11] 杨松荣．分支浮选的浮选动力学浅析［J］．有色矿山，1989（5）：40~43.

[12] Lynch A J，等．浮选回路的模拟和控制［M］．北京：中国建筑工业出版社，1986：35~39.

[13] 杨松荣．东鞍山铁矿石分支浮选的研究［D］．沈阳：东北工学院，1982.

[14] 北京矿冶研究总院．河南省唐河县周庵铜镍矿可选性研究报告［R］．北京：北京矿冶研究总院，2005.

[15] Johnson N W，Munro P D. Overview of flotation technology and plant practice for complex sulphide ores［C］//Mular A L，Halbe D N，Barratt D J. Mineral Processing Plant Design，Pratice，and Control Proceedings. Littleton：SME. 2002：1097~1123.

[16] 秦善．结构矿物学［M］．北京：北京大学出版社，2011：6~8.

[17] Wrobel S A. Economic flotation of minerals［J］. Min. Mag.，1970，22（4）：281.

[18]《选矿学》编写组．选矿学（下册）［M］．沈阳：东北工学院选矿教研室，1980：196~201.

[19] Zhang Jinhong，Zhang Wei. Applying an atomic force microscopy in the study of mineral flotation［M］//Mendez-Vilas A，Diaz J. Microscopy：Science，Technology，Applications and Education. Formatex：2010：2028~2034.

[20]《选矿手册》编辑委员会．选矿手册［M］．北京：冶金工业出版社，1991（1）：161~163.

[21] 王淀佐．硫化矿浮选与矿浆电位［M］．北京：高等教育出版社，2008：3~7.

[22] 孙兴家．辉钼矿的工艺矿物性质［J］．有色金属（选矿部分），1982（5）：54~58.

[23] 朱建光．浮选药剂［M］．北京：冶金工业出版社，1993：6.

[24]《选矿手册》编辑委员会．选矿手册［M］．北京：冶金工业出版社，1989（8-1）：315~319.

[25] Yang Songtao, Pelton R, Raegen A, et al. Nanoparticle flotation collectors: Mechanisms Behind a new technology [J]. Langmuir, 2011, 27 (17): 10438~10446.

[26] 许时，等. 矿石可选性研究 [M]. 北京：冶金工业出版社，1981：247~256.

[27] 杨松荣. 论浮选流程的设计 [J]. 有色矿山，1990 (6)：42~45.

[28] Boris A, Dee J B, Anh V N. The relationships between the bubble-particle attachment time, collector dosage and the mineralogy of a copper sulfide ore [J]. Minerals Engineering 2012 (36~38): 309~313.

[29] Sutherland K L, Wark I W. Principles of Flotation [M]. Melbourne: Australian Inst. Min. Metal, 1955.

[30] 戴晶平. 凡口选矿回水中铅锌硫化矿浮选基础研究及工业实践 [D]. 长沙：中南大学，2005.

[31] 北京有色冶金设计研究总院. 巴基斯坦山达克铜金工程选矿补充试验报告 [R]. 北京：北京有色冶金设计研究总院，1990.

[32] 谢敏雄. 海水选矿在三山岛金矿的应用研究 [J]. 中国有色工程，2012 (1)：29~32.

[33] 饭岛一. 关于浮选时间放大比例系数的研究 [J]. 国外金属矿选矿，1990 (5)：19~22.

[34] 毛钜凡，等. 马尔可夫链随机浮选模型及应用 [J]. 有色金属（选矿部分），1989 (5)：25~28.

[35] Nelson M G, Traczyk F P, Lelinski D, et al. Design of mechanical flotation machines [C] // Mular A L, Halbe D N, Barratt D J. Mineral Processing Plant Design, Pratice, and Control Proceedings. Littleton: SME. 2002: 1179~1203.

[36] 杨松荣，邓朝安，刘文拯. 巴基斯坦山达克铜金选矿厂工艺流程的确定与实践 [J]. 国外金属矿选矿，1999 (12)：32~35.

[37] 杨松荣，吴振祥. 斑岩铜矿混合浮选流程结构的探讨 [J]. 有色金属（选矿部分），1991 (3)：2~6.

[38] 杨松荣. 闲林埠钼铁矿现场考察资料 [R]. 1982.

[39] Frank. Wemco Smart cell Flotation Machines [R]. 技术交流资料. 2001.

[40] Clifford D. Flotation advances [J]. Mining Magazine, 1998 (11): 235 ~ 244.

[41] 杨松荣，夏菊芳，邓朝安. 浮选回路配置的浮选动力学探讨 [J]. 有色矿山，2001，30 (4)：26~28.

[42] 德兴铜矿试验室. 德兴铜矿选矿流程考查报告 [R]. 德兴：德兴铜矿，1982.

[43] Wheeler D A. Column flotation: The original column [C] //Froth Flotation. Proc. 2nd Latin American Congress on Froth Flotation, Concepcion, Chile, 1985: 17~ 41.

[44] 金炳海，周以瑛，谢纪元等. 一九八二年度选矿年评 [J]. 有色矿山，1983 (2)：41~67.

[45] Yianatos J B, Finch J, Laplante A. Selectivity in column flotation froth [J]. International Joural of Mineral Processing, 1988, 23 (3~4): 279~292.

[46] Yianatos J B, Finch J A, Laplante A R. The cleaning action in column flotation froths [J]. Trans. Inst. Min. Metall. (Section C), 1987 (96): 199~205.

4 浮选设备

4.1 浮选机

浮选机是浮选中采用得最普遍的选别设备。一般情况下，根据浮选机内充气方式的不同又分为机械搅拌外充气式浮选机和机械搅拌自吸气式浮选机；根据适用矿物密度的不同又分为常规浮选机和高能浮选机。

4.1.1 机械搅拌外充气式浮选机

机械搅拌外充气式浮选机是目前国内外应用最广泛，也是应用最多的浮选机型。该类浮选机的转子位于浮选机槽体的底部，其基本形式和原理如图 4-1 所示。

由于知识产权保护的原因，不同类型浮选机的内部结构不尽相同，特别是搅拌机构各有自己的特点。目前，小规格的浮选机断面形状有方形、多边形和圆形，大规格的（如大于 $100m^3$）的则均为圆形。

世界上已经生产的大型机械搅拌外充气式浮选机主要有 Outotec TankCell 系列的 $100\sim500m^3$浮选机（见图 4-2），北京矿冶研究总院的 KYF 系列 $100\sim320m^3$浮选机（见图 4-3），FLSmidth 的 DR 系列的 $100\sim350m^3$浮选机。Tank Cell $500m^3$的浮选机是目前世界上已经制造应用的最大的机械搅拌外充气式浮选机，于 2012 年在 First Quantum Minerals 公司位于芬兰的 Kevitsa 镍铜（铂族金属）选矿厂投入运行。

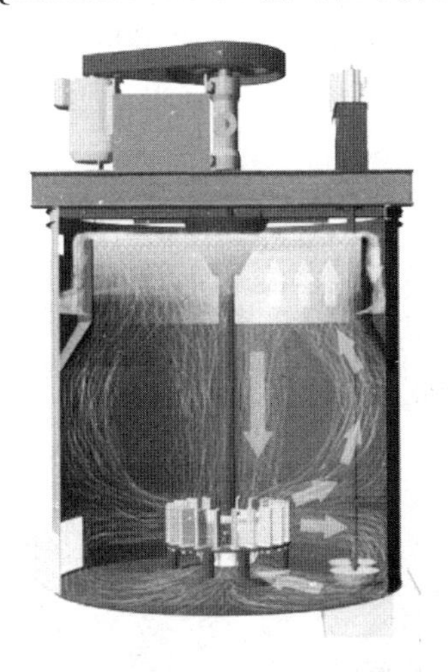

图 4-1 机械搅拌充气式浮选机的原理

图 4-2 TC500 浮选机

目前世界上正在开发的机械搅拌外充气式浮选机是 Outotec 的 TankCell 系列 e630 型浮选机[1]，其有效容积为 630m^3，几何容积约 700m^3，装机功率为 500kW，变频驱动，直径为 11m，高度约为 7m。

图 4-3　中铝秘鲁 Toromocho 铜矿采用的 KYF-320 浮选机

4.1.2　机械搅拌自吸气式浮选机

机械搅拌自吸气式浮选机主要有两种类型：一种是 XJ 型浮选机（即 A 型浮选机）及其改进型，该类浮选机的搅拌机构位于浮选机槽体内的下部，空气通过搅拌机构运行所产生的负压自外部吸入后经转子粉碎与矿浆混合后排出，该类浮选机目前只有小型规格；另一种则是其转子位于浮选机槽体内下部偏上的位置，该类浮选机最为典型的是 FLSmidth 的 Wemco 浮选机，其原理如图 4-4 所示。Wemco 系列的大型浮选机规格有 100～600（660）m^{3}的浮选机，其 600m^{3}的浮选机也是目前世界上已经制造应用的最大规格的浮选机，第一台 600m^{3}浮选机于 2013 年 8 月在 KGHM 公司位于内华达州的 Robinson 铜矿投入应用，用于铜浮选回路的粗扫选作业（见图 4-5）。

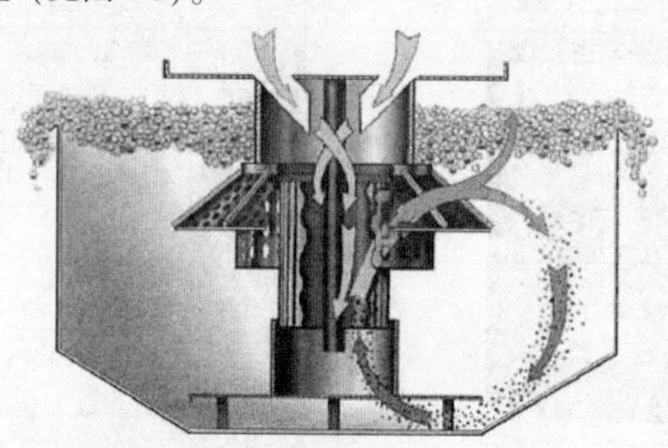

图 4-4　Wecmo 浮选机的工作原理

图 4-5 Robinson 铜矿待安装的 SuperCell™600m^{3}浮选机

4.1.3 常规浮选机与高能浮选机

常规浮选机是与高能浮选机相比，采用低功率强度驱动的浮选机，目前使用的浮选机绝大部分属于常规浮选机的范围，这与所浮选的矿物密度和选别浓度有关，其安装的功率强度一般为 1~2.0kW/m^3，所消耗的功率强度一般为 0.6~1.0kW/m^3。对于一般的金属矿山，其矿石密度为 2.6~3.0g/cm^3 左右，则浮选过程采用低功率强度驱动的浮选机（即常规浮选机）即可。

高能浮选机是为了选别密度大的矿石和矿物而提出的一种概念。高能浮选机最早出现于南非 BC 成矿带上含铬铁矿的铂矿石选别中，由于该类矿石的密度一般为 3.8~4.0g/cm^3，采用常规浮选机选别沉槽严重，选别效果不好，浮选机制造商把原有的浮选机叶轮改进，直径加大，功率强度增大，从而解决了高密度矿石浮选的问题，为了有别于一般条件下所用的浮选机，将其称为高能浮选机。高能浮选机的安装功率强度一般为 5.0~6.0kW/m^3。如南非 Impala 公司处理其 UG2 尾矿的浮选厂采用的三种规格的高能浮选机分别为 30m^3（粗选）、20m^3（精选）、10m^3（再精选），其每台的安装功率分别为 185kW、110kW、55kW[2]，其 20m^{3}浮选机通常条件下的叶轮直径为 500mm，改为高能型浮选机后，其叶轮的直径增大到 600mm。

4.1.4 浮选机选择的主要参数

浮选机的基本作用是要保证矿浆和空气的很好接触，矿浆中固体颗粒处于良好的悬浮状态，很好的混合避免出现滞留区或短路，适于泡沫分离的静止区，适于泡沫排出，足够的停留时间以保证有用矿物的理想回收率。因此，浮选机的选择要考虑有效容积、安装功率、所需充气量、所产生的气泡的大小、气泡的分散均匀程度、气体保有量等因素。

有效容积是保证浮选所需停留时间的关键，选择计算时，要在几何容积的基础上，考虑空气保有量、泡沫层厚度和分离静止区所占用的体积。一般情况下，若浮选机的几何容积为 1，粗扫选作业要考虑 0.8~0.85（有色金属矿石）和 0.65~0.75（铁矿石）的利用系数，精选作业则利用系数更小，如铜精选作业的利用系数需考虑 0.5~0.6。

安装功率则要根据所处理矿物的性质（如密度、嵌布粒度）考虑合适的功率强度，如密度大、嵌布粒度粗，则需要相应地增大功率强度；如密度小、嵌布粒度细，则相应地减小功率强度。但由于浮选的过程是一个有用矿物与脉石矿物在气泡上竞争吸附的过程，合适的功率强度会保证有用矿物在各种力的作用下附着在气泡上被回收，脉石矿物则难以在气泡上附着。而过高的功率强度，会使机械搅拌力过大，成为气泡与矿物颗粒接触附着中的主导作用力，导致有用矿物颗粒从气泡上脱附。图 4-6 所示为搅拌力对玻璃球和石英颗粒浮选回收率的影响程度[3]，从图中可以看出，在合适的搅拌强度范围内，二者的回收率随着搅拌强度的增加而逐渐增高，但当雷诺数（见附录 D）超过 8000 时，二者的回收率几乎垂直下降。

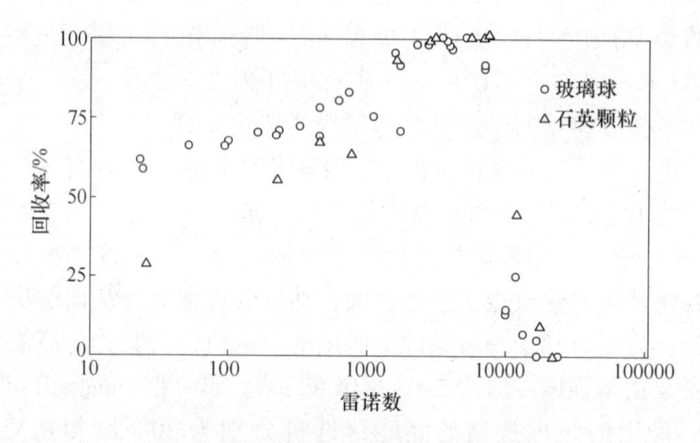

图 4-6 回收率与雷诺数的相互关系

所需充气量的大小、产生的气泡大小、气泡的分散均匀程度、气体保有量等因素与浮选机的结构和流体动力学特性直接相关。一般情况下，大、重的颗粒需要大的气泡，小、轻的颗粒需要小的气泡，但由于准备作业中磨矿设备的性能限制，磨矿产品的粒级范围很宽，颗粒大小很不均匀，理论上浮选机产生的气泡的大小是处于一定的范围内的，不可能满足于所有的粒级范围，但是气泡在上升过程中，由于各种因素的影响，气泡会不断增大，会使粗粒级的回收率有所改善。因此，浮选机能够产生更小更均匀的气泡，会有助于浮选回收率的改善，Ahmed 和 Jameson 观察到当气泡规格从 655μm 减小到 75μm 时，4~42μm 的石英和锆石颗粒的浮选速率增加为原来的 40 倍[4]。

浮选机矿浆中的气体持有量一般为8%~15%，视浮选机的规格大小而不同，由于浮选机工作过程中会存在一定的滞留区，影响其气体保有量，随浮选机规格的增大，相同选别环境下其空气保有量会呈增大的趋势

由于浮选机的选别原理相同，型号和结构各异，特定浮选机的各种参数和指标参见各制造厂商的说明。表4-1为从工业实践中测得的不同浮选机的运行参数[5]。

表4-1 工业浮选机的表面速度、气泡直径和计算的气泡表面通量

浮选机规格/m^3	类型	表面速度 J_g/$cm \cdot s^{-1}$	气泡平均直径 D_{32}/mm	气泡表面积通量 S_B/$m^2 \cdot (s \cdot m^2)^{-1}$
10~15	自吸气	0.45~1.05	1.01~1.98	21~48
28	自吸气	0.59~1.75	1.05~2.39	34~44
42.5	自吸气	0.79~1.64	1.17~3.01	27~57
100	充气	1.27~1.55	2.29~2.55	33~37
130	充气	1.53~1.85	3.00~3.68	30~31
130	自吸气	0.80~1.07	1.40~1.80	32~40
160	充气	1.07~2.27	2.20~4.10	24~43
200	充气	1.59~2.00	2.68~4.26	27~41
250	自吸气	0.57~1.00	0.90~1.80	32~46
300	充气	1.22~1.59	1.54~2.10	40~62

4.2 浮选柱

浮选柱发明于20世纪60年代初，于1962年获得专利[6]。问世之后，我国选矿工业曾将其作为一种主要浮选设备来应用。我国应该是世界上工业应用浮选柱最早的国家。浮选柱在我国从20世纪60年代中期到80年代中期使用近20年，由于缺乏对浮选柱结构和分选原理的深入研究和分析，在浮选工艺流程中应用的作业位置不合适，没能使浮选柱的选别优点发挥出来，当20世纪80年代初，随着大型浮选机的出现，使原来的浮选柱用于粗选作业的缺点越发明显，从而导致浮选柱除在个别矿山由于各种因素被保留下来外，其余的全被大型浮选机所取代。

20世纪60年代中期，国内许多选矿厂采用浮选柱作粗选设备，扫选采用浮选机，如德兴铜矿、金堆城钼业公司、赤马山铜矿、涞源铜矿等[7]。但这些浮选柱都采用内置式气泡发生器，在碱性矿浆中工作，气泡发生器容易结钙、堵塞，且矿浆液面无自动控制，生产操作不稳定，结果随着浮选机制造技术的发展，陆续被拆除改用大型浮选机。而与此同时，发达国家的矿山工业，在20世纪80年代之前，一直在对浮选柱进行试验研究，没有进行工业应用。20世纪80年代初，材料工业及自动控制有了新的发展，国外的浮选柱也开始进入了工业应

用阶段。1980年6月，加拿大的加斯佩（Gaspe）选矿厂在钼精选作业中首先安装了浮选柱。其后，科明科公司的波拉里斯矿安装浮选柱提高了铅粗选的品位，美国的圣马尼奥选矿厂在铜制分离后的精选中安装了浮选柱，西澳大利亚的哈博里兹矿用浮选柱产出了最终的含金硫化物精矿。此外，智利的劳斯布洛恩斯矿、美国的西亚丽塔等也都采用了浮选柱。浮选柱在国外矿山开始迅速推广开来，但当时国外这些浮选柱应用的一个共同特点是均用于选矿厂的精选作业。

浮选柱能够有效地回收细粒级的矿物，因此绝大部分的浮选柱应用于精选作业，如铜、铅、锌、钼等的精选回收。当然也有浮选柱应用于粗选，如伊朗的铜矿、巴西的磷矿（见6.6节及11.2节），但浮选柱的尾矿则应用浮选机扫选，以保证粗粒矿物的回收。

目前，世界上普遍采用的浮选柱主要有两种类型：常规浮选柱和Jameson浮选柱（也称Jameson浮选槽）。

4.2.1 常规浮选柱

20世纪90年代以前，工业上采用的浮选柱主要是常规的浮选柱，断面形状为方形或圆形，国外采用的浮选柱高一般为10~14m，均用于有色金属矿的精选，最高的为美国西亚丽塔铜矿直径为2.3m的铜精选浮选柱，高为15.2m；国内采用的浮选柱断面为圆形，高为4.5~8m，均用于有色金属矿的粗选。

在我国最早使用浮选柱的是柴河铅锌矿（1966年投产，1992年11月闭坑）选矿厂。刚投产时，该选矿厂的方铅矿和闪锌矿粗选回路使用的浮选柱为$\phi2.2m\times7.0m$，扫选回路使用的浮选柱为$\phi2.2m\times6.0m$。在1970年扩建后，根据当时的实际情况，把浮选柱的高度降低了。扩建完成后，浮选柱的使用情况见表4-2。

表4-2 柴河铅锌矿浮选柱使用情况[8]

回路	作业	规格/m×m	数量/台
PbS	粗选	$\phi2.2\times4.5$	2
	扫选	$\phi2.2\times4.5$	2
ZnS	粗选	$\phi2.2\times4.5$	1
	扫选	$\phi2.2\times4.5$	1
ZnO	粗选	$\phi2.2\times4.5$	1
	扫选	$\phi2.2\times4.5$	1
ZnS	精选	$\phi1.5\times3.0$	1

注：其余的均为6A浮选机。

这段时期内，国内的选矿厂使用的浮选柱的气泡发生器都为内置式的，易堵塞、脱落和破裂，充气不均，流态不稳定，更换和检查必须停产。

在浮选柱的应用中，微泡的产生是关键，气泡发生器是其核心。20 世纪 80 年代后期，随着技术和应用材料的发展及国外对浮选柱在精选作业的应用，气泡发生器开始采用外置式安装、更换（见图 4-7），使浮选柱的应用进入了一个新的阶段。

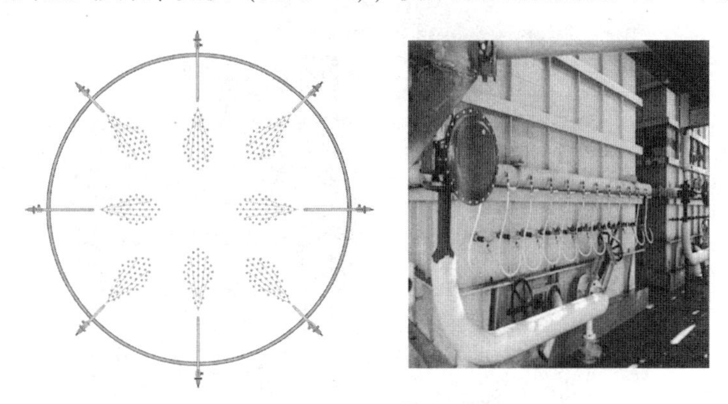

图 4-7 CPT 浮选柱的外充气方式

但在国内，由于 20 世纪 60 年代粗选作业采用浮选柱，在 80 年代绝大部分被浮选机替换的经验教训，致使浮选柱的使用处于停滞状态。直到 90 年代末，中国恩菲工程技术有限公司在设计赞比亚的谦比西铜矿选矿厂时，在精选作业中首次采用了新型的浮选柱，并开始了新型浮选柱在国内设计中的应用先例。此后，浮选柱的工业应用又重新在国内逐渐推广开来。

目前，常规浮选柱已经广泛应用于选矿工业及其相近的领域，工业上应用的常规浮选柱的结构如图 4-8 所示，应用实例如图 4-9 所示。已经投产使用的最大

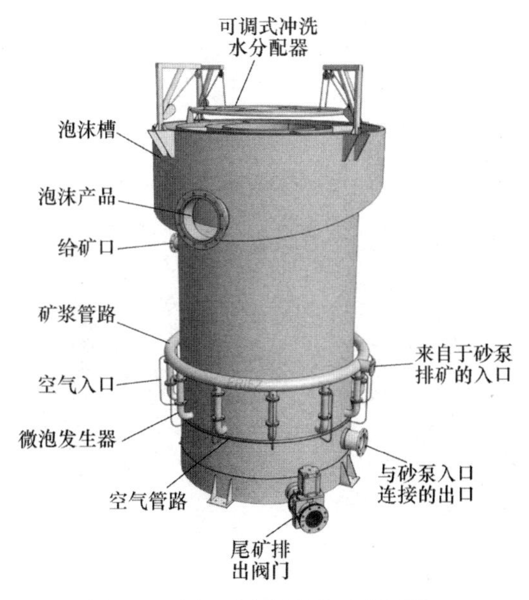

图 4-8 常规浮选柱结构示意图[9]

图 4-9 Fiminston 金矿选矿厂生产中的浮选柱

的浮选柱是 Eriez（CPT）生产的 ϕ6. 0m×14. 0m 浮选柱，应用于淡水河谷位于巴西北部的 Salobo Metais 铜矿选矿厂，共 8 台。

4. 2. 2 Jameson 浮选柱

Jameson 浮选柱是由澳大利亚 Newcastle 大学的 Graeme Jameson 教授研发的（见图 4-10），第一台工业型 Jameson 浮选柱于 1988 年安装于澳大利亚的 Mount Isa 铅锌矿，到 2013 年 5 月，世界上 Jameson 浮选柱的安装台数已经达到了 320 多台，广泛应用于有色金属、煤炭、污水处理、油砂、有机相、工业矿物等的选别回收。

图 4-10 Northpark 铜矿生产中的 Jameson 浮选柱

Jameson 浮选柱与常规浮选柱最大的不同在于其作用原理不同。常规浮选柱的选择需考虑满足一定的停留时间要求，运行中要考虑充气量、冲洗水量、矿浆液位，要考虑泡沫层有一定的厚度，要考虑泡沫的承载能力等。Jameson 浮选柱是采用流体力学原理使给入的矿浆与同时产生的微泡气体直接进行剧烈混合而实现快速浮选，Jameson 浮选柱没有停留时间的意义，如图 4-11 所示。因此，Jameson 浮选柱与常规浮选柱相比，需用空间小，不需要外接气源，维护简单。

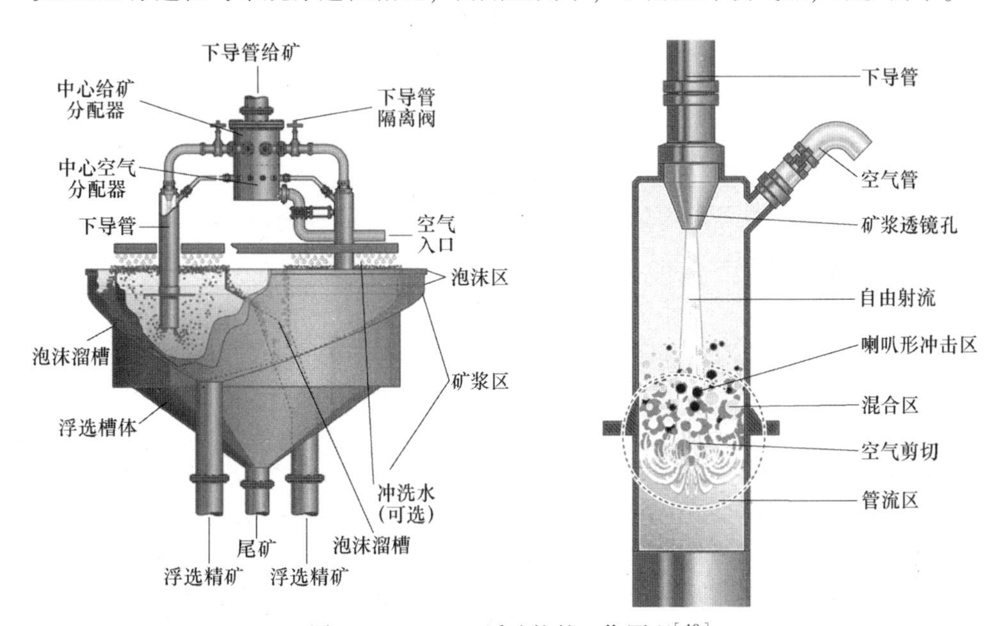

图 4-11　Jameson 浮选柱的工作原理[10]

4.2.3　浮选柱选择的主要参数

4.2.3.1　常规浮选柱的参数

常规浮选柱选择时要考虑的参数主要有表面速度、偏差、负载率、负载能力、空气保有量、气泡规格和停留时间。

表面速度是指浮选柱中流量除以柱的横断面积所得到的值，单位为 cm/s。工业上浮选柱顶部气体的表面速度 J_g通常在 1~2cm/s 之间。

偏差是指冲洗水流量和精矿水流量之间的差。当冲洗水量超过精矿水量时，偏差是正的；反之则为负的；当两者相等时则为零偏差。浮选柱正常运行时应为零偏差的范围，或高一点或低一点。如同气体流量和矿浆流量一样，可以采用表面速度 J_B表示，单位为 cm/s。

负载率是浮选柱内单位面积的精矿固体通量，以 C_a 表示，单位为 t · h/m^2。在大多数的精选回路中，有效的表面积是一个非常关键的因素。在浮选柱中，由于很小的直径与高度（$d:h$）比值，负载率就显得更为重要。工业上浮选柱的负载率一般为 1~3 t · h/m^2，取决于冲洗水添加的情况和精矿的粒度，粒度越小会导致负载率变低。负载率与偏差的相互关系如图 4-12 所示。

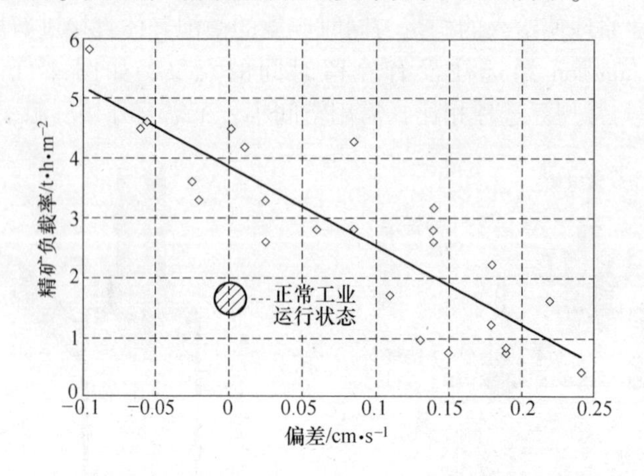

图 4-12 试验浮选柱在铜精选中精矿负载率与偏差的关系及工业浮选柱的实际运行状态[6]

负载率的最大值称为负载能力，用 C_M 表示。但要注意的是，工业上浮选柱的实际负载能力要比试验用浮选柱的负载能力小得多。有人报道过，铅和锌精选的直径分别为 2m 和 2. 5m 的浮选柱的负载能力 C_M 只是试验用直径为 5cm 的浮选柱负载能力的约 50%。当然，对工业浮选柱来说，精矿粒度越大，负载率越高的趋势仍然是对的。

浮选柱富集区内气泡所占有的体积称为浮选柱的气体保有量，用%表示。气体保有量是气体流量和气泡规格的函数，因此，知道了气体流量和气体保有量，可以推断计算出气泡的平均规格。

和在浮选机中一样，气泡规格在浮选柱浮选中起着非常重要的作用，一般来说气泡越小越好。但如果矿物一次精选的动力场很强时，太小的气泡则不利于泡沫的迁移，因而是不利的。

同浮选机一样，停留时间（有效容积）是常规浮选柱的关键参数之一。

4. 2. 3. 2 Jameson 浮选柱的选择

Jameson 浮选柱的结构和工作原理决定了其适合于选别粒度细、浮游速度快的矿物，且可以直接得出最终精矿。而对于给矿中浮游速度慢的矿物，则需要采用常规的浮选机回收。因此，Jameson 浮选柱需与浮选机配合使用。Jameson 浮选柱的处理能力与其下导管的数量直接相关，下导管数量越多，处理能力越大。

Jameson 浮选柱的型号表示为 E2532/6 或 B5400/18 方式，其中字母表示不同的外形，斜线前面的数字表示外形的规格，斜线后面的数字则为下导管的数量。

其目前的规格型号表示方式见表4-3和表4-4[10]。

表4-3 Jameson浮选柱的型号规格（尾矿内循环）

型　号	断面形状	尺寸/m×m	下导管数量/个	新给矿流量/$m^3 \cdot h^{-1}$
Z1200/1	圆形	1.2	1	50
E1714/2	方形	1.7×1.4	2	100
E2514/3	方形	2.5×1.4	3	150
E1732/4	方形	1.7×3.2	4	200
E2532/6	方形	2.5×3.2	6	300
E3432/8	方形	3.4×3.2	8	400

表4-4 Jameson浮选柱的型号规格（尾矿外循环）

型　号	断面形状	直径/m	下导管数量/个	新给矿流量/$m^3 \cdot h^{-1}$
B4000/10	圆形	4	10	500
B4500/12	圆形	4.5	12	600
B5000/16	圆形	5	16	800
B5400/18	圆形	5.4	18	900
B6000/20	圆形	6	20	1000
B6500/24	圆形	6.5	24	1200

参考文献

[1] Outotec Launches the Tankcell e630-The World's Largest Flotation Cell [EB/OL]. [2014-10-15]. www.outotec.com/tankcell.

[2] 杨松荣. Impala尾矿再处理厂现场考察资料 [R]. 2004.

[3] Rodrigues W J, Leal Filho L S, Masini E A. Hydrodynamic dimensionless parameters and their influence on flotation performance of coarse particles [J]. Minerals Engineering, 2001, 14(9): 1047~1054.

[4] Ahmed N, Jameson G J. Flotation kinetics [J]. Mineral Processing and Extractive Metallurgy Review., 1989, 5: 77~99.

[5] Vinnett L, Yianatos J, Alvarez M. Gas dispersion measurements in mechanical flotation cells: Industrial experience in Chilean concentrators [J]. Minerals Engineering, 2014, 57: 12~15.

[6] Dobby G. Column flotation [C] //Mular A L, Halbe D N, Barratt D J. Mineral Processing Plant Design, Pratice, and Control Proceedings. Littleton: SME. 2002: 1239~1252.

[7] 杨松荣. 浮选柱应用的进展 [J]. 有色矿山, 1991 (1): 45~64.

[8] 北京有色冶金设计研究总院考察报告 [R]. 1973.

[9] Column flotation [EB/OL]. [2015-02-23]. www.eriezflotation.com.

[10] Operating principles [EB/OL]. [2014-10-24]. www.jamesoncell.com.

下篇

工业应用

5 镍矿石浮选

5.1 Mount Keith 镍矿选矿厂[1]

Mount Keith 镍矿位于澳大利亚西部，西南距珀斯 630km，1994 年 10 月投产，是澳大利亚 WMC 资源公司在西澳的三个镍矿之一，年处理硫化镍矿石 1100 万吨，精矿含镍 48000t。

1968 年在 Mount Keith 附近首次发现硫化镍矿石，1969 年 12 月勘探确定了大型低品位的 Mount Keith 镍矿体。由于镍价下跌，该项目一直处于停滞未开发状态。

Mount Keith 矿床位于 Agnew-Wiluna 含镍的绿岩带的中心部位，周围是蛇纹石化的纯橄榄岩。发生的矿化主要是分散的约为 1mm 的镍黄铁矿晶粒，沿裂隙进入蛇纹石化的橄榄岩中，矿床中含有强烈的剪切作用和大量的滑石蚀变带以及比预期大得多的针镍矿成分。矿石中有用矿物主要为镍黄铁矿、黄铁矿、黄铜矿、针镍矿等，脉石矿物主要有利蛇纹石、温石棉、橄榄石、滑石、碳铬镁矿等。矿石中金属含量见表 5-1。

表 5-1 矿石中金属含量

元 素	Ni	S	Co	Cu	Cr	As
含量/%	0.57	0.95	0.02	0.018	0.09	<0.003

该镍矿总的资源量为 4.77 亿吨，原矿含镍 0.57%，采用露天开采，预计矿山服务年限为 32 年。目前矿山露天开采的范围长 3.2km，宽 1.5km，深 570m（见图 5-1）。

露天开采采用常规的钻孔—爆破—装运方式，每年剥采总量约 2300 万立方米，运矿采用 Cat785 和 Cat793 卡车，装矿采用 Liebherr994 和 Liebherr996 液压铲。

采矿的品位控制利用爆破孔取样、地质编录和计算机矿块模型处理来进行。爆破孔样在并入数据库之前进行分析，然后对修正后的矿块进行计算，划出后进行采掘。表层和低品位的物料用卡车运送到露天坑东边和西边指定的料堆，矿石则用卡车送到原矿混料堆，矿石卸料要求相互垂直交叉进行，以保持选矿厂给矿的一致性。

图 5-1 Mount Keith 镍矿露天采场

选矿厂（见图 5-2）年处理能力为 1100 万吨，采用了当时最先进的选矿设备、计算机控制和载线分析技术，包括破碎、磨矿、浮选、浓缩和尾矿处理五个部分。

图 5-2 Mount Keith 镍矿选矿厂

混料堆的原矿由 100t 的卡车运卸到一台单段的 AC54/74 旋回破碎机中，其受料斗容积为 600t，破碎机的紧边排矿口为 135mm，处理能力可达 3000t/h。2002 年 8 月，安装了一台试验用的第二段破碎机，把 8000t/d 粗碎的矿石破碎到小于 45mm，2004 年开始永久运行，破碎的矿石用皮带运送到 30 万吨容量的矿堆。

矿堆下面有 6 台板式给矿机，每 3 台为一组，破碎后的矿石经两组给矿机分别给到两条平行的带式输送机上送入各自对应的半自磨机进行磨矿。

磨矿和浮选为两个平行的系列，流程如图 5-3 所示。两个磨矿回路各由一台半自磨机和一台球磨机及旋流器构成。磨矿回路的设备及生产运行参数见表 5-2。

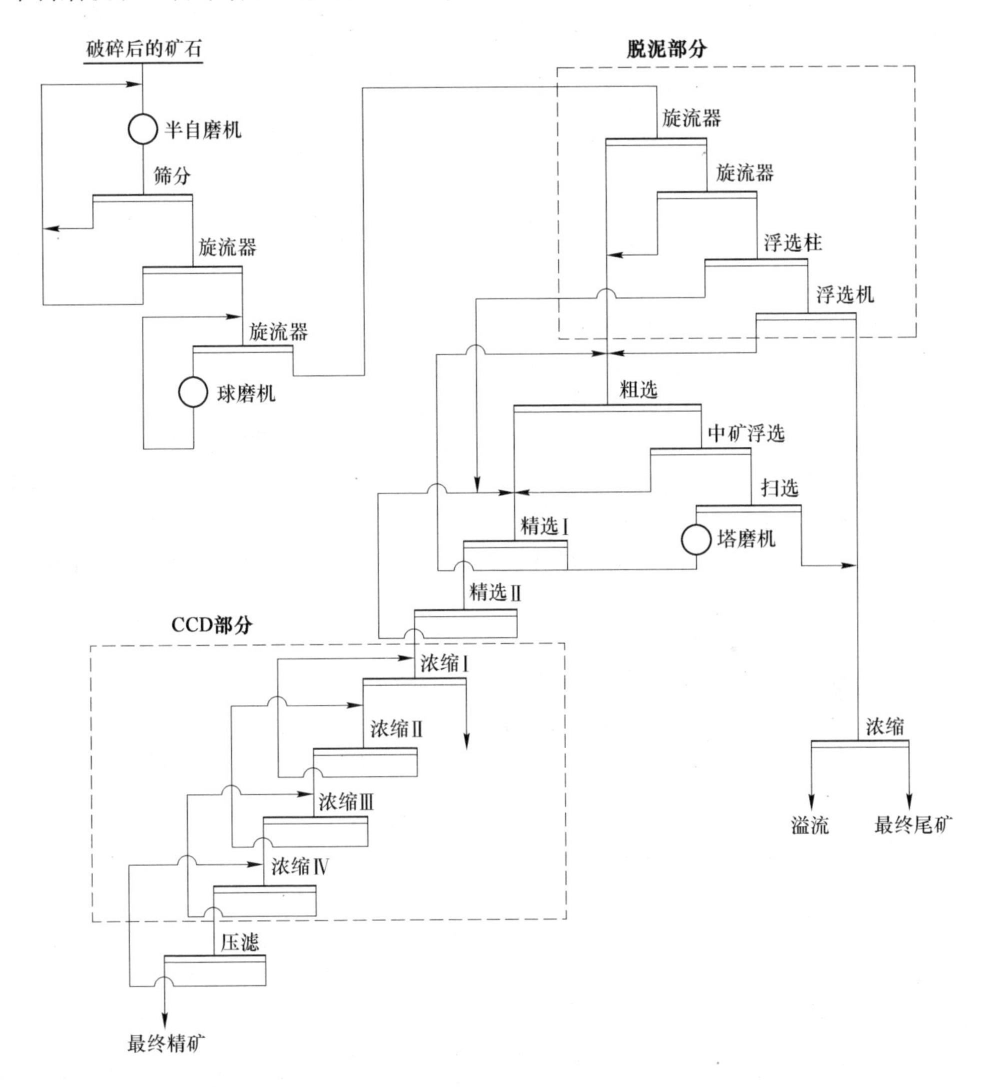

图 5-3 Mount Keith 选矿厂工艺流程

选矿厂的平均处理能力为 1320t/h，通过磨矿回路把小于 200mm 的矿石磨到 P_{80} 为 160μm。矿石的邦德功指数高达 23kW/t，但研磨指数很低，只有 0.05。因此磨矿回路的钢球消耗和衬板消耗都很低。两台半自磨机回路的旋流器溢流部分给到第三台球磨机，以提高磨矿能力。

表 5-2 磨机型号及运行参数

设 备	半自磨机	球磨机	3 号球磨机	塔磨机
规格（$D\times L$）/m×m	9. 6×5. 64	5. 01×7. 9	4. 6×6. 4	4. 4×3. 6
台数/台	2	2	1	1
衬板材质	钢	合金	橡胶	钢
安装功率/kW	9350	3600	2700	935
加球规格/mm	125	42	42	12
有效运转率/%	95	95	95	95
处理能力/t·(h·台)$^{-1}$	657	413	222	90
钢球消耗/g·t^{-1}	60	90	90	20
给矿粒度（F_{80}）/mm	110~120	0. 55~0. 65	0. 55~0. 65	0. 11~0. 18
圆筒筛孔/mm×mm	12×36，18×35	9×36	9×36	—
排矿浓度/%	58~60	68~70	58~60	45
循环负荷/%	50~80	150~200	100~150	225~250

球磨机磨矿回路的旋流器溢流在给入浮选之前先通过两段脱泥作业，脱泥回路的目的是脱除浮选给矿中小于 6μm 的部分，这部分的产率约为 15%，可以极大地降低药剂消耗和后面作业的浮选能力需求。其中第一段脱泥采用 300 台 Warman 生产的直径 100mm 的旋流器，第二段脱泥采用 848 台 Mozely 生产的直径 50mm 的旋流器，两段脱泥旋流器的底流给到浮选回路的粗选作业，第二段脱泥旋流器的溢流给入浮选柱回路回收矿泥部分中的镍矿物。浮选柱的精矿直接给入浮选回路的精选作业，浮选柱的尾矿分别用泵扬送到系列Ⅰ的 6 台 100m^{3}的 OK 浮选机和系列Ⅱ的 3 台 150m^{3}的 OK 浮选机中进行扫选，扫选的精矿给到浮选回路的粗选作业，尾矿则为最终尾矿。

浮选回路采用常规的硫化矿粗选、中矿浮选、扫选及两段（或三段）精选得到所需含镍 18%~22%的精矿品位。粗选的给矿来自于脱泥旋流器的底流、脱泥扫选浮选机的精矿和精选作业的尾矿，粗选的精矿给入精选作业，粗选的尾矿进入中矿浮选作业。中矿浮选的精矿根据品位可以直接给入精选或者返回到粗选，中矿浮选的尾矿给入 9 台 92m^{3}的 Wemco 浮选机扫选。扫选的精矿经过一台塔磨机再磨到 P_{80} 为 45μm 后返回到粗选，扫选的尾矿给入尾矿浓缩机。精选作业的精矿用泵送给再精选作业选别后得到最终精矿，再精选作业的尾矿返回精选作业。浮选设备及作业指标如图 5-4 和表 5-3 所示。

浮选捕收剂（乙基磺酸钠）、滑石及其他脉石矿物的抑制剂（古尔胶）和起泡剂（H405）在各个作业都添加，pH 值调整剂（酸）则添加到粗选作业中。药剂的添加量则根据矿石类型进行调整。

(a)

(b)

图 5-4 脱泥用的旋流器（a）和浮选柱（5m×4m×14m）（b）

表 5-3 浮选设备及作业指标

设备及作业	脱泥浮选柱（每系列）	脱泥浮选机（每系列）	粗选（每系列）	中矿浮选（每系列）	扫选（每系列）	精选	再精选
型号	5m×4m×14m	OK TankCell	Wemco	Wemco	Wemco	OK 充气式	OK 充气式
台数及容积	$1×280m^3$	$6×100\ m^3$ $3×150\ m^3$	$6×43\ m^3$	$2×92\ m^3$	$9×92m^3$	$9×38\ m^3$	$15×8\ m^3$
停留时间/min	10	20	13.5	4.5	22	15	60
平均含镍品位/%	2~3	4~5	5~7	2~4	0.5~1	10~12	18~22

选矿的指标控制采用载线分析系统，系统有 28 个流道，对 Ni、Fe、S、Mg、As 和浓度进行载线分析。最终精矿的成分范围见表 5-4。

表 5-4 最终精矿的成分范围

成分	Ni	MgO	Fe	S	Co	Fe：MgO 质量比	As	选矿回收率 ε_{Ni}
含量/%	17~25	7~9	10~35	10~35	0.2~0.7	1.5~3.5	0.02~0.08	60~75

浮选回路的最终精矿用泵扬送到一个四段浓缩作业组成的逆流洗涤回路中进行洗涤，以降低精矿中卤化物（氯化物和氟化物）的含量，满足熔炼的要求。

逆流洗涤后的浓缩精矿通过两台 $38m^2$ 的 Larox 压滤机压滤后，储放在有棚的精矿堆场中。压滤机的给矿浓度为 50%~60%，每个循环压滤的精矿固体量约为

2. 6~2. 8t，滤饼的含水量约为 8%。

最终尾矿用泵扬送到两台直径 80m 的浓缩机中，浓缩机的溢流返回作为工艺用水，浓度为 40%~50%的浓缩机底流用泵扬送到直径为 4600m 的尾矿库（见图 5-5）。

图 5-5 Mount Keith 的尾矿库
（远处为露天采场）

5.2 Strathcona 镍矿选矿厂[2]

Strathcona 镍矿位于加拿大多伦多北面约 400km 处的 Sudbury 盆地的北缘，Sudbury 盆地是一个长约 80km、宽 40km 的椭圆形地质结构，被认为是一个陨星撞击的结果，矿体位于盆地的边缘并且从盆地的壁向外伸展。

Strathcona 镍矿选矿厂建成于 1968 年，具有日处理 8500t 含镍 1. 7%的镍矿石和 1500t 含铜 6%的铜矿石的能力。矿石中的有用矿物主要是镍黄铁矿和黄铜矿。磁黄铁矿是镍矿石中的主要硫化物，其与镍黄铁矿在矿石中的赋存比为 5 : 1。磁黄铁矿主要为单斜晶系，其含固溶体的镍为 0. 6%~1. 2%。矿石中含有少量的但可以经济地回收的钴和铂族金属。围岩类型为苏长岩以及少量的可浮性脉石矿物如滑石和绿泥石。

选矿厂生产的含铜 31%、含镍 0. 4%的铜精矿外销；生产的含镍 12%、含铜 3%的镍精矿则送到东南方向 70km 外的 Falconbridge 冶炼厂。

镍矿石浮选回路的给矿粒度为 55%小于 74μm，粗选回路的 pH 值为 9. 2。捕收剂采用戊基磺酸钾，调整剂采用石灰，石灰和部分捕收剂添加到棒磨机的给矿中，其余的捕收剂则添加到每排浮选机的给矿箱中。起泡剂采用 Dowfroth 250C。在扫选作业中，添加硫酸铜和硫酸调整 pH 值到 8，以活化磁黄铁矿。扫选的精矿经再磨回路磨到 80%小于 37μm，用石灰调整 pH 值到 10 后进行选别回收镍黄铁矿。Strathcona 镍矿选矿厂选别流程如图 5-6 所示。

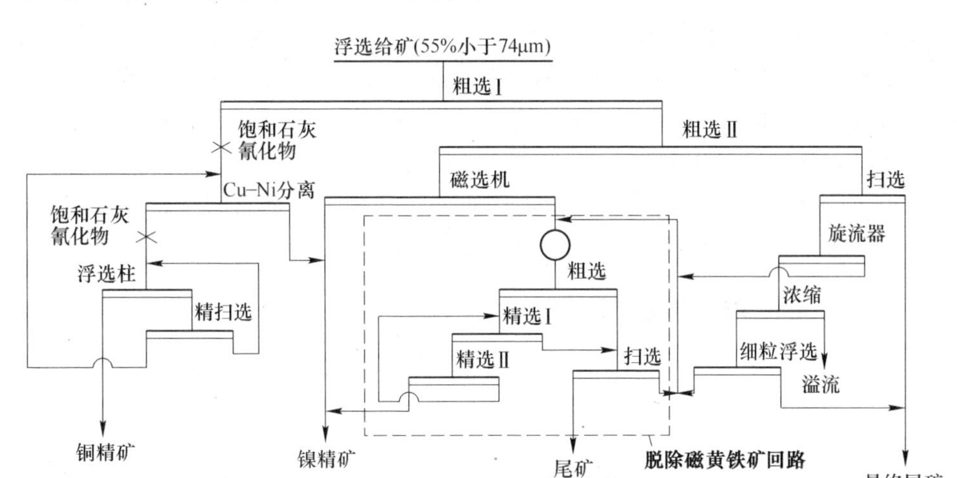

图 5-6 Strathcona 选矿厂选别流程

该流程的设计考虑了使得铜和镍的回收率最大化，同时在尽量减少镍的损失的前提下抛掉大部分的磁黄铁矿，主要基于以下措施：

(1) 高铜矿石采用单独浮选回路选别，浮选的尾矿给入镍浮选回路。这使得铜的回收率最大化，并且使得镍浮选回路中的铜含量降低。随着处理能力的降低，铜矿石在从粉矿仓给到棒磨机的过程中与镍矿石混合，混合的比例根据保持铜的原矿品位和回收率不变的需求来控制。

(2) 镍黄铁矿在粗选作业中在磁黄铁矿存在的条件下进行浮选，此时磁黄铁矿作为氧的吸附剂，从而抑制了镍黄铁矿的氧化。此外，根据研究报道[3]，当用药剂处理后的矿物一起混合时，镍黄铁矿和磁黄铁矿之间会发生相互作用从而使在磁黄铁矿表面的双黄药耗尽，并且在镍黄铁矿的表面富集。因此，镍黄铁矿的选择性很高，在粗选作业中有 67%的镍黄铁矿进入粗选精矿，而磁黄铁矿则只有 7%进入粗选精矿。

(3) 粗选Ⅱ的精矿采用磁选机精选，非磁性部分进入镍精矿，磁性部分进入再磨机。

(4) 粗选尾矿在 pH 值为 8 的条件下，用硫酸和硫酸铜活化磁黄铁矿进行扫选，扫选的停留时间为 60min。

(5) 在磁黄铁矿的脱除回路，利用高的循环负荷得到一个低的氧化还原环境，结合两段精选，使得整个回路的选择性很高。脱除回路的 pH 值用石灰控制在 10.5。

(6) 铜、镍分离利用饱和的石灰回路和氰化物来实现。石灰足以抑制镍黄铁矿，而氰化物则用来除去磁黄铁矿表面的活化铜离子。粗选Ⅰ的精矿用饱和的石灰（pH值为12）和氰化物调浆约20min，然后在一排常规的OK $8m^3$浮选机中进行分离。分离后的尾矿进入最终镍精矿，分离后的精矿给入第二段调浆，仍采用饱和石灰和氰化物，调浆后的矿浆给入浮选柱精选。浮选柱的精矿为最终铜精矿，含铜31%、含镍0.4%；浮选柱的尾矿则返回精扫选。

Strathcona镍矿中镍黄铁矿和磁黄铁矿的选择性是非常高的，镍黄铁矿的回收率是95%，而75%的磁黄铁矿和97%的脉石被丢弃。

5.3 Clarabelle镍矿选矿厂[2]

Clarabelle镍矿选矿厂位于加拿大Sudbury盆地的南缘，即原鹰桥公司（Falconbridge）的Strathcona选矿厂南面约40km处。选矿厂的年处理能力约为800万吨含铜1.6%、含镍1.5%的铜镍矿石。矿石中的磁黄铁矿和镍黄铁矿之比为6.3∶1。矿石中含有少量的铂族金属，其中铂、钯等比例（均为$0.6×10^{-4}$%）赋存。选矿厂每天生产3200t Cu+Ni约为21%的铜镍混合精矿，用泵送到2km外的冶炼厂备料车间。含磁黄铁矿的尾矿和含其他脉石的尾矿分别用泵送到选矿厂西面5km外的尾矿库，含磁黄铁矿的尾矿存放于库区中心水下，含其他脉石的尾矿用来周边筑坝。

Clarabelle选矿厂的流程自1971年建成以来经历了多次变化，比较大的一次是在1991年，增加了一台ϕ9.75m的半自磨机和48台$38m^3$的浮选机，使其处理能力由原来的29000t/d增加到36000t/d。2001年，对工艺流程做了大量的改进，以改善镍的回收率，同时也提高磁黄铁矿的丢弃率。改进后的流程如图5-7所示。

选别回路的给矿粒度为55%小于74μm，pH值为9.2，采用石灰调节。磨矿的产品先给到52台ϕ1.0m×2.0m的湿式筒式磁选机中进行选别，约占旋流器溢流75%~80%的非磁性部分给到6个平行系列的浮选作业中，每个系列有8台$38m^3$的浮选机。捕收剂采用戊基磺酸钾，起泡剂采用Unifroth 250CM。每个系列的前两台浮选机（A）的精矿直接产出最终精矿；第二对浮选机（B）的精矿直接给入再磨机，磨到85%小于38μm后，给入两个平行系列的$8m^3$浮选机中精选，精选的精矿作为最终精矿；每个系列的最后4台浮选机（扫选）的精矿经浓缩机浓缩后给入再磨机，磨到85%小于38μm后，给入两段的扫精选回路。磁性的部分再磨到85%小于74μm后，给入两段精选回路。

Clarabelle选矿厂的一个新的特点是利用亚硫酸盐和三亚乙四胺（TETA）来抑制磁黄铁矿。TETA是一种极强的螯合剂，对铜和镍离子的选择性很高，当添加到矿浆中时，它会从磁黄铁矿的表面除去这些离子，使得磁黄铁矿失去可浮性，而且使用亚硫酸钠后，会进一步提高TETA的抑制效果。亚硫酸盐真正的作

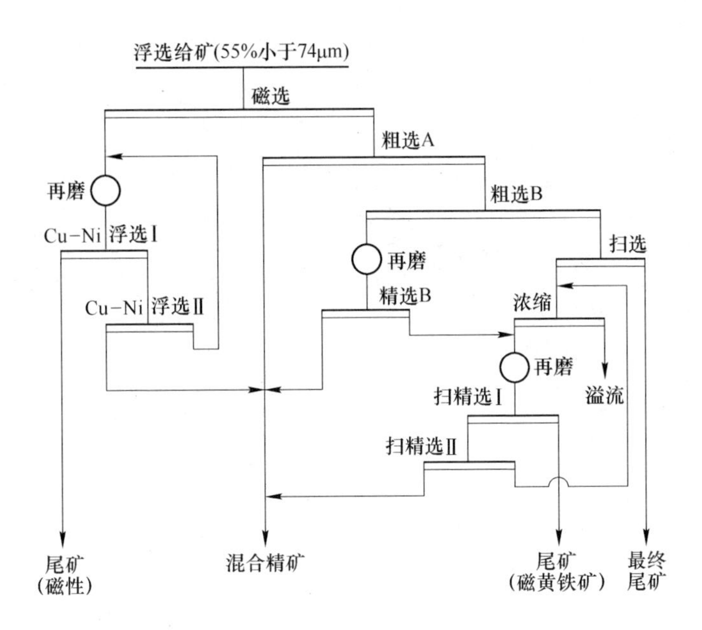

图 5-7 Clarabelle 选矿厂工艺流程

用是提高 TETA 的有效性，尽管其机理仍不清楚，但其有效性是毫无疑问的。

采用 TETA 的最明显特点之一是使用简单，与亚硫酸盐一起添加到磨矿回路，捕收剂添加到浮选机中。TETA 和亚硫酸盐的添加量一般为 0.1～0.5g/kg，与其他脱除磁黄铁矿的过程相比，使用 TETA 和亚硫酸盐的工艺是非常简单的，已经建议在当时 INCO 的 Sudbury 地区的选矿厂中试验和推广。

采用氰化物抑制磁黄铁矿的工艺需要大量的氰化物（约 0.9g/kg），镍黄铁矿的浮选需要大剂量的黄原酸盐（约 0.5g/kg）。使用氰化物时，为了保持选择性，矿浆的氧化还原电位要控制在-400mV。镍黄铁矿和磁黄铁矿的选择性是非常好的。但没有采用该工艺，主要是由于在尾矿中大量的氰化物对周围环境的影响因素。

在 Clarabelle 选矿厂的 3 个丢弃磁黄铁矿的回路（磁性的磁黄铁矿回路、B 精选回路和扫精选回路）中都使用了 TETA 和亚硫酸盐，使用 TETA 和亚硫酸盐对镍黄铁矿和磁黄铁矿分离的影响效果如图 5-8 所示。

Clarabelle 浮选回路的其他特点有：黄原酸盐添加到磨矿机中可以提高铂的回收率；硫酸铜和硫酸添加到扫选作业中提高磁黄铁矿的可浮性；选矿厂工艺用水全部使用尾矿库的回水，因为该地区的降雨量大大超过蒸发量，等于降雨量的尾矿库回水在经过废水处理厂用石灰在 pH 值为 10.5 的条件下处理后全部排放到周围环境中。

Clarabelle 选矿厂镍黄铁矿的回收率是 91%，82%的磁黄铁矿和 99%的脉石被丢弃。

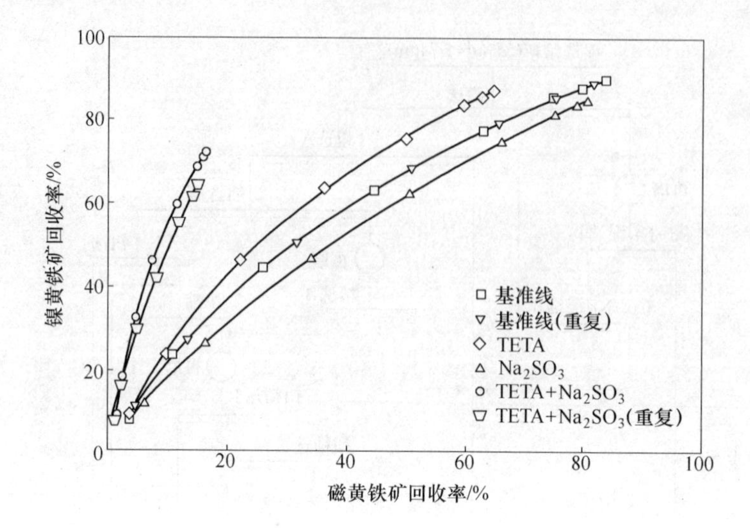

图 5-8 TETA 和亚硫酸盐对镍黄铁矿和磁黄铁矿分离的影响效果

参考文献

[1] Stewart N. Mt Keith Nickel Concentrator [R]. May, 2004.

[2] Kerr A. An overview of recent development in flotation technology and plant practice for nickel ores [C] // Mular A L, Halbe D N, Barratt D J. Mineral Processing Plant Design, Pratice, and Control Proceedings. Littleton: SME. 2002: 1142 ~1158.

[3] Xu B V Z, Finch J A. Pentlandite/pyrrhotite interaction and xanthate adsorption [J] . Int. Journal of Mineral Processing, 1998 (52): 203 ~214.

6 铜金矿石浮选

6.1 Alumbrera 铜金矿[1]

Alumbrera 铜金矿位于阿根廷西北部的 Catamarca 省，于 1997 年投产，日处理能力 80000t（后扩建到 100000t/d）。该矿床是一个斑岩型铜金矿床，平均含铜 0.57%、含金 0.65g/t。矿石中含有自然金，矿石中的主要硫化矿物为：黄铜矿占 2%，辉铜矿占 0.07%，铜蓝占 0.03%，黄铁矿占 6.6%。矿化主要发生在斑岩和安山岩中，矿石中硫化铁与硫化铜之比在 2~5 之间。矿床上部硫化铜氧化现象普遍，铜矿化粒度相对较粗。

对于矿石中所含的粗粒金采用重选回收，每个磨矿回路旋流器底流量的约 10%分出后，通过筛孔为 2mm 的筛子隔粗，给入回路中的两台 Knelson 选矿机。从一段磨矿回路和粗精矿再磨回路得到的重选精矿给入两段摇床提高品位后，送给熔炼和精炼作业。重选回收的金约为 5%。

试验表明 Alumbrera 矿石一段磨矿磨到 P_{80} 为 150μm 时，硫化铜矿物的解离度为 65%。生产中实际一段磨矿产品的 P_{80} 为 190μm，高于设计的磨矿粒度，但对于铜的粗选回收率没有不利影响。

粗选有两个回路，各对应于一个一段球磨机磨矿回路。每个粗选回路有两排平行的浮选机，每排有 8 台 OK 100m^3 的浮选机，每两台配置一个水平。设计的停留时间是 21min，浮选浓度为 35%。达到设计回收率所需的最小的停留时间是 17min。给矿的品位对粗选效果的影响很大，预计将来原矿的含铜品位从 0.7%下降到 0.5%，选矿厂扩建时，不需要再增加浮选机。

每个粗选回路的粗选精矿给入各自的再磨回路，每台再磨球磨机由 3360kW 的电机驱动，再磨回路的产品粒度为 P_{80} = 40μm。每个再磨回路都有第二段重选回收金的回路，安装有两台 Knelson 选矿机，选出的重选精矿送到第一段重选的精选回路。

该精选回路与常规精选回路不同的地方是全部采用了 Jameson 浮选柱，确定采用 Jameson 浮选柱是基于半工业试验的结果，结果表明 Jameson 浮选柱的精矿脱水特性明显优于常规浮选柱的精矿。

精选回路有两个系列，每个系列有二次精选。第一次精选是两台 Jameson 浮选柱串联，每台都采用专用泵，根据给矿要求，浮选柱的给矿压力为 150kPa。

第一次精选的尾矿用泵送入扫选浮选柱，扫选的尾矿返回一段球磨机磨矿回路，扫选的精矿给到再磨回路。第二次精选采用一台 Jameson 浮选柱。

精选回路全部采用 Jameson 浮选柱也不是没有问题的，在开始使用时回收率比较低，后来通过安装了内置溜槽增加唇缘长度进行补救，得到了改善。由于给矿品位和给矿量的变化以及缺少可视化的泡沫控制措施，铜精选回路 Jameson 浮选柱的最佳化是比较困难的，当然，随着不断的改进，精选回路的作业回收率已经超过了 95%。Alumbrera 选矿厂工艺流程如图 6-1 所示。

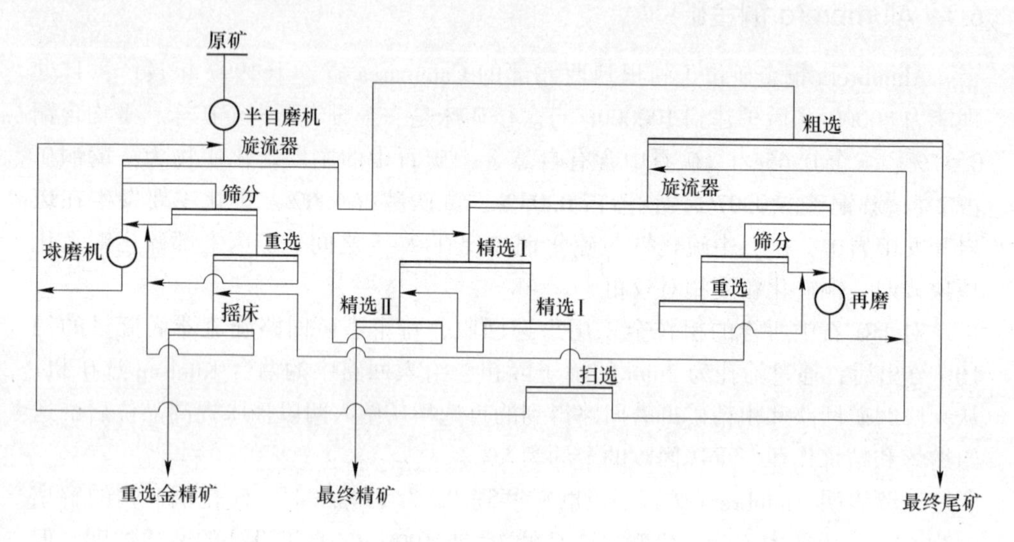

图 6-1　Alumbrera 选矿厂工艺流程

Alumbrera 选矿厂在粗选和精选作业采用石灰抑制黄铁矿，各自的 pH 值范围是 9.5 ~ 11.0 和 10.8 ~ 11.8，取决于矿石条件和黄铁矿的含量。捕收剂为 Cytec7249A，是一种丁基二硫代磷酸钠、一硫代磷酸钠和改进的硫代氨基甲酸酯的混合物，添加量为 20 ~ 30g/t。为了提高金的回收率，在一段磨矿回路和再磨回路的旋流器底流中添加 3 ~ 5g/t 的 SF506（巯基苯并噻唑）和 PAX（戊基磺酸钠）。起泡剂采用 Dow1012 和 MIBC 的 1∶1 比例的混合物，添加量为 10 ~ 16g/t。

过程控制的硬件采用 Foxboro 的 DCS 系统，在线分析系统与 DCS 系统相连，为其提供输入数据用于在线工艺指标计算。浮选回路的调节控制回路包括：前 4 台粗选浮选机的空气流量和液位控制，Jameson 浮选柱的空气流量，药剂流量。此外，粗选和精选还采用了专家系统进行监控。

矿石的氧化程度和黄铜矿与黄铁矿之比影响着浮选的工艺指标，设计精矿的含铜品位为 28%，在此前提下，使得回收率最佳，并且使得 315km 长的精矿输送管路的金属输送能力最大。自从 1997 年投产以来，通过不断解决再磨与精选回路的瓶颈问题和改进过程控制，铜的回收率已经从 87%提高到 93%。

金的重选回收率直接与原矿中单体金的粒度相关。金的浮选回收率随着针对金的捕收剂 SF506 的添加和在一段磨矿回路和再磨回路的旋流器底流中加入 PAX，以及将精扫选尾矿返回粗选等措施的实施，已经得到改善。

Alumbrera 矿石的选别指标见表 6-1。

表 6-1 Alumbrera 矿石的选别指标 (%)

指　标	Cu	Au	Ag
原矿品位	0.62	0.90g/t	1.60g/t
精矿品位	27.7	29.5g/t	65.0g/t
精矿回收率	92.6	70.0	80.0
金锭回收率	—	4.0	—

6.2 Cadia 铜金矿[1]

Cadia 铜金矿位于澳大利亚的新南威尔士州，1998 年投入运行，处理能力为 47000t/d。Cadia 矿床是一个相对低品位的铜金斑岩矿床，含铜 0.17%、含金 0.74g/t。矿石中主要有用矿物是黄铜矿以及少量的斑铜矿、自然金和黄铁矿中的伴生金。

根据矿石中硫化矿物的丰度，矿石被分成斑铜矿、黄铁矿/黄铜矿、黄铜矿/黄铁矿、黄铜矿/斑铜矿、黄铁矿/斑铜矿五种类型。不同类型的矿石中有用矿物的回收率不同，占矿化作用 60%的黄铁矿/黄铜矿类型的矿石，其金的回收率最高；占矿化作用 20%的黄铜矿/黄铁矿类型的矿石，其铜的回收率最高。

Cadia 矿石中可重选回收金的含量达 60%，但是粒度相对较细，难以全部用离心重选选矿机回收。根据小型试验和半工业试验结果，采用了闪速浮选来回收金，闪速浮选的精矿再用重选进行精选[2]。

磨矿回路由 1 台半自磨机和 2 台球磨机与旋流器构成闭路，每台球磨机回路旋流器底流的约 50%在返回球磨机之前分出后给入一台 Outokumpu 的 SK1200 闪速浮选机，两台闪速浮选机的精矿合并后给入 Falcon 的 SB38 型离心重力选矿机进行处理。离心重力选矿机的精矿给到串联的两台 Gemini 摇床进一步处理后，精矿送到熔炼后铸成金锭。离心重力选矿机的尾矿给入两台 Outokumpu 的 OK5 粗粒精选浮选机中选别，粗粒精选的精矿与最终精矿合并，粗粒精选的尾矿则与扫选的精矿及精扫选的精矿一起给到再磨机。

一段磨矿回路旋流器的溢流给入浮选回路，浮选回路的给矿粒度 F_{80} 为 175μm，正常范围为 150~200μm，根据矿石的类型和处理量而变化，磨矿细度和回收率之间的相互关系在小于 200μm 范围内相对不敏感。

浮选有两个平行的粗扫选系列，每个系列粗选有 4 台 OK 150m^{3}浮选机，扫选有 3 台 OK 150m^{3}浮选机，设计的浮选浓度为 34%，粗扫选的停留时间为 20min。

扫选精矿和部分粗选精矿通过一台 VTM 400 立式磨矿机磨至 P_{80} 38μm。粗选精矿和再磨后的扫选精矿及粗粒精选的尾矿一起在 6 台 OK 30m³ 浮选机中精选，精选后的尾矿在 4 台 OK 30m³ 浮选机中精扫选，精扫选的尾矿或者返回到粗选回路，或者开路直接送到尾矿浓缩机。精扫选的精矿经过再磨回路后返回到精选作业，精选的精矿用泵给到一排 4 台 OK 8m³ 浮选机中再精选。精选和再磨回路设计上的灵活性使得操作者可以根据给矿的矿物学性质来选择适当的操作条件。这样，可以使每种矿石类型的选别指标最佳化，例如，已经解离的矿物可以避免进行不必要的再磨。

扫选和精扫选的尾矿自流到直径 53m 的高效浓缩机。Cadia 选矿厂新水的耗量为 0.55m³/t。Cadia 选矿厂工艺流程如图 6-2 所示。

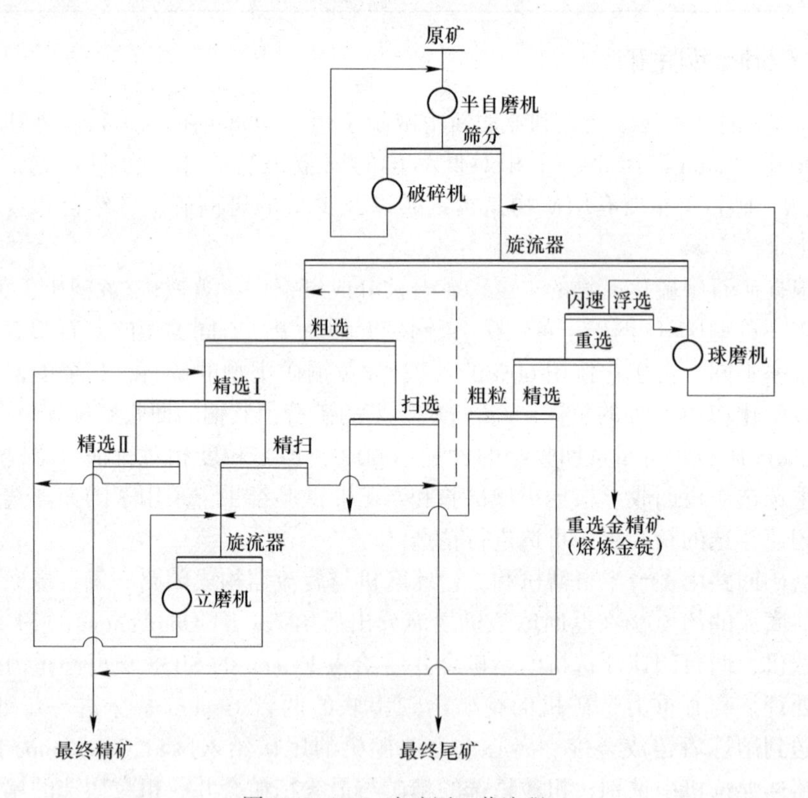

图 6-2 Cadia 选矿厂工艺流程

Cadia 选矿厂采用石灰作为 pH 值调整剂，粗选作业的 pH 值为 9.5~9.7，精选作业的 pH 值为 9.6~9.9；起泡剂采用 MIBC，添加量为 10g/t；捕收剂有 S701（一种乙基硫代辛烷类的用于回收金的捕收剂）和 S8761（一种单硫代磷酸盐），捕收剂的用量为 6g/t，S8761 可改善金的回收率和降低药剂成本，因而部分取代 S701，和其他的选矿厂相比，其捕收剂的用量是比较低的；石灰作为调整剂，其用量为0.5kg/t。

Cadia选矿厂的过程控制是高水平的配置，矿浆流的在线分析采用Courier 30XP在线分析仪，该仪器的一个独特的特点是能够在可接受的精度范围内来检测低品位的金，如浮选尾矿中所含的0.15g/t的金。

调节控制回路包括pH值控制、充气量和药剂添加控制。添加到半自磨机的捕收剂量根据给矿量和原矿品位进行前馈控制。所有浮选机的液位采用Mintek的控制软件“Floatstar”进行控制，控制采用前馈控制，考虑了浮选机之间的过程扰动和相互作用。

浮选过程控制策略的亮点之一是成功地应用了泡沫成像系统来使粗选指标最佳化，在粗扫选作业的一排7台浮选机上，每个一台，共安装了7台Frothmaster™装置，利用机械影像技术来测量泡沫特性，对泡沫速度以及其他参数如气泡大小和泡沫的稳定性等进行极其可靠和精确的测量。

整个系统有下列目标：

(1) 控制同一水平上串联的两台浮选机的质量回收率，两台浮选机之间静压头的差别会导致相互之间产出的精矿量不一致。

(2) 控制第一台粗选浮选机的精矿品位。

(3) 通过监测泡沫速度降低粗选回路中起泡剂的消耗量。

已经设计了一个简单的DCS控制器来抵消人工操作过程产生的扰动。控制器有两个作用：

(1) 稳定化。稳定控制器利用三个操作变量（液位、起泡剂添加量和充气量）把泡沫速度控制在设定值。

(2) 最佳化。优化控制器根据粗选精矿品位与设定值的偏差（采用OSA实际测得）来调整泡沫速度设定值，选矿工程师根据矿石的原始数据来调整品位的设定值。

在粗扫选回路进行了2个月的试验，结果如下：在同一个水平上串联的两台浮选机之间的精矿质量回收率平衡得很好；粗扫选的回收率提高了2.5%～5.6%；实际精矿品位和品位设定值之间的标准偏差降低了50%。

Cadia选矿厂的选别指标见表6-2。

表6-2 Cadia选矿厂的选别指标 (%)

指 标	Cu	Au
原矿品位	0.19	0.77g/t
精矿品位	26.3	81.0g/t
回收率	77.9	71.2
金锭回收率	—	11.3

6.3 Mt. Milligan 铜金矿[3,4]

Mt. Milligan 铜金矿位于加拿大 BC 省中部 Prince George 西北约 145km 处。露天开采，选矿厂设计处理能力为 60000t/d，项目于 2013 年 8 月 15 日正式投产（见图 6-3）。

(a)

(b)

图 6-3 露天采矿场（a）和选矿厂（b）

Mt. Milligan 矿体是一个扁平式近地表碱性铜金斑岩矿体，南北长 2500m，东西宽 1500m，厚度超过 400m。矿石资源量为 7.067 亿吨，平均含铜 0.18%，含金 0.33g/t，总计含铜 128.8 万吨，含金 233.3t，其中矿石储量为 4.824 亿吨，平均含铜 0.20%，含金 0.39g/t，总计含铜 96.16 万吨，含金 187.2t。矿石中主要硫化矿物为黄铜矿和黄铁矿，其次有斑铜矿、辉铜矿、蓝辉铜矿、铜蓝、赤铜矿和自然铜。其中斑铜矿和辉铜矿在深成岩中只占总铜含量的 1%。

采矿为露天开采，每天开采矿石量 60000t，年开采量为 2190 万吨，年剥采总量峰值为 4400 万吨，服务年限内平均剥采比为 0.84。初期采矿的主要设备包括 2 台 311mm 的电动牙轮钻机、2 台 $40m^3$ 的电铲、1 台 $16m^3$ 的前装机和 8 台 236t 的运矿卡车。采、剥的台阶高度均为 15m。

选矿厂处理能力为 60000t/d，矿石碎磨采用粗碎+SABC 流程，选别采用浮选+重选工艺。粗碎产品粒度 P_{80} 为 150mm，浮选给矿粒度 F_{80} 为 220μm。最终精矿采用浓缩—压滤处理，尾矿则根据含硫化物和不含硫化物分别堆放。选矿工艺流程如图 6-4 所示，设计的主要工艺参数见表 6-3，设计的主要技术指标见表 6-4。

采矿开采出的原矿由 235t 的矿车从露天矿运至粗碎站，给入 1 台 1524mm×2261mm（60in×89in）旋回破碎机，破碎后的矿石粒度 P_{80} 为 150mm，破碎后的矿石通过 1 台 2134mm×2794mm 的板式给矿机给到 1 台带宽 1524mm、长为 355m

的带式输送机上，把破碎后的矿石送到粗矿堆。粗碎站安装有1台液压碎石机。

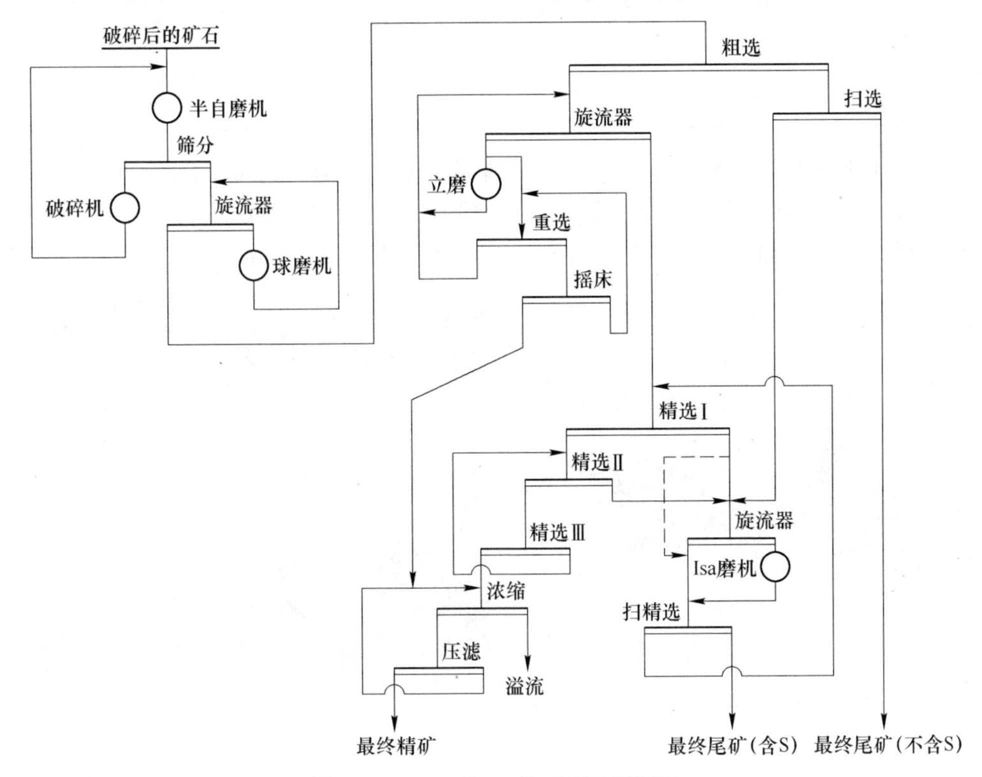

图6-4 Mt. Milligan选矿厂工艺流程

表6-3 设计的主要工艺参数

操作参数		数据
年运行时间/d		365
有效运转率/%		92
粗碎处理能力/t·h^{-1}		3500
磨浮处理能力/t·h^{-1}		2717
半自磨机给矿粒度 F_{80}/μm		150000
半自磨机排矿粒度 T_{80}/μm		3665
半自磨机循环负荷/%		30
球磨机循环负荷/%		250
第一段球磨回路产品粒度 P_{80}/mm		220
邦德球磨功指数/kW·h·t^{-1}		20
邦德研磨指数/g		0. 254
精矿再磨产品粒度 P_{80}/μm	粗精矿	40
	扫选精矿	20

表 6-4　设计的主要技术指标　（%）

指　标	原矿品位	精矿品位	回收率
Cu	0. 20	27	84
Au	0. 39g/t	45g/t	71

粗矿堆的有效容积为 40000t，粗矿堆的矿石通过矿堆下面的 4 台 1524mm×7600mm 板式给矿机以 2717t/h 的通过量给到 1 台带宽 1524mm、长为 313m 的半自磨机给矿带式输送机上（见图 6-5），送入半自磨机进行磨矿。

(a)

(b)

图 6-5　破碎设备

（a）粗碎站及控制室；（b）粗碎站及运矿带式输送机

一段磨矿回路采用 SABC 流程，处理能力为 2717t/h，设备包括 1 台 ϕ12. 20m×6. 71m 的半自磨机，采用包绕式电机，装机功率为 23500kW；2 台 ϕ7. 32m×12. 50m 的球磨机，每台采用 2 台 6500kW 的变速同步电机驱动；2 台圆锥破碎机，每台装机功率 600kW；1 台 3. 66m×7. 3m 的双层振动筛；16 台 840mm 的旋流器。

半自磨机排矿筛的筛上产品经 2 台顽石破碎机破碎到 P_{80} 为 10~20mm 后返回半自磨机，筛下产品用泵送到一个分配器，把矿浆等分到 2 台球磨机的旋流器给矿泵池里。

每台球磨机与一组 8 台旋流器构成闭路，旋流器底流自流返回到球磨机，溢流自流到浮选的粗选回路。

半自磨机和球磨机分别采用自动加球系统，半自磨机的加球给到给矿皮带上，球磨机加球则给到球磨机的给矿溜槽中，与旋流器底流一起给入球磨机（见图 6-6）。

捕收剂戊基磺酸钾和二硫代磷酸盐添加到一段球磨机旋流器的给矿泵池中。

(a)

(b)

图6-6　半自磨机及振动筛（a）和球磨机及旋流器底流返回（b）

粗选回路有两个系列，每个系列有5台$200m^3$的浮选机，其中2台为粗选，3台为扫选。每个系列粗选（前两个槽）的精矿和扫选（后3个槽）的精矿分别进行再磨，扫选的尾矿自流（或泵送）到尾矿库。粗选和扫选是在自然pH值下进行，浮选的浓度为35%。浮选机中添加一定量的戊基磺酸钾和二硫代磷酸盐。起泡剂采用MIBC（甲基异丁基甲醇）。

精矿再磨回路共有1台装机功率为1119kW的立式磨机和2台装机功率为3000kW的M10000型Isa磨机，6台380mm的旋流器和26台250mm的旋流器。其中粗选精矿给入由1台塔磨机和6台380mm旋流器构成闭路的回路中再磨至P_{80}为40μm，扫选精矿和精选Ⅰ的尾矿及精选Ⅱ的尾矿一起给入2台Isa磨机和26台250mm旋流器构成的磨矿回路中再磨至P_{80}为20μm，然后分别进行浮选。

为了回收粗精矿中的粗颗粒金，粗精矿再磨旋流器底流的约20%被分流到离心选矿机重选，重选的精矿给到1台摇床进一步选别提高品位，离心选矿机的尾矿自流回再磨回路旋流器给矿泵池。摇床的精矿作为最终精矿直接送至精矿浓缩机，摇床的尾矿返回离心选矿机。

再磨后的精矿经过三次精选后得到最终铜精矿，铜精矿含铜25%。精选回路的设备为精选Ⅰ采用2台$100m^3$的浮选机，精扫选采用5台$100m^3$的浮选机，精选Ⅱ采用4台$30m^3$的浮选机，精选Ⅲ采用2台$30m^3$的浮选机（见图6-7）。

精选Ⅲ的精矿作为最终精矿用泵送到精矿浓缩机。精扫选的尾矿作为最终尾矿送到尾矿库，由于其含有大量的硫化矿物，故不与扫选的尾矿混合，而单独存放于尾矿库的精选尾矿池，长期置于水下，以避免氧化而产生酸性水。

精选Ⅰ回路的pH值调整为11，精选Ⅱ和精选Ⅲ回路的pH值则调整为11.2，采用石灰进行调节。

精矿脱水采用1台ϕ12m的高效浓缩机，精矿浓缩到60%左右的浓度后送到1台ϕ6m×8m的储槽，然后给入1台$96m^2$的压滤机压滤，压滤后水分约8%的精

(a) (b)

图 6-7 精选回路（a）及粗选和再磨回路（b）

矿用带式输送机直接送至精矿仓。

6.4 Candelaria 选矿厂[1]

Candelaria 铜金矿位于智利Ⅲ区，最初选矿厂设计日处理能力为 28000t，于 1994 年投产，一年后日处理能力达到 30000t。1997 年 10 月，当扩建工程完工时，选矿厂的日处理能力达到 60000t。Candelaria 矿床是一个高品位、大储量的热液氧化铁型铜金矿床，平均含铜 1.1%、含金 0.26g/t。矿体中的有用矿物是黄铜矿和少量的金及银矿物。黄铜矿是矿体中唯一重要的含铜矿物，其结晶粒度相对较粗，平均粒度为 0.5mm 左右，呈不规则形状到圆形，包裹在黄铁矿、磁黄铁矿、磁铁矿、闪锌矿及硅酸盐当中。金则主要呈极微小粒级晶粒与黄铜矿共生，特别是黄铜矿替代了黄铁矿的位置。闪锌矿在矿床中含量很少，但分布很广，在某些区域可以占到矿石中矿物的 10%以上。矿床中方铅矿的含量也很低，一般是与闪锌矿共生。磁铁矿含量很高，占矿石中矿物的 10%～15%。黄铁矿的含量相对较低，一般与黄铜矿、磁铁矿或磁黄铁矿共生，但也常见单独赋存于厚的岩脉中与绿泥石共生。

选矿厂浮选回路给矿粒度 F_{80} 为 130μm，在 1997 年的扩建完成后，粗选回路的浮选机和再磨机的规格做了改变。原有系列的粗选回路采用 14 台 Wemco 85m^{3}的浮选机，新系列则采用了 10 台 120m^{3}的 Wemco 浮选机，两个系列粗选的停留时间完全相同，仍是 20min。同样，原系列精扫选作业浮选机采用 85m^3，新系列则改用 120m^3。Wemco 120m^{3}的浮选机采用与 85m^{3}浮选机相同的机械结构和驱动装置，两者的备件和维护需求是相同的，功率则节省了 27%，且大规格浮选机的投资也低于原有浮选机的投资。

新扩建系列的粗精矿再磨机采用了 Svedala 的 VTM-800 立磨机，驱动功率为

600kW，把粗选和扫选的精矿磨到75%小于44μm。原有系列再磨采用的是一台ϕ4.3m×6.7m的球磨机，装机功率为1865kW，但其除了处理高品位矿石时所需输出功率较高外，其一般情况下实际平均功率输出只有600kW。采用立磨机是基于其与原有的常规球磨机相比，预计比功耗可以降低25%~30%。此外，也节省大量投资。

精选回路有两个几乎相同的系列，每个再磨回路的旋流器溢流用泵送到一组4台平行配置的直径为3.66m、高为14m的Pyrimid浮选柱中。每台浮选柱装有16个气泡发生器，在浮选柱的顶部装有冲洗水分配系统。系列1浮选柱的尾矿用泵送到一排8台以2+3+3配置串联的Wemco 85m^{3}浮选机中扫选，系列2浮选柱的尾矿用泵送到一排6台与粗选完全相同的Wemco 120m^{3}浮选机中扫选，扫选的精矿用泵送到再磨回路的旋流器给矿泵池。两个系列的处理能力和选别指标同时表明，粗选浮选机的容积增加45%后，对浮选的回收率没有任何负面影响。浮选流程如图6-8所示。

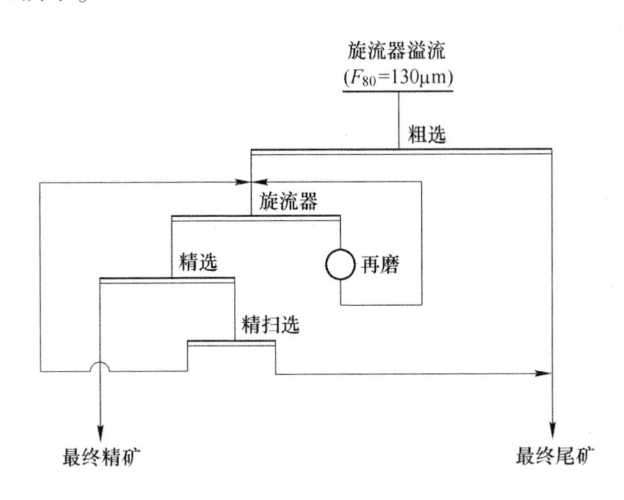

图6-8 Candelaria浮选流程

Candelaria浮选的尾矿给入两台直径120m的浓缩机，浓缩后的尾矿放置到一个充填设施中用于回填，溢流水返回选矿厂使用。处理每吨矿石的新水耗量为0.37m^3。

浮选的药剂制度为采用两种捕收剂Shell SF-323（乙硫氨酯）和Hostaflot LIB（二异丁基二硫代磷酸钠）及一种起泡剂MIBC（甲基异丁基甲醇）。

其中SF-323加入球磨机，Hostaflot LIB和起泡剂加入粗选的给矿箱。粗选的pH值为10.5~11.0。Hostaflot LIB和起泡剂第二次添加到第三排浮选机的给矿中。药剂的平均耗量是：SF-323为7.5g/t，Hostaflot LIB为4.0g/t，MIBC为7.0g/t，石灰的消耗量（以CaO计）为1.2kg/t。

浮选回路装有Pyramid的专家控制系统，所需的数据由两套Courier载线分析仪提供，其中一套用于低品位矿浆的取样，另一套用于高品位矿浆的取样。其选矿指标见表6-5。

表6-5 Candelaria选矿指标 (%)

指 标	Cu	Au	Ag
原矿品位	1.0	0.24g/t	3.4g/t
精矿品位	30.0	5.5g/t	70.0g/t
回收率	94.0	70.0	65.0

6.5 Ernest Henry选矿厂[1]

Ernest Henry铜矿位于澳大利亚昆士兰州的Mount Isa/Cloncurry地区，其29000t/d的选矿厂于1997年投产，该矿为一个相对高品位的氧化铁铜金矿床，平均含铜1.1%，含金0.55g/t。

该矿床的矿化分为两个主要区域：浅成带和原生带。浅成带的矿石量约为15%，原生带的矿石约占85%。

原生带的矿石非常简单，矿石集合体主要是在磁铁矿和碳酸盐类脉石内的黄铜矿为主，没有任何其他有经济价值的氧化矿或硫化矿。原生带矿石中磁铁矿的平均含量为20%~25%。金表现为与黄铜矿强烈的正相关，尽管赤铁矿和黄铁矿对金的矿化也是很重要的。金主要包含在黄铜矿中。黄铁矿含量很高，但随着高品位区域黄铜矿的增加而减少。

浅成带矿石中更多的是矿物综合体，主要是辉铜矿，其次是黄铜矿、斑铜矿和自然铜。自然铜以两种明显的形式赋存：非常细粒的浸染分布和粗粒的赋存。

在浅成带中金和铜之间没有明显的相互关系，金通常呈极细粒在裂隙脉石和硫化物中存在。自然铜约占浅成带矿石中铜的10%，在投产时，建了一个由筛子和一台小型的球磨机组成的半工业试验厂试验回收矿石中的自然铜。建这个回路的目的是认为自然铜颗粒可以在球磨机中碾扁，然后通过筛分回收。但是由于试验后经济上不合适而放弃了工业化的想法。

浮选回路的给矿粒度F_{80}通常为160μm，为了使系统的处理能力最大，已经把系统的给矿粒度F_{80}放到了180μm。粗选回路安装有9台Wemco 127m³的Smart Cell，每台的装机功率为150kW，使用功率为135kW，其中第一槽的装机功率为180kW，使用功率为160kW。粗选回路的停留时间为27min，给矿浓度为38%~42%。粗选精矿在一台装机功率为1000kW的立磨机中再磨到P_{80}为45~50μm，然后给入三段精选回路，精选Ⅰ有8台50m³的OK50 Tankcell，精选Ⅱ有8台16m³的OK16浮选机，分为2排，每排4台，精选Ⅲ有5台16m³ OK16的浮选机。精选Ⅰ的尾矿与粗选尾矿合并成为最终尾矿给入一台直径55m的高效浓缩机脱水。

选矿厂工艺流程如图 6-9 所示。

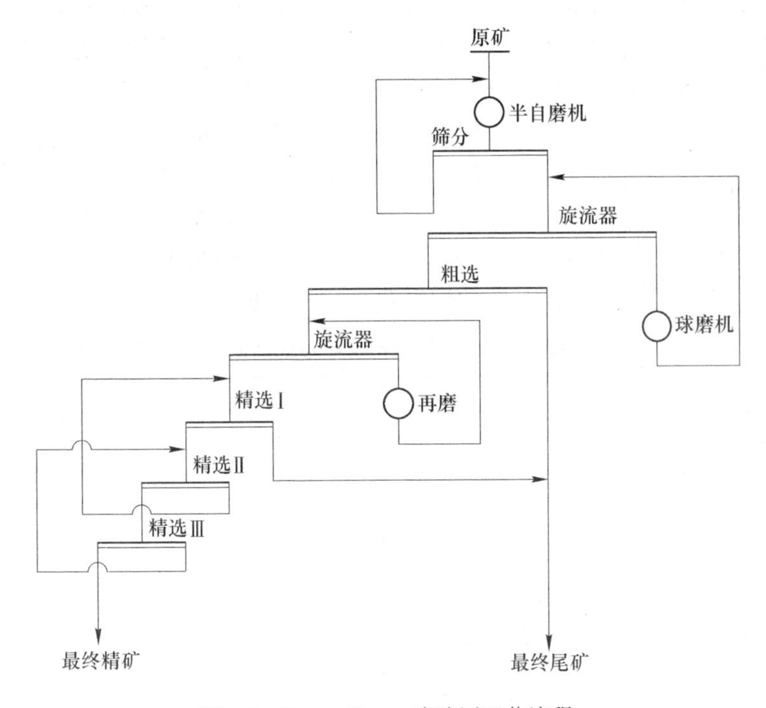

图 6-9　Ernest Henry 选矿厂工艺流程

根据不同的矿石类型，粗选的 pH 值控制在 10.5~11.0 之间，精选的 pH 值控制在 11.5。其采用的药剂和耗量分别为：石灰 830g/t；起泡剂 OTX-140 5g/t；捕收剂 SIBX 20g/t。

过程控制结构采用了 Yokogawa Centum CS DCS 系统，与此相连接的是一台 12 流道的 Amdel MSA 分析仪。

粗选回路控制的目的是通过使捕收剂的添加量最大化，直到泡沫开始塌陷，从而使粗选的回收率最大化。Wemco 浮选机是自吸气的，因此几乎没有充气量控制。通过液位控制器控制浮选机的液位，使其维持最小的泡沫层厚度而没有液面"翻花"。

精选回路的控制目标是在最大回收率的前提下得到含铜品位 28%~29% 的铜精矿。一般情况下，精选回路的矿浆液位是固定的，通过调节充气量来维持精矿品位。这种方式是有效的，可以由操作人员根据情况确定。

所有的药剂添加都由流量控制器控制，一般情况下，石灰的添加根据 pH 值自动调节，起泡剂和捕收剂通过人工在自动模式下输入设定值来进行控制，这是一种根据选矿厂给矿中铜的含量来控制起泡剂和捕收剂的前馈控制方式，对于处理矿石类型变化大的情况下是不适用的。

采选一体化运行理念的成功采用提高了矿山整体的性能，在 Ernest Henry 采矿中，矿石的工艺矿物学在选矿厂设计时只是潜在的基础，现在其在选矿厂的日常运行中扮演着重要的角色，地质人员每天确定了预期给矿的矿物类型，然后该矿物类型作为选矿厂生产的指南或预测工具。通过矿物类型可以预测处理能力、浮选品位和回收率、尾矿浓缩机的处理能力以及作为诊断工具来分析过去的选矿厂运行状况。例如，发现浅成带矿石中磁铁矿与赤铁矿的比率是铜回收率的一个可靠的指示器，而黄铜矿和次生铜矿物的含量可以预计精矿的品位。浅成带赋存的自然铜的回收率估计 80%小于 50μm，大于该粒度的很少。选矿厂给矿中浅成带矿石与原生带矿石的比率对选别指标有重大的影响，见表 6-6。

表 6-6 矿石类型对选矿指标的影响 (%)

矿石类型	浅成带矿石		原生带矿石	
	Cu	Au	Cu	Au
原矿品位	1. 2	0. 56g/t	—	—
精矿品位	29. 0	10. 5g/t	28. 5	10. 0g/t
回收率	82. 0	72. 0	90. 0	70. 0

6.6 Miduk 铜矿选矿厂（浮选柱粗选）[5]

Miduk 铜矿位于伊朗东南部 Kerman 省的 Shahre－Babak，设计采选能力 15000t/d，原矿含铜 1%，主要铜矿物为辉铜矿，露天开采，生产的铜精矿品位含铜 30%，于 2005 年投产。Miduk 铜矿选矿厂是少有的几个设计粗选回路采用浮选柱的矿山之一，其流程如图 6-10 所示。

露天矿开采出的矿石经旋回破碎机破碎到小于 200mm，然后给到由一台半自磨机和两台球磨机及一组（10 台）旋流器组成的磨矿回路，设计的磨矿回路产品 P_{80} 为 90μm，经搅拌后通过一个分配器给到 5 台平行的直径 4m、高为 12m 的浮选柱中进行粗选，粗选的精矿品位含铜 32%，直接作为最终精矿。粗选的尾矿给入 10 台 $50m^3$ 浮选机扫选，扫选后的精矿经球磨机再磨后，给入 3 台平行的直径 3. 2m、高为 12m 的浮选柱精选，精选精矿的品位约为 28%，作为最终精矿。浮选柱精选的尾矿经 6 台 $50m^3$ 的浮选机扫选后，精矿返回再磨回路，尾矿与前面浮选机的尾矿合并为最终尾矿。

按照最初的设计，粗选浮选柱的处理能力是 625t/h，F_{80} 为 90μm，浮选浓度为 28%，产出的精矿产率占最终精矿的 88%，含铜为 32%。由于设备和工艺问题，这个目标从 2005 年投产至今从未达到过，这些浮选柱也一直无法正常使用。2013 年为了解决这些浮选柱正常运行的问题，对出现的问题进行了详细的研究，发现问题出于浮选柱气泡发生器的堵塞，从气泡发生器中清理出了 2kg 的粗颗粒（最大 25mm）物料（见图 6-11）。更换了浮选柱尾矿循环泵的入口设计后，避免

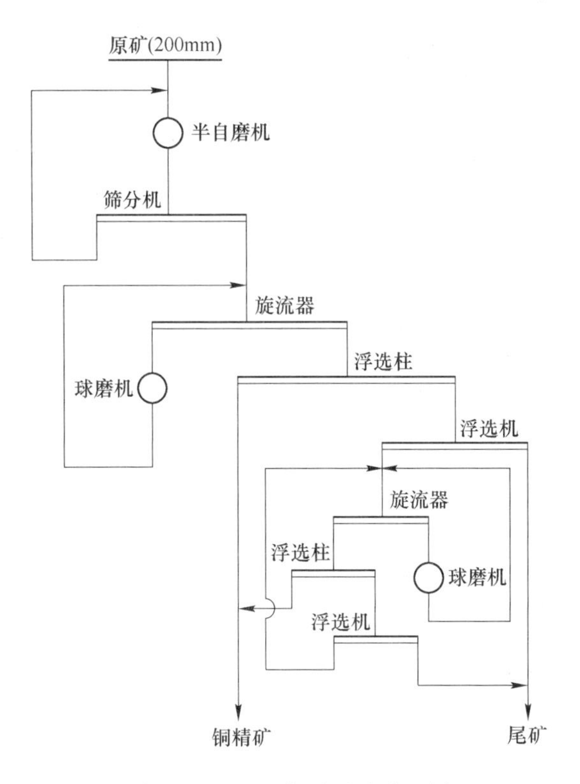

图 6-10 Miduk 铜矿选矿流程图

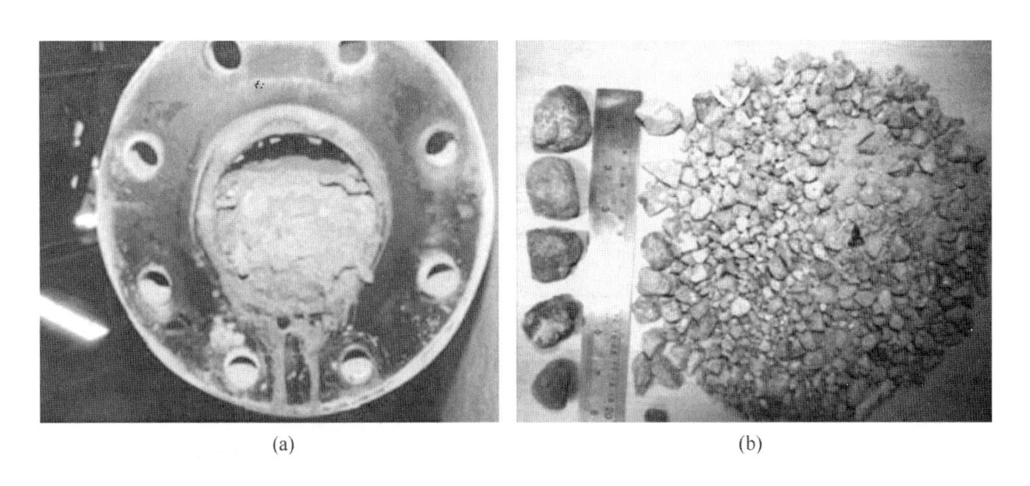

(a) (b)

图 6-11 堵塞的空气环管（a）和从堵塞的环管中清理出的矿粒（b）

了矿浆中的粗颗粒进入气泡发生器，浮选柱的运行状况得到了极大的改善，但同时也发现为了使粗选段的浮选柱运行平稳，每台浮选柱的给矿量从设计的 125t/h

降低到了 70t/h，气体表面速度也从设计的 1.9cm/s 降低到 0.6cm/s。经过 10 天的连续运行表明，负载能力也从设计的 0.58g/(min · cm^2) 降低到 0.23g/(min · cm^2)，气体保有量也低于 10%（超过 10%的气体保有量浮选柱内就会进入湍流状态而呈现“沸腾”的泡沫）。气泡发生器的平均使用寿命确定为 20 天，是非常短的。这些浮选柱的平均回收率和精矿品位分别是 68%和 32%。气泡发生器的高磨损速度，所需要的不寻常的高水平维护和管理以及运行的不稳定性使得选矿厂管理者不愿采用浮选柱作为粗选。

Miduk 选矿厂所采用的浮选柱气泡发生系统衍生于 Microcel™专利技术，设想的是克服工业上浮选柱多孔和喷射型气泡发生器的低回收率及高维护需求的缺点。该气泡发生器在浮选柱的外面在控制条件下使得空气和矿浆接触（见图 6-12），在浮选柱的底部通过在线静态混合器产生气泡。尾矿矿浆通过一台离心泵进行循环，空气刚好在矿浆流过静态混合器之前被引入循环矿浆。对高为 12m 的浮选柱，其静态混合器位于底部以上 2.4m 处。高剪切力形成的气泡使得矿浆呈与气泡的悬浮体通过静态混合器，气泡矿浆的混合体在靠近浮选柱底部位置进入浮选柱后，气泡上升通过富集区域。

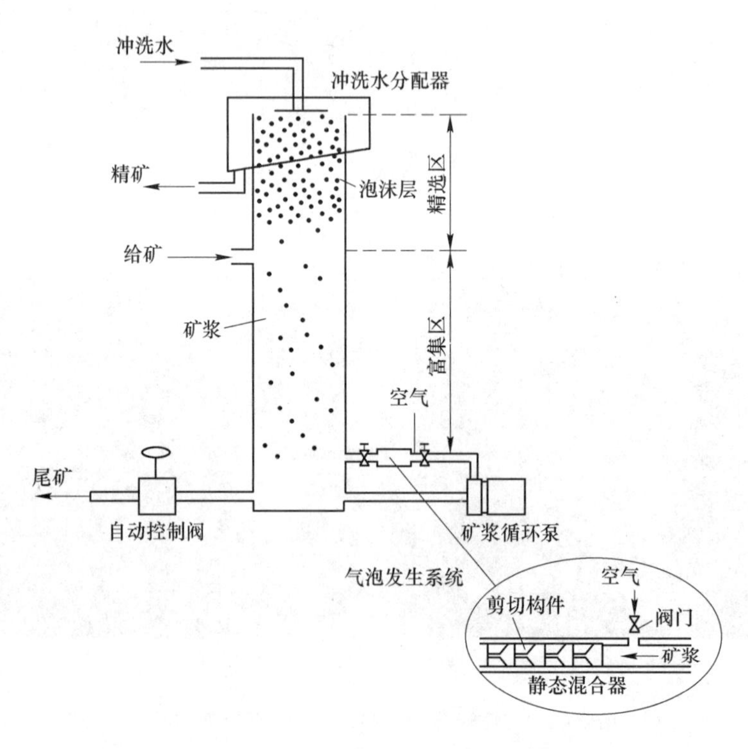

图 6-12　Miduk 选矿厂浮选柱示意图

浮选柱的矿浆与泡沫之间的界面采用两个压力传感器进行控制，传感器分别安装于浮选柱中低于唇缘 1.4m 和 2.4m 的位置，传感器与尾矿排矿阀门构成闭环控制。冲洗水分配器是一套 5 个多孔同心 PVC 圆环，支撑于泡沫表面上方 100mm 处。

Miduk 选矿厂粗选作业的浮选柱自 2005 年投产开始就没有达到预期的效果，由于浮选柱没法连续运行，给矿就直接旁通给入扫选作业，如图 6-13 所示。原设计浮选柱产出的精矿产率占最终精矿产率的 88%，不使用浮选柱的主要原因是不稳定、太敏感、不可控以及高维护工作量。

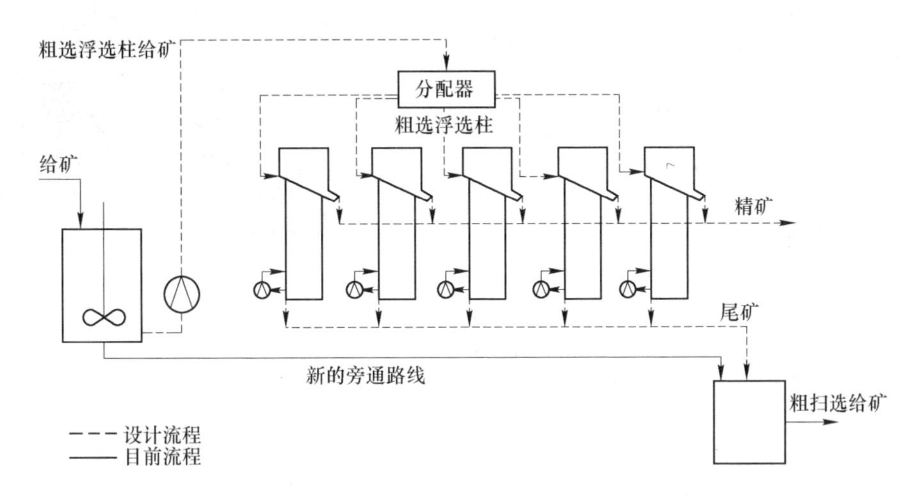

图 6-13 Miduk 选矿厂原设计与目前的粗选流程

为了使浮选柱能够像原设计的那样正常运行，花费了一年的时间，在不影响正常生产的情况下，把所有发现的问题都采用这些浮选柱进行了详细的研究及试验：

（1）气泡发生系统。为了确定合适的气泡发生系统的性能，严格控制在进入气泡发生器之前的矿浆和空气管内的压力。由于循环矿浆泵的效率是气泡发生系统中最重要的，因此须严格控制并将其磨损部件更换，将堵塞的空气管彻底清洗，将气泡发生器内的矿粒清除后称重并且筛分确定粒级。

气泡发生系统的问题关键是由于空气环管上单向阀的失灵使得矿浆进入空气管，而矿浆中由于半自磨机排矿筛的正常破损会导致粗颗粒进入而送到浮选作业。图 6-11 所示为浮选柱的一个环形管被粗颗粒堵塞的情况。由于空气环形管堵塞所造成的进入 12 个气泡发生器的空气不均匀分布导致了湍流的产生和浮选柱性能的降低。

（2）循环矿浆泵入口形式改进。气泡发生器堵塞的主要原因是粗颗粒进入，而粗颗粒进入的主要原因是循环矿浆泵的入口与浮选柱尾矿出口之间的距离太近，使得粗颗粒很易于被泵吸入。为了解决这个问题，循环矿浆管的方向改为向上，长度加长150cm，并且加了一个特殊的罩，以防止降下的粗颗粒直接进入。

（3）改变起泡剂添加位置。由于给矿中小于45μm的粒级占60%，使得矿浆的黏度很高，会加速气泡的兼并。为了解决高黏度下形成的大气泡导致的运行不稳定问题，把起泡剂的添加位置从搅拌槽改到了进泵之前的循环矿浆管，如图6-14所示。

（4）给矿量和空气流量。试验中，发现原设计的给矿量和空气流量均高于浮选柱的正常需求，因此，为平稳运行而降低了流量。

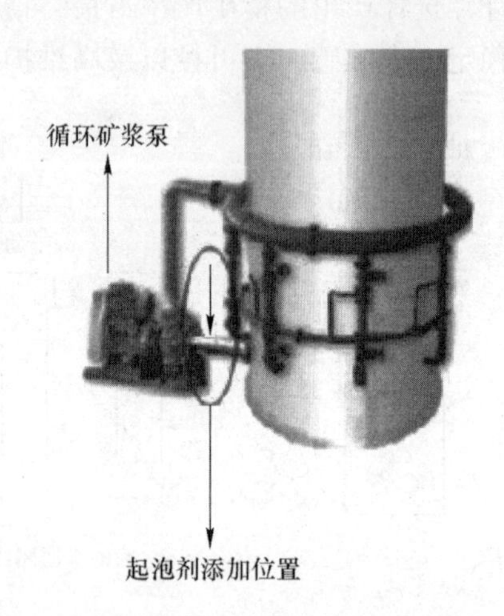

图6-14　改变后的起泡剂添加位置

（5）气泡发生器的使用寿命。试验当中发现，当矿浆中的矿物颗粒粗、硬并且有尖棱时，气泡发生器的磨损非常严重，即使在改进了浮选柱内循环矿浆管的位置之后，气泡发生器的磨损速度仍很高。这不仅造成运行的不稳定，而且对选厂的维护也是很大的负担，难以承受和持续。气泡发生器的使用寿命如图6-15所示。22%的气泡发生器使用寿命不到一星期，只有72%的气泡发生器可以使用超过25天，但没有一个能超过一个月。

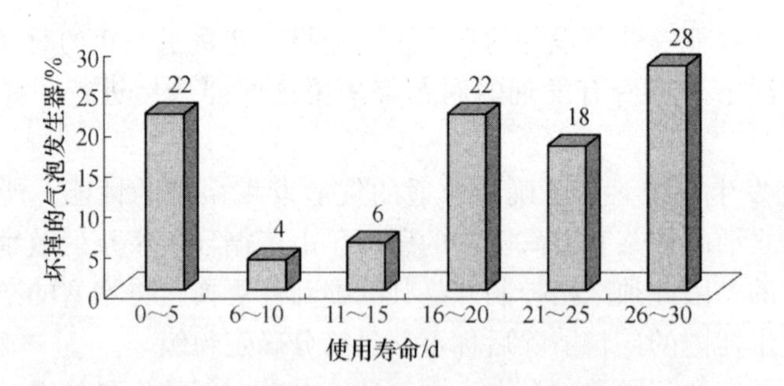

图6-15　静态混合型气泡发生器的使用寿命

每台浮选柱的12个气泡发生器中如果有2个出问题，就会给浮选柱的运行造成很大的影响。

（6）粗选浮选柱的性能。粗选浮选柱在停用8年之后，在非常严密的管理下，被重新运行了10天。运行中有87%的时间浮选柱是有泡沫的，认为这是稳定运行的象征。试验得出，浮选柱对矿石特性的变化非常敏感，是浮选柱性能降低的主要因素。同时，浮选柱正常运行时的给矿量和充气量远低于设计值，给矿量从设计的 125t/h 降低到 70t/h，充气量从设计的 540m^3/h 降低到 300m^3/h。试验测得的空气保有量在 8%～10%之间，认为低于浮选柱正常运行所需的气体保有量。分析认为空气保有量低的主要原因是给矿中矿泥的含量太高（小于 45μm 含量占 60%），导致矿浆黏度太高，造成气泡兼并形成更大气泡所致。

在整个试验期间，每小时取一次样以确定回收率和品位。试验期间给矿品位为 0.7%Cu（设计给矿为 1.49%Cu），泡沫层深度为 800mm，给矿量为 70t/h，充气量为 300 m^3/h，药剂添加量按照设计值，捕收剂为 55g/t，起泡剂为 14g/t。

试验得到的铜精矿含铜 32%，回收率为 68%，其产率只为最终精矿产率的 30%，远低于 88%的设计值。在这种条件下，负载能力为 0.25g/(min · cm^2)，远低于 0.58g/(min · cm^2) 的设计值。

参考文献

[1] Winckers A. An overview of recent development in flotation technology and plant practice for copper gold ores [C] //Mular A L, Halbe D N, Barratt D J. Mineral Processing Plant Design, Pratice, and Control Proceedings. Littleton: SME. 2002: 1124 ~1141.

[2] Laplante A, Dunne B C. The gravity recoverable gold test and flash flotation [C] //Proceeding of the 34th Annual Meeting of the Canadian Mineral Processors. Ottawa. 2002: 7.

[3] WARDROP. Technical Report - Feasibility Update [R]. Mt Milligan Property-Northern BC. Oct. 23, 2009.

[4] Mount Milligan [EB/OL]. [2014-11-24]. http: //www.mtmilligan.com.

[5] Bahar A, Arghavani A, Farshid O, et al. Lesson learned from using column flotation cells as roughers: The Miduk copper concentration plant case [C] //XXⅦ international Mineral Processing Congress, Santiago, 2014.

7　铜多金属矿石浮选

7.1　KGHM 的 Lubin-Glogow 多金属沉积铜矿石浮选[1]

KGHM 集团下属的 3 个铜矿山—— Polkowice-Sieroszowice 铜矿、Rudna 铜矿和 Lubin 铜矿均位于波兰西南部的 Legnica-Glogow Copper 盆地，其矿石性质属于沉积型铜矿石。由于该多金属矿床独特的岩石层状结构和现有的开采系统，目前这 3 个选矿厂所处理的矿石是非常复杂的，矿石中所含的碳酸盐、砂岩和页岩的成分也多变。开采出的铜矿石含铜 0.8%～1.8%，伴生金属有银、铅、锌、镍、钴、钒和钼。

矿山采用地下开采，始于 1964 年，其铜矿石是一种沉积岩，是砂岩、碳酸盐和黑页岩（也称为铜页岩）的岩层混合物。砂岩部分含铜为 0.5%～1.0%，需要适度的磨矿，相对容易浮选。碳酸盐类矿石含铜 1%～1.5%，需要更强烈的磨矿，选别也没有难度。黑页岩层富含铜和其他金属，含铜为 2%～10%，需要深度的磨矿，并且通过浮选来提高品位很困难。矿山的铜矿石中总是含有上面的 3 种不同的岩石成分，尽管所含的比例不同。页岩在岩性、起源、地球化学和工艺上是独特的。矿石中的砂岩和碳酸盐部分性质相对稳定，而页岩部分由于其中的黏土、碳酸盐矿物和硅土矿物的比例变化大导致其性质变化非常大。其页岩的一个非常突出的特征是有机碳很高，含量为 5%～15%。除了含铜之外，Lubin-Glogow 铜矿带上的矿石中还含有选别过程中可以回收的银、铅和金以及量小不能回收的镍、锌、钼、钴、钒和砷。

矿石中的页岩给浮选造成了困难，需要复杂又高代价的处理工艺。由于其品位难以提高，造成金属损失到尾矿中。在 50 年的铜矿石选别过程中，浮选的给矿品位在逐渐降低，矿石变得越来越难处理，导致金属品位和回收率不断下降，需对 Lubin-Glogow 铜矿带上的矿石的选别进行必要的改进。

7.1.1　铜矿石的性质

Polkowice-Sieroszowice 铜矿、Rudna 铜矿和 Lubin 铜矿 3 个矿山各自分别开采，表 7-1 中所列为 3 个矿山分别在 1990 年和 2008 年中所开采的矿石中不同岩性和品位的平均分布情况。可以看到，采出矿石中的岩石成分有了重大的改变，页岩部分的含量几乎增加了 1 倍。给矿中页岩的含量对浮选的结果影响重大，估计矿石中的铜20%~80%（平均约37%）是在页岩中。最终精矿中的有机碳主要来自于页岩，其使精矿品位降低。

表 7-1 矿石中岩性及含量的变化情况

矿山		Rudna		Polkowice-Sieroszowice		Lubin	
年份		1990	2008	1990	2008	1990	2008
岩性/%	碳酸盐	51	33	84	72	>38	34
	页岩	5	11	6	14	8.0	9
	砂岩	44	56	10	14	54	57
其他成分/%	Cu	2.05	1.86	1.81	1.71	1.36	1.08
	Pb	0.16	0.17	0.13	0.14	0.25	0.32
	Ag/g · t^{-1}	47	46	34	31	68	68
	有机碳	0.64	1.38	1.14	1.26	1.76	1.40

浮选的铜精矿大都送到KGHM的冶炼厂进行闪速熔炼火法处理，该工艺要求精矿中总有机碳含量小于7%，这已经越来越难以维持。总有机碳的含量与矿石中的页岩含量密切相关，因而有机碳含量被用来监测页岩的含量。

由于矿石质量不断下降，特别是在Lubin矿，因此需对Lubin-Glogow铜矿带上的矿石进行详尽的研究，以改进选别工艺。最困难的情况是在Lubin选矿厂，目前其给矿含铜0.8%、含铅0.4%，精矿含铜14%，回收率86%。在KGHM选矿厂改善提高品位的主要工作包括：采用新的高效、低能耗的浮选机；工艺流程的过程控制和优化；提高精矿品位和伴生元素的回收率；研发泡沫摄像技术来控制浮选过程；引进自动矿物学分析技术（MLA）来连续控制过程质量。

采用现代技术的其他方案有：浮选中矿采用硫酸进行非氧化改善，改善后的物料返回主浮选回路（已在一个选矿厂进行了工业试验）；通过降低最终精矿含铜6%~7%，把浮选回收率提高到93%，然后进行湿法处理（在Lubin选矿厂）；降低精矿中有机碳含量（在所有选矿厂）。

7.1.2 KGHM选矿厂的工艺流程

图7-1所示为Lubin选矿厂简化了的处理含砂岩50%、碳酸盐类40%和10%页岩的矿石的工艺流程及Polkowice选矿厂处理含碳酸盐类70%、15%页岩和15%砂岩的矿石时的工艺流程。

由于给矿中3种不同类型的含铜矿石的存在，必须采用非常复杂的工艺流程来使矿物解离，并且用各种中矿返回来提高其品位。

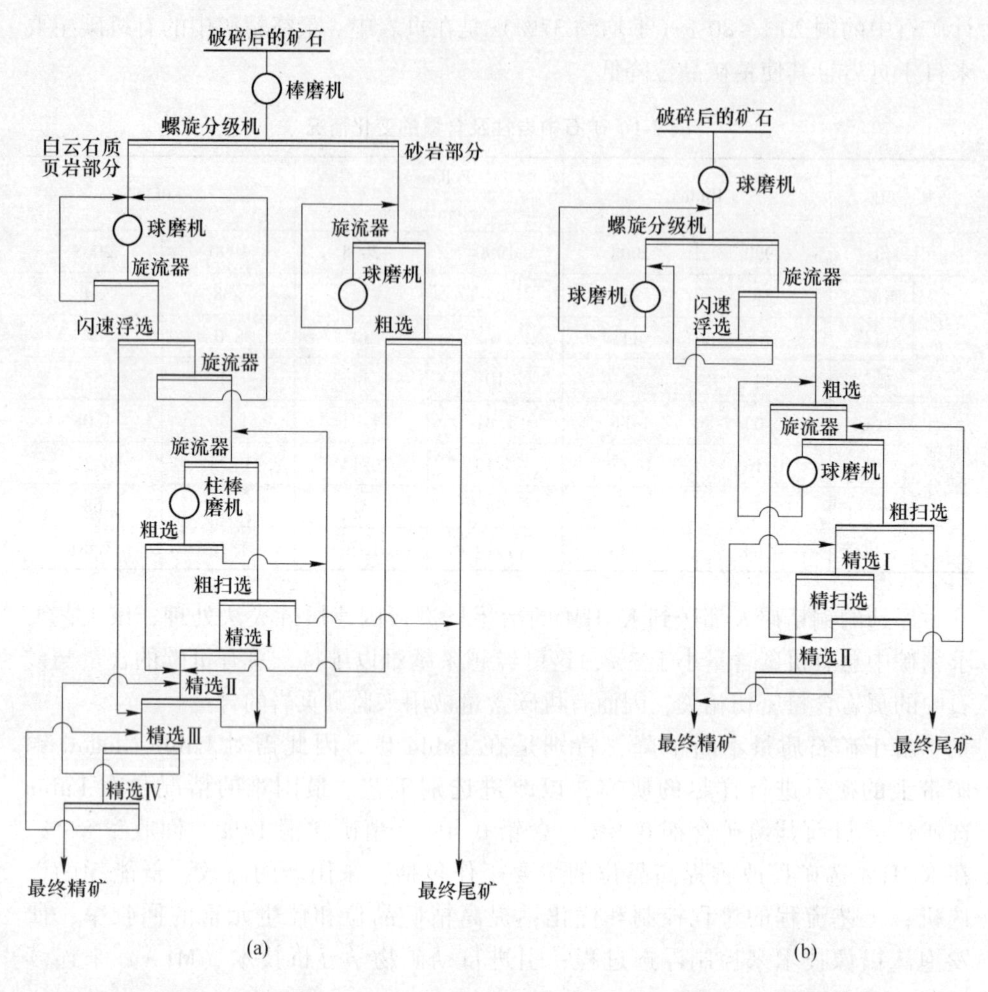

图 7-1 Lubin 选矿厂（a）及 Polkowice 选矿厂（b）浮选工艺流程

7.1.3 Lubin-Glogow 铜矿带上矿石处理的替代工艺

7.1.3.1 浮选中矿的非氧化浸出工艺

对选矿厂浮选工艺流程的考察表明，有近 70%的有机碳和 30%的铜在精选和再磨作业之间循环，含碳页岩的循环导致了金属大量地损失到浮选的尾矿中。中矿和精选作业表明约 60%的物料中含 7%～8%的有机碳和 2%～3%的铜。因此，提出了把大量的页岩部分分离出来，采用硫酸非氧化浸出，使碳酸盐溶解，使页岩颗粒中包裹的硫化物解离的概念，浸出后的物料再返回浮选回路。这种工艺极大地提高了最终精矿中的金属回收率。该工艺在 KGHM 选矿厂进行了研究，如图 7-2 所示。浸出过程的反应式如下：

$$CaCO_3 + H_2SO_4 + H_2O \longrightarrow CaSO_4 \cdot 2H_2O \downarrow + CO_2 \uparrow \quad (7\text{-}1)$$

$$MgCO_3 + H_2SO_4 \longrightarrow MgSO_4 + CO_2 \uparrow + H_2O \quad (7\text{-}2)$$

根据式（7-1）和式（7-2），常温下在简单的混合反应器中，在浸出过程中产生了石膏、可溶的硫酸镁及气体。对 Lubin 选矿厂中矿的非氧化浸出进行了 20%~100%的不同碳酸盐分解程度的研究，每千克干物料需添加 200~400g 的 H_2SO_4。

非氧化浸出的监测可以通过浸出液 pH 值的测定来完成。该过程非常快，大约 5min 酸就完全消耗完，随后 60min 内，pH 值进一步发生改变。非氧化浸出非常迅速并且选择性强，不会引起硫化物的化学分解，很可能是由于二氧化碳的存在。

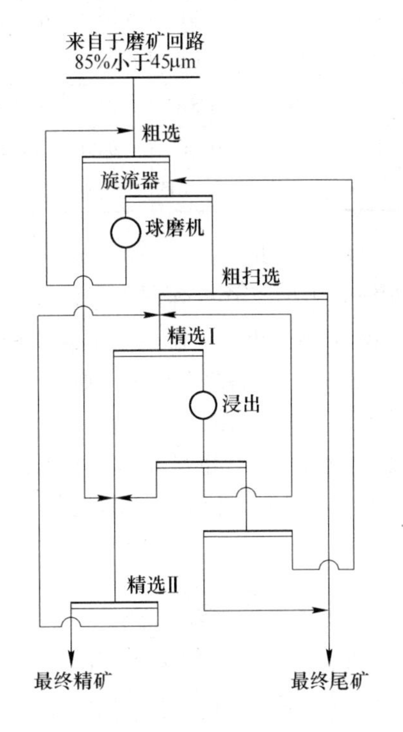

图 7-2 中矿化学处理后的浮选流程

7.1.3.2 常压浸出

对于 Lubin 矿石最经济的处理方案可能是把浮选最终精矿中铜的含量从 13%~14%降低到 6%~7%，采用氧化浸出进行处理，使得铜的回收率从 86%增加到约 93%~94%（见图 7-3）。Lubin 浮选精矿中的金属含量见表 7-2。

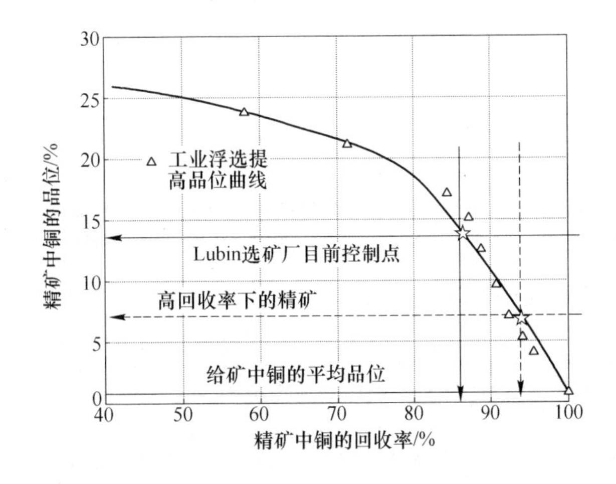

图 7-3 Lubin 选矿厂品位与回收率关系曲线

表 7-2 Lubin 浮选精矿中的金属含量 (%)

年份	Cu	Zn	Ni	Co	Ag	Pb	As	V	Mo	有机碳
2009	15.85	0.947	0.0415	0.1040	0.0877	2.67	0.29	0.0708	0.0344	8.48
2010	15.26	0.928	0.0488	0.1206	0.0938	3.95	0.307	0.0569	0.0265	8.15
2011	14.56	0.570	0.0483	0.1250	0.0755	3.91	0.258	0.0672	0.0221	7.33
2012	13.98	0.712	0.0461	0.1325	0.0736	4.84	0.313	0.0670	0.0257	7.88
2013	12.87	0.740	0.0494	0.1482	0.0455	5.42	0.266	0.0657	0.0272	—

Lubin-Glogow 铜矿带的矿石与含黄铜矿的矿石相比，有非常有益于湿法冶金处理的矿物成分：辉铜矿（Cu_2S）和斑铜矿（Cu_5FeS_4），这是最容易浸出的硫化铜矿物，也是 Lubin-Glogow 铜矿带矿石中的主要含铜矿物，而黄铜矿（$CuFeS_2$）和铜蓝（CuS）则较少。最终精矿的工艺矿物学研究表明，黄铜矿含量接近 20%。精矿中也含有黄铁矿和白铁矿以及非常细的硫化矿物颗粒，从多相浸出的观点来看也是非常有益的。Lubin-Glogow 铜矿带的多金属精矿中的有益成分（见图 7-4）和下降的铜及银品位（见表 7-3）表明了进行湿法处理的必要性。

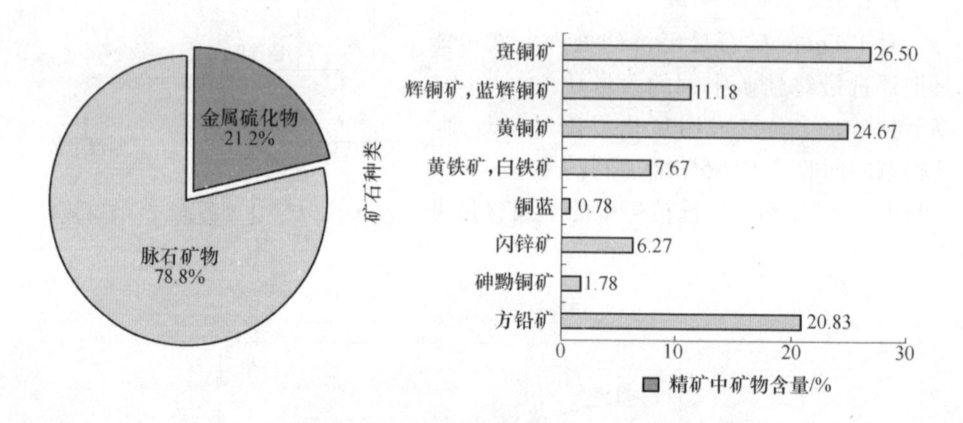

图 7-4 用于湿法冶金研究的高回收率 Lubin 精矿中矿物成分

表 7-3 Lubin 湿法冶金处理的浮选精矿成分和回收率 (%)

成分	Cu	Zn	Ni	Co	Fe	Pb	Ag	As	V	Mo	$Z_{H_2SO_4,max}$
品位	7.42	0.74	0.0498	0.1251	5.09	4.94	0.0429	0.161	0.0942	0.0292	235kg/t
回收率	94.0	82.8	58.5	71.8	57.4	76.9	88.0	74.9	38.5	45.0	—

注：$Z_{H_2SO_4,max}$ 为每吨干精矿中所有碳酸盐分解所需的 H_2SO_4 量。

最终精矿中与铜伴生的金属如锌、钴、镍、钒和钼也很高，其中锌、钴、钼和钒采用目前的工艺流程无法回收。

对于 Lubin 的浮选精矿和副产品中铜和伴生金属的湿法冶金回收的研究已经

在波兰国家研发中心（NCBiR）的 HYDRO 研究计划中进行了 4 年多。研究得到了大量的实验数据，确认了不同的 Lubin 浮选精矿对工艺的适应性，已经确定了实验室规模的工艺流程的基本概念并且申请了专利。

该工艺流程（见图 7-5）基于采用 H_2SO_4作为主要的浸出剂，浮选的铜精矿先通过筛分，然后再磨至小于 70μm。通过控制 H_2SO_4的量来进行碳酸盐的化学分解（非氧化浸出）是该工艺的第一个化学过程，得到的 $MgSO_4$溶液能够从回路中分离出来进一步处理，石膏可以通过浮选除去。采用硫酸的常压氧化浸出在 90℃、Fe^{3+}存在条件下的充氧溶液中进行，该过程包括两步：第一步在铁离子浓度为 20～30g/L，初始 H_2SO_4浓度为 30～60g/L、固液比为（1∶10）～（1∶6）、充氧量为 30～90L/（h · dm^3）的条件下浸出约 8h，Cu、Fe、Zn、Ni、Co 和 As 都被浸出到溶液中，而 Ag 和 Pb 仍在固相中，在下一步的两阶段 NaCl 溶液浸出中回收。

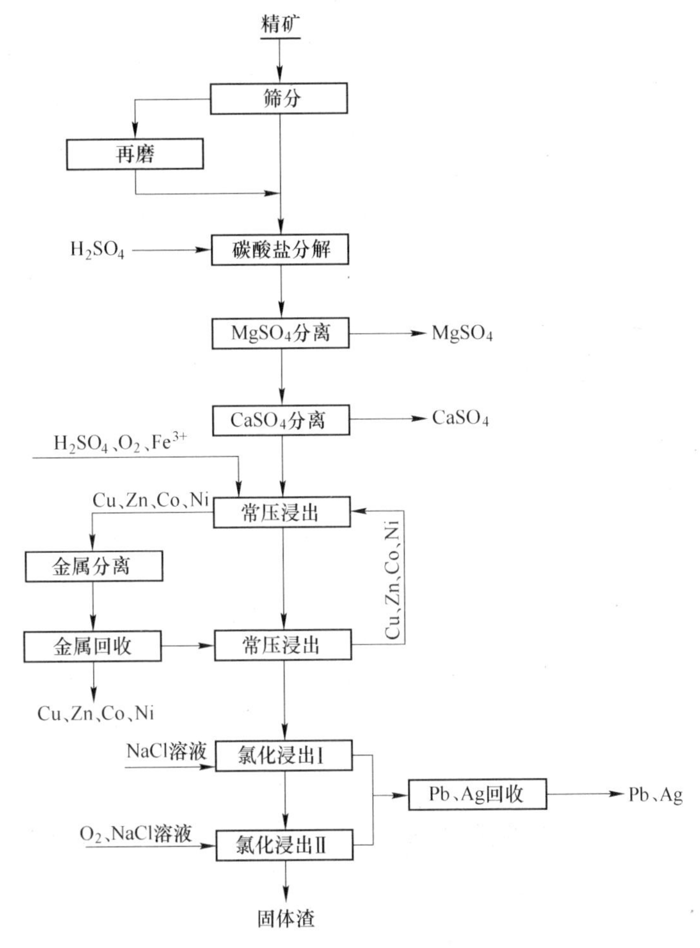

图 7-5　Lubin 浮选精矿的湿法冶金工艺流程

Ag 能够通过沉淀在铅上从溶液中去除，而 Pb 能够成为碳酸盐沉淀，然后在 Dörschel 炉中回收。Cu 采用溶剂萃取从贵液中回收，Zn 和 Ni 可以在达到一定的浓度后从回路中回收。As 的分离以及其在环境中的安全稳定形态能够在高压釜中一定的温度条件下沉淀形成结晶的臭葱石（$FeAsO_4 \cdot 2H_2O$）来实现。

7.1.3.3　精矿中有机碳成分的降低（预浮选）

最终精矿中高的有机碳含量对铜的闪速熔炼是有害的，因此，需要从最终精矿中除去，或者直接通过预浮选从原矿中除去以降低最终精矿中有积碳的含量。前一种方式可以通过采用有机碳抑制剂如糊精进行分离浮选使部分有机碳除去，后一种则只使用起泡剂。初步的试验室研究及工业试验表明预浮选可能是最有益的。进行了两次工业预浮选试验，采用 3 台浮选机，总容积 $144m^3$，充气量 $4m^3$/min，采用 Nashfroth 245B 作为起泡剂，用量为 0.8L/min。6 个月后又进行了另一次试验，使用 3×145t/h 的物料。两次预浮选工业试验的结果如图 7-6 所示。

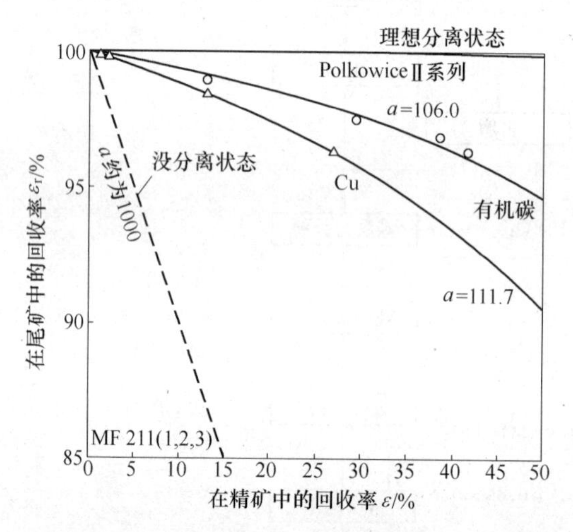

图 7-6　预浮选工业试验结果

（$a = \varepsilon_r \varepsilon / (\varepsilon_r + \varepsilon - 100)$，2013 年 7 月 11 日，Ⅰ～Ⅲ班，充气量 $4m^3$/min；起泡剂 245B：0.8L/min）

从图 7-6 中可以看到，有机碳和铜部分分离，且有机碳浮选的选择性大于铜浮选的选择性。预浮选的精矿可以送去进一步处理以降低铜的含量，预浮选的尾矿可以直接送到目前的处理回路。

7.2　Garpenberg 多金属矿选矿厂（预磁化浮选回收细粒级矿物）[2,3]

Garpenberg 矿床位于瑞典中部的 Bergslagen 地区，东南距首都斯德哥尔摩约 160km，其开采始于 13 世纪，是世界上最老的矿山之一，至今仍在开采。Boliden 公司于 1957 年获得该矿山的所有权。原来每年处理原矿 140 万吨，2011 年开始扩建工程，2014 年处理了 224 万吨矿石，到 2015 年扩建工程完工后，年处理能力可达到 250 万吨（见图 7-7）。

(a) (b)

图 7-7 Garpenberg 矿[4]

（a）采矿竖井及选矿厂全景；（b）选矿厂浮选回路

Garpenberg 矿是一个锌-铅-铜多金属矿床，矿石中平均含锌 5.6%、铅 2.05%、铜 0.06%，并伴生有金（0.27g/t）和银（130g/t）。矿石中的主要有用矿物是闪锌矿、方铅矿和黄铜矿，脉石矿物主要有石英、白云石、滑石、云母、闪石和蛇纹石。选矿厂工艺流程如图 7-8 所示。

矿石经自磨机和砾磨机磨到小于 160μm 给入浮选，浮选分为 Cu-Pb 浮选回路和 Zn 浮选回路两部分，给矿在 Cu-Pb 回路浮选得到铜精矿和铅精矿后，尾矿给入 Zn 浮选回路，浮选得到锌精矿。

Garpenberg 矿选矿厂浮选的特点在于在浮选中安装了磁化调浆装置 ProFlote（见图 7-9）来提高矿浆中的细粒顺磁性硫化矿物的回收率，该装置采用钕铁硼磁铁排列放置在一个不锈钢管中，放入矿浆中，与周围矿浆接触的磁场强度约为 0.5T。装置中的磁铁会自动定期地离开矿浆来清理其上面吸附的铁磁性物料。该装置会选择性地磁化和团聚顺磁性的矿物如硫化铜、镍黄铁矿、银黝铜矿等。该磁化装置于 2001 年首次在工业上应用，安装在澳大利亚新南威尔士州的 Mineral Hill 铜矿选矿厂。

Garpenberg 矿为了回收流程中的细粒顺磁性有用矿物，于 2011 年提出了采用 ProFlote 的想法，经过调查了解之后，于 2012 年中期安装完成，目的是改善 Cu-Pb 回路以及 Zn 浮选回路的品位和回收率，同时，也增加银的回收率。

最初在 Zn 浮选回路的第一台 40m^3 的浮选机中安装了 4 台 ProFlote 装置，后来又移到了 Cu-Pb 浮选回路中，还有两台较小规格的 ProFlote 装置安装在 Cu-Pb 分离回路中。试验之后，这些装置一直处于使用状态。

在试验当中，把取得的样品分为大于 45μm 和不大于 45μm 两个部分，由于

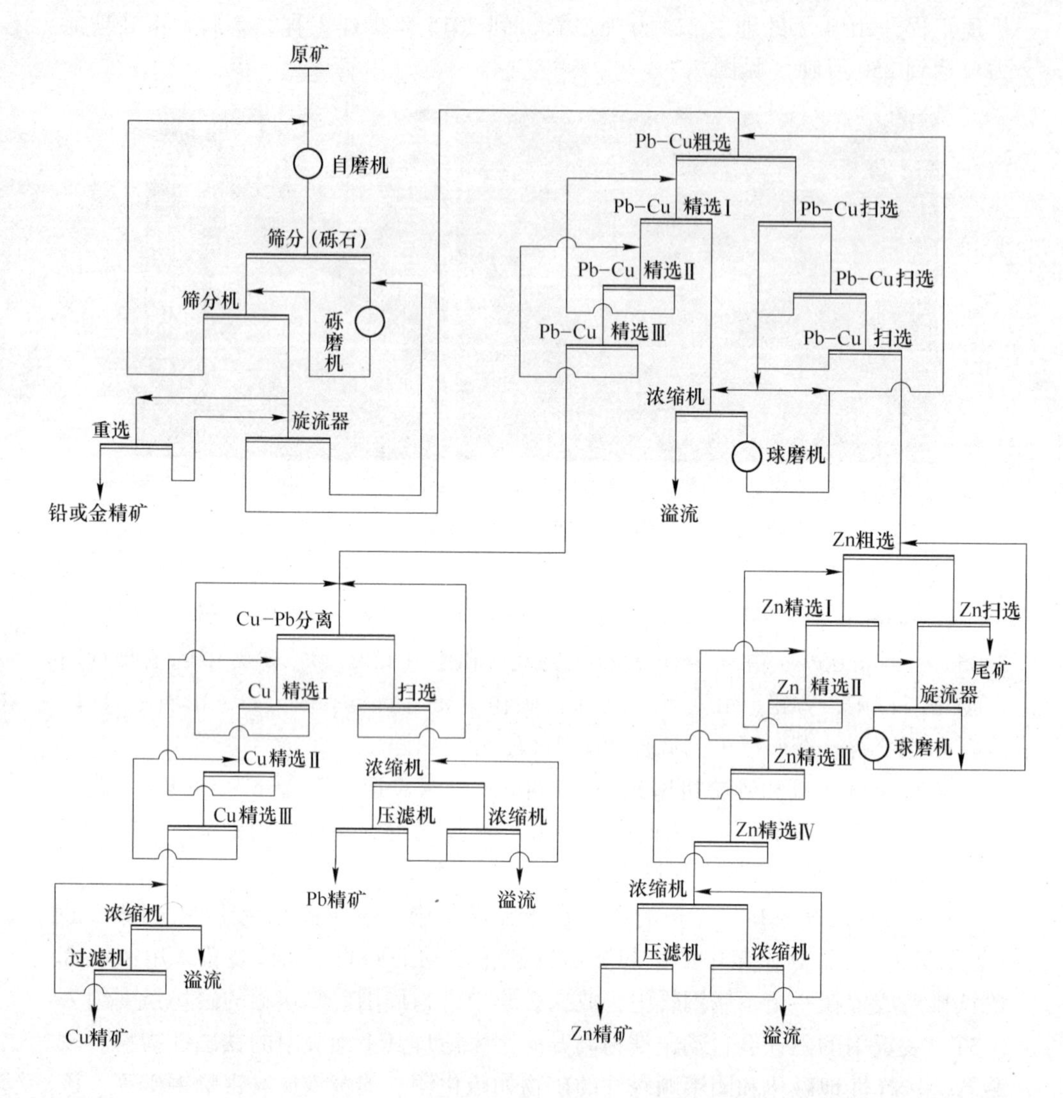

图 7-8 Garpenberg 选矿厂工艺流程

磁性调浆和团聚对细粒级顺磁性矿物有效，因此，磁性调浆后的效果主要与不大于 45μm 部分相关。试验的结果表明在不大于 45μm 粒级中，Cu-Pb 分离回路的铜精矿中铜品位相对增加 10%，铅品位相对降低 28%，使得铜精矿中铅的回收率降低了 25%；在锌浮选回路中，铅的品位增加为 26%，回收率达到 13%，尾矿中锌的回收率降低了 12%。锌精矿中银的回收率和品位分别显著地增加了 14% 和 13%。在锌粗选作业中得到的 Ag 和 Pb 的回收率结果表明，磁化调浆放在 Cu-Pb 粗选回路更合适，可以更好地使 Pb 和 Ag 回收到铅精矿中。因此，又把磁化调浆装置安放在 Cu-Pb 粗选回路中。

图 7-9 Garpenberg 选矿厂浮选机中安装的 ProFlote 磁化装置

与在锌粗选回路一样，把磁化调浆装置安装在 Cu-Pb 粗选回路重复试验的结果表明，铅的回收率和品位分别增加了 15%和 13%，银在铅精矿中的品位增加了 10%，回收率提高了 13%。锌在最终尾矿降低了 17%，其选矿的总回收率提高了 1.2%。

选矿厂自 2012 年安装 ProFlote 磁化调浆装置后，到 2013 年的前三个季度的生产指标变化统计情况如下：

（1）2012 年至 2013 年 1 季度。Cu-Pb 回路的铜精矿品位提高 1%，铜铅精矿中锌品位降低 0.47%，铅精矿中锌品位降低 0.37%；锌回路中，锌精矿中银的品位增加了 12g/t，铅的品位提高了 0.2%，最终尾矿中锌的品位降低了 0.06%。

（2）2013 年 2 季度至 3 季度。Cu-Pb 回路的铜精矿品位提高约 1%，铜精矿中锌和铅的回收率都降低了 0.3%。铜精矿中 Au 和 Ag 的回收率分别提高了 1.2%和 0.5%。

锌回路中，锌精矿中锌的回收率提高了约 1.2%，锌精矿中的 Ag 和 Pb 的回收率分别提高了 0.9%和 0.8%。

目前世界上类似 Garpenberg 矿采用磁化调浆装置的几个实例见表 7-4。

表 7-4 浮选工艺采用磁化调浆技术的实例

选矿厂	矿石类型	磁化调浆位置及粒度	结果
Golden Grove[5]	高氧化铁黄铜矿石、黄铁矿型方铅矿、闪锌矿及贵金属	精扫选回路 80%≤38μm	锌回收率提高 3.84%，锌品位提高 1.65%，尾矿中锌降低 13%，铜回收率提高 3.9%，尾矿中铜降低 39%

续表 7-4

选矿厂	矿石类型	磁化调浆位置及粒度	结果
Cannington[6]	含 Ag 方铅矿、闪锌矿矿石，低黄铁矿、硅酸盐脉石	铅分离浮选回路 80%≤20μm	铅回收率提高 4.0%，铅品位提高 1.3%，银回收率提高 3.5%，尾矿中铅降低 18%，尾矿中银降低 16%
Northparkes Mine[7]	铜金斑岩型黄铜矿和斑铜矿石	粗选给矿搅拌槽 80%≤100μm	对不大于 20μm 的粒级：铜的回收率提高 2.08%，尾矿中铜降低 14%，金的回收率提高 3.5%；对 20 ~38μm 的粒级：铜的回收率提高 0.98%，尾矿中铜降低 23%
Jaguar Mine[8]	含银硫化铁型黄铜矿/闪锌矿矿石	铜和锌回路粗选给矿搅拌槽 80%≤45μm	铜回路：尾矿中铜降低 10%，铜精矿中锌的回收率降低 7%，锌精矿中锌的回收率提高 1.8%，尾矿中锌降低 10%；锌回路：尾矿中的锌又降低 9%

参考文献

[1] Chmielewski T, Konieczny A, Drzymala J, et al. Development concepts for processing of Lubin-Glogow complex sedimentary copper ore [C] //XXⅦ International Mineral Processing Congress, Santiago, 2014.

[2] Hamid R M, Aitahmed A H, Sundberg S. Magnetic conditioning of flotation feed to increase recovery of fine value minerals at Boliden's Garpenberg Concentrator [C] // XXⅦ International Mineral Processing Congress, Santiago, 2014.

[3] Bolin N J, Brodin P, Lampinen P. Garpenberg—an old concentrator at peak performance [J]. Minerals Engineering, 2003, 16: 1225~1229.

[4] Boliden Garpenberg Mine. [EB/OL]. [2015-08-05]. http://www.boliden.com/Press/Press-images/Mining/Garpenberg.

[5] Engelhardt D, Ellis K, Lumsden. Improving fine sulphide mineral recovery-plant evaluation of a new technology [C] //Australasian Institute of Mining and Metallurgy. Proceedings of the Centenary of Flotation Symposium. Melbourne, 2005: 829~834.

[6] Holloway B, Clarke G, Lumsden B. Improving fine lead and silver flotation recovery at BHP-Billiton's Cannington mine [C] //Canadian Institute of Mining, Metallurgy and Petroleum. Proceedings of the 40th Annual Meeting of the Canadian Mineral Processors. 2008: 347~362.

[7] Rivett T, Wood G, Lumsden B. Improving fine copper and gold flotation recovery - a plant eval-

uation [C] // The Australasian Institute of Mining and Metallurgy. Proceedings of the Ninth Mill Operators' Conference. Melbourne, 2007: 223~228.

[8] Wilding J, Lumsden B. Implementation of magnetic conditioning in two stage sequential Cu-Zn flotation separation [C] // Metallurgy and Materials Society. Proceedings of the Conference of Metallurgists. Quebec, 2011: 139~148.

8 铁矿石浮选

8.1 Chadormalu 铁矿选矿厂[1,2]

Chadormalu 铁矿是伊朗中部最大的铁矿山，位于 Persia 沙漠的中心，Gray Chahmohammad 山的北面，Saghand 盐沼泽地的南面。西南距 Yazd 180km，北距 Tabas 市 300km，有铁路与伊朗铁路网相连，有沥青公路与主要的 Yazd-Mashhad 公路相连。

该矿有 4 亿吨的资源量，3.2 亿吨的储量，分为北、南两个矿体，平均含铁 55.2%，含磷 0.9%。根据长期的开采计划，工业储量为 3.6 亿吨，考虑 10%的采矿损失，可采的储量预计为 3.2 亿吨。

矿床中有三种主要成分：磁铁矿、赤铁矿和磷灰石。根据赤铁矿和磁铁矿的比率把矿体划分为氧化矿体和非氧化矿体。大部分的磁铁矿属于氧化矿体中，约 3 亿吨属于氧化矿体，1 亿吨属于非氧化矿体。

年开采计划 1200 万吨矿石送到选矿厂，100 万吨高铁低磷矿石用于生产块矿，每年的采剥总量为 3000 万吨。基础数据见表 8-1。

表 8-1 Chadormalu 铁矿基础数据

矿体发现		1940 年
地质勘探期间		1963~1978 年
总岩芯钻孔/m		36500
水文钻孔/m		4700
地质储量/亿吨		3.99
经济储量/亿吨		3.20
平均品位/%	Fe	55.3
	P	0.94
	S	0.19
平均剥采比（W/O）		1.5
年采矿量/万吨		1200

该矿属于伊朗国家钢铁公司（NISCO），于 1999 年 4 月正式投产，是伊朗直接还原铁所用铁精矿的主要生产商。

Chadormalu 铁矿选矿厂处理能力约 2000t/h，粗碎采用 1 台旋回破碎机，粗碎后的矿石给入 5 台平行的半自磨机，磨矿后的矿浆经磁选、高强度磁选和反浮选选别后得到磁铁矿精矿、赤铁矿精矿和磷灰石精矿三种产品，简化后的选别流程如图 8-1 所示。

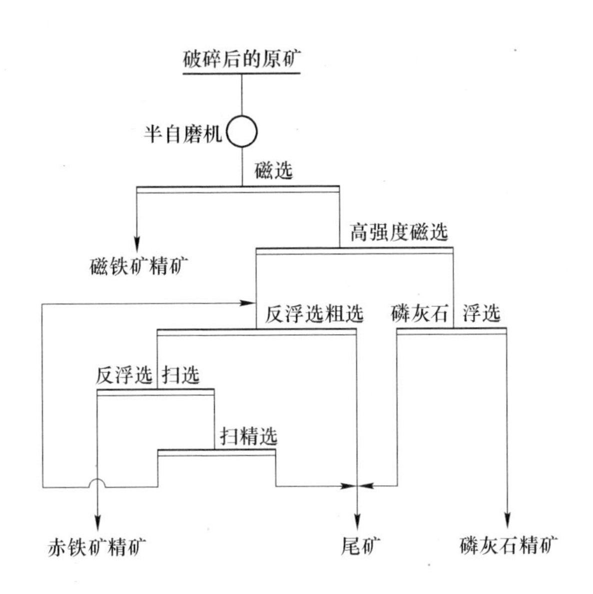

图 8-1 Chadormalu 选矿厂选别流程简化图

反浮选采用 Berol 和 Asam 的合成物作为捕收剂兼起泡剂，碳酸钠作为 pH 值调整剂，硅酸钠作为赤铁矿的抑制剂，所有的药剂添加到赤铁矿反浮选回路的调整槽中。

Chadormalu 选矿厂原设计 4 个系列，设计能力为每个系列年处理含铁 60%的铁矿石 170 万吨，由于给矿铁品位降低到 55%~56%，经过几次改进后，每个系列的年处理能力增加到 210 万吨，4 个系列年生产精矿达到 840 万吨。2012 年第 5 个系列投产后，总的铁精矿年生产能力达到 1050 万吨。

生产的铁精矿含 Fe 最少 67.5%，含 P 最多 0.05%。除了铁精矿之外，每年生产 60 万~100 万吨含 Fe 61%以上的高品位鼓风炉用铁矿石，这些矿石在邻近的一个私人工厂里被破碎和筛分后分成块矿和粉矿。

此外，选矿厂有 3 个系列安装有后续设备可以直接生产磷灰石精矿，总的磷灰石精矿年生产能力可达到 14 万吨。每年块矿的生产能力可达 120 万吨。

Chadormalu 铁矿生产的铁精矿质量见表 8-2，产品的物理性能见表 8-3。

表 8-2 铁精矿质量 (%)

产 品	Fe	FeO	SiO_2	Al_2O_3	P	S	MgO	CaO
球团给矿（精矿）	67. 5	17	2. 5	0. 4	0. 06	≤0. 03	0. 35	0. 45
块 矿	62	18	3~4	0. 3	0. 35	≤0. 12	0. 7	1. 2
烧结给矿（粉矿）	60	19	4~5	0. 6	0. 45	≤0. 12	0. 9	1. 8

表 8-3 铁精矿的物理性能

产 品	性 能	指 标	备 注
球团给矿（精矿）	粒度	80%≤45μm	
	Blain 值	1600~1700cm^2/g	
	水分	9. 5%	
	松散密度	2. 5g/cm^3	
	氟含量	约 2. 1%	
块 矿	粒度范围	6. 3~31. 5mm 占 90%； <6. 3mm 最大 5%； >31. 5mm 最大 5%； >50mm 为零	
烧结给矿（粉矿）	粒度	<6. 3mm 占 92%； >6. 3mm 占 8%	
	水分	3%~4%	
磷灰石	P_2O_5	约 33%	小于 45μm
	MgO	0. 90%	
	Fe	2. 5%	
	水分	最高 10%	

8.2 Samarco 矿业公司选矿厂[3~6]

Samarco 矿业公司铁矿山位于巴西 Minas Gerais 州的 Iron Quadrangle 区域（见图 8-2），南距已经开采完的 Germano 矿床 4. 5km，BHP Billiton 和淡水河谷各持有 Samarco 50%的股份。Samarco 矿业公司的生产分为两个区域：矿山和 3 个选矿厂位于 Minas Gerais 州靠近 Mariana 市和 Ouro Preto 市的 Germano 区域；4 个球团厂和 1 个运输码头位于 Espirito Santo 州大西洋海岸的 Ponta Ubu 区域。两个生产区域之间通过 3 条长度分别为 396km、396km、401km 的铁精矿输送管线相连接。

Samarco 矿床属于低品位的 Itabiritio 矿石，至 2009 年 6 月 30 日止，其确认的储量为 7. 69 亿吨，含铁品位为 44. 3%；推定的资源量为 8. 21 亿吨，含铁

图 8-2 Samarco 铁矿露天采场

41.5%；探明的资源量总计 12.38 亿吨，含铁 42.2%；控制的资源量是 6.82 亿吨，含铁 38.1%，矿山生产寿命可达 39 年。

由于 Itabiritio 矿石很软，其挖掘采用推土机，然后用前装机装到 177t 的运矿卡车上送到混矿区域混合后储放在缓冲矿堆，再用长距离带式输送机送到 4km 外的位于 Germano 的 3 个选矿厂。3 个选矿厂的年处理能力分别为：1 号选矿厂（1977 年投产）2340 万吨，2 号选矿厂（2008 年投产）1400 万吨，3 号选矿厂（2014 年投产）1480 万吨。3 个选矿厂总的年处理能力达到 5220 万吨。

在选矿厂中，矿石经破碎、筛分后给到二段连续磨矿的磨矿回路中进行磨矿，磨到小于 150μm 的矿浆经旋流器分级脱除超细粒级（小于 10μm）的物料后，给入常规大型浮选机中进行反浮选。反浮选的底流经再磨机开路再磨后给入浮选柱精选，精选后的底流即为最终精矿。浮选机粗选和浮选柱精选的泡沫产品与脱泥旋流器的溢流合并即为最终尾矿。反浮选采用淀粉作为抑制剂，胺类作为石英的捕收剂。Samarco 选矿厂工艺流程如图 8-3 所示。

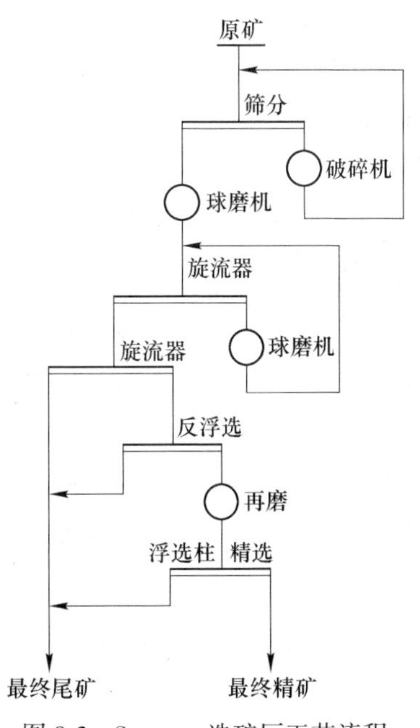

图 8-3 Samarco 选矿厂工艺流程

选矿厂生产的铁精矿，经浓缩机浓缩到 70%的浓度后，采用隔膜泵输送到大西洋岸边的位于 Espírito Santo 州的球团厂，输送的精矿细度控制为大于 75μm 粒级小于 3.5%。对应于 3 个选矿厂，共有 3 条精矿输送管线，是世界上最长的精矿输送管线，其有效运行率为 99%。第一条管线直径为 508mm，长度为 396km；2008 年铺设的第二条管线直径为 410mm/355mm，也是 396km，每条管线上有两个泵站和两个阀门站来调节管路内部的压力和主要流量，平均流速为 6km/h，平均流量为 1200m^3/h。第一条和第二条管路总的设计年输送能力为 1200 万吨，由于泵的性能改进和监测技术的提高，目前的年输送能力为 1500 万吨。2014 年 4 月建成的第三条与 3 号选矿厂配套的管线直径为 559mm/610mm，长度为 401km，设计年输送能力为 2000 万吨。3 条输送管线 2014 年的输送 70%浓度的精矿能力达到 3650 万吨。其中管径的变化是为了在管路中的局部地段增加流速。

在管线的终端，矿浆经浓缩后给入储槽，然后送到真空过滤机进行过滤，过滤后的滤饼与石灰石、斑脱土和煤混合后送到成球盘制成球团。制成的球团进行筛分，合格的粒级送入硬化炉中进行烧制，过大的和过小的球团则返回前面的成球过程重新成球。烧制后的球团用带式输送机送到港口的 200 万吨容量的储存区域。

第三个球团厂项目是 2005 年 10 月批准的，其中配套的 2 号选矿厂的年精矿生产能力是 750 万吨。

2011 年，第四个球团厂项目获得批准，该项目于 2014 年 4 月建成，其年生产球团能力为 825 万吨，与之配套的 3 号选矿厂的年精矿生产能力是 950 万吨。同时建成的还有第三条与现有两条平行的矿浆管线。

目前，Samarco 矿业公司的球团年生产能力达到 3050 万吨，2014 年共生产了 2507.5 万吨的球团。

参考文献

[1] Chadormalu Mine.［EB/OL］.［2014-12-12］. http：//www.chadormalu.com.

[2] Mehrabi A, Mehrshad N, Massinaei M. Machine vision based monitoring of an industrial flotation cell in an iron flotation plant［J］. Intern. J. of Min. Process. 2014（133）：60~66.

[3] Samarco［EB/OL］.［2015-08-06］. http：//www.samarco.com.

[4] Samarco［EB/OL］.［2015-08-06］. http：//www.mining-technology.com/projects/samarco.

[5] Moore P. Samarco—an iron ore pioneer［J］. International Mining. 2011, 12：8~16.

[6] Samarco. Annual Sustainability Report 2014［R］. 2014：12~16.

9 铅锌矿石浮选

本章主要介绍美国Red Dog铅锌矿的选矿厂生产实践。[1~3]

Red Dog铅锌矿（见图9-1）位于阿拉斯加西北部，是世界上最大的锌精矿生产企业。矿山位于北极圈内，交通方式是空运，季节性的可以通过海运，每年7~10月有100多天的海路通行时间，所有的材料供应和精矿运出都在此期间完成。人员交通通过航空进出。

图9-1 Red Dog铅锌矿

Red Dog矿床是一个密西西比纪到二叠纪黑页岩为主的锌-铅-银喷流沉积矿床，硅化是矿化过程中的主要部分，基质页岩已经硅化，局部类似黑硅石，主要的硫化物按含量降序为闪锌矿、黄铁矿、方铅矿和白铁矿。Red Dog矿的闪锌矿嵌布粒度非常细，无定形，通常与石英共生。

Red Dog矿有四个单独的矿体：主矿体、Aqqaluk矿体、Paalaaq矿体和Qanaiyaaq矿体。

矿山于1989年投产，日处理能力10000t（见图9-2）。选矿厂矿石破碎采用旋回破碎机，磨矿采用半自磨机和球磨机，选别采用优先浮选工艺，精矿脱水采用压滤机。尾矿放置于靠近选矿厂的一个盆地里。选矿厂年处理能力为320万吨，生产22万吨的铅精矿和110万吨的锌精矿。生产的精矿用卡车运到80km外的港口，储放在两个精矿场内到海路通行开始。

图 9-2 Red Dog 采场

选矿厂的浮选流程投产以来已经改进多次，浮选流程如图 9-3 所示。

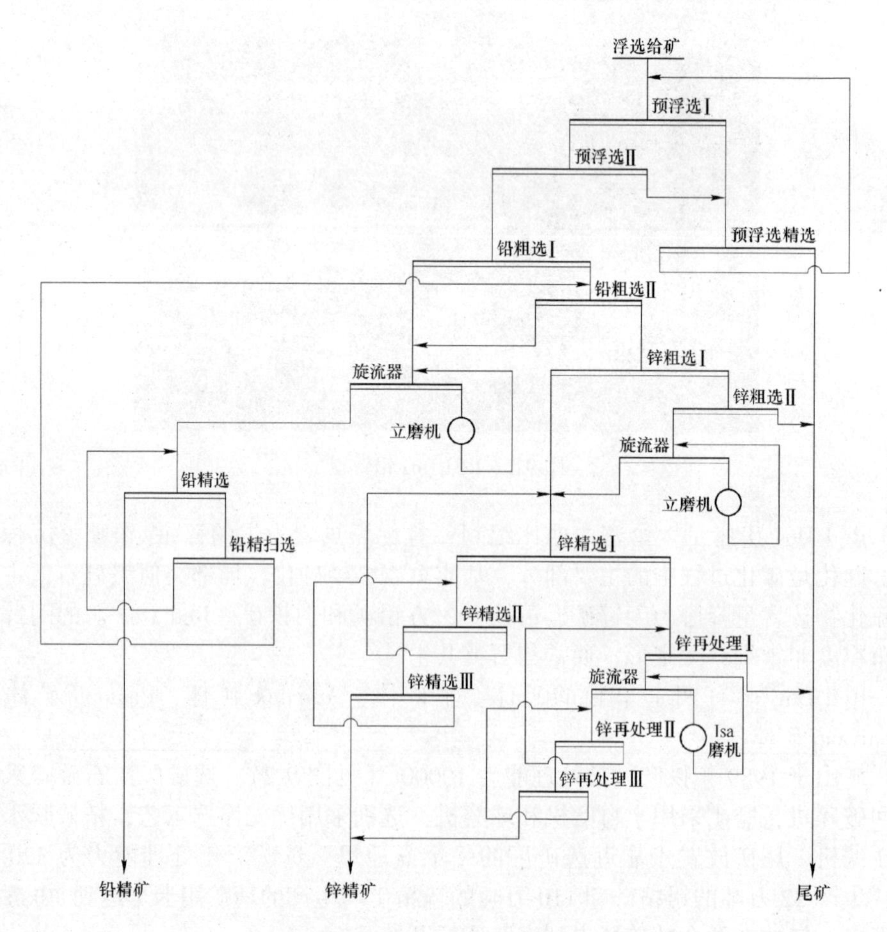

图 9-3 Red Dog 选矿厂浮选流程

从矿山送到选矿厂的矿石经旋回破碎机破碎至不大于160mm，再经由半自磨机和球磨机组成的磨矿回路磨到 $P_{80}=65\mu m$ 后给入浮选。浮选回路由三部分组成：预浮选回路、铅浮选回路、锌浮选回路。Red Dog 选矿厂浮选柱如图 9-4 所示。

图 9-4 Red Dog 选矿厂浮选柱

Red Dog 矿是露天开采，由于环境的影响，上部矿体风化，使得矿石中含有大量的元素硫，同时矿体中含有有机碳，两者的自然可浮性都很好。元素硫和有机碳的存在，严重地影响了铅浮选精矿的质量。为此，在 1991 年，在铅浮选回路的前面安装了 2 台 OK 的 SK-50 闪速浮选机与铅粗选的前 2 台浮选机一起构成预浮选回路，用来选别除去矿石中的元素硫和有机碳，直到 1995 年上部的风化矿石处理完毕，原铅粗选的前 2 台浮选机仍调整回铅粗选回路。但有机碳不像元素硫，其呈浸染状存在于整个矿体的黑页岩基岩中，给矿中有机碳的含量与铅、锌在预浮选精矿中损失的相关关系如图 9-5 所示。因此，预浮选流程作为一种固定结构存在下来，前后经过多次调整，前 2 台采用 Maxwell 的 MX14 浮选机，后将其搅拌装置改为 OK-50 浮选机的搅拌装置，后面的4 台（平行的2 列）则采用 OK-50 浮选机。2006 年又安装了一台 B5400/18 型 Jameson 浮选柱作为预浮选（反浮选）的精选作业，2007 年投入使用（见图 9-6）。由于 Jameson 浮选柱的使用，使得锌和铅的总回收率分别提高了 1.0%和 1.5%[4]。

浮选设备则是粗选和精选采用 $50m^3$ 的 OK 型常规浮选机，最终的精选则是采用浮选柱。选矿厂总计有 59 台 $50m^3$ 浮选机、8 台直径 3.66m 的浮选柱、4 台直径 2.74m 的浮选柱和 10 台装机功率 335kW 的用于铅、锌精选回路各种产品再磨的立磨机。2008 年又购买了 2 台装机功率为 1600kW 的 M3000 型 Isa 磨机取代了

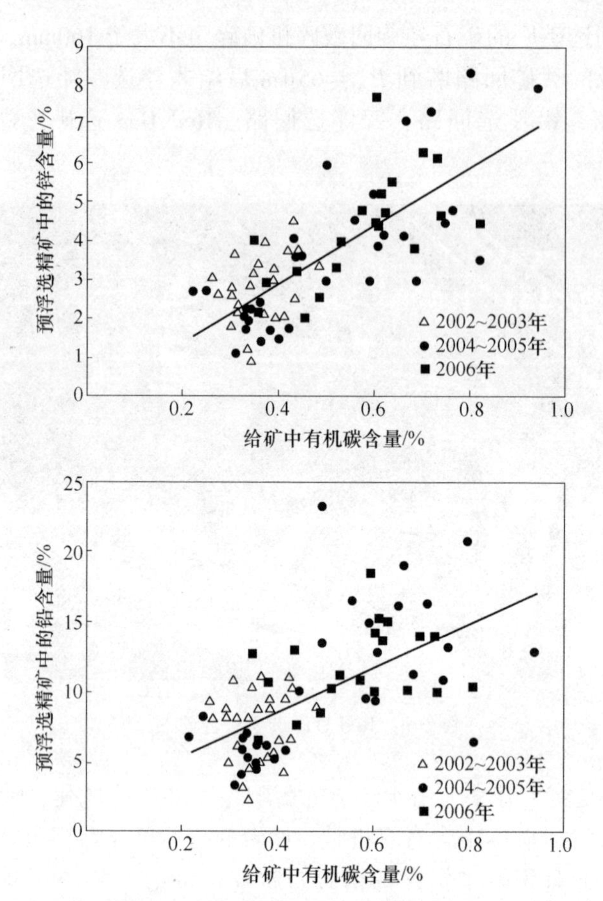

图 9-5　给矿中有机碳含量与预浮选精矿中锌、铅损失的相关关系

图 9-6　Red Dog 铅锌矿安装于预浮选回路的 Jameson 浮选柱

原有的 7 台立磨机用于处理锌的再处理回路的锌精矿。

锌的再处理回路的给矿为锌回路第一次精选的尾矿。再处理回路有三个浮选阶段：第一个阶段是常规浮选，第一次再处理作业的尾矿直接作为最终尾矿，再处理作业的精矿给到再磨回路，在再磨回路中磨到 P_{80} 为 17~29μm 后，给入第二段采用常规浮选的再处理作业选别，然后再给入第三段再处理作业。第三段再处理作业为 2 台直径 3. 66m 的浮选柱，该段生产约 25%的最终锌精矿。

Red Dog 近三年的生产数据见表 9-1。

表 9-1 生产数据

年 份		2014	2013	2012
处理矿量/kt		3627	3853	3576
Zn	品位/%	17. 5	17. 0	18. 2
	回收率/%	—	84. 0	81. 3
	产量/kt	596. 0	551. 3	529. 1
Pb	品位/%	4. 7	3. 9	4. 6
	回收率/%	—	64. 9	57. 7
	产量/kt	122. 5	96. 7	95. 4

参考文献

[1] Pyecha J, Lacouture B, Sims S, et al. Evaluation of a Microcel™ sparger in the Red Dog column flotation cells [J] . Minerals Engineering, 2006 (19): 748~757.

[2] Runge K C, Franzidis J P, Manlapig E V. A study of the flotation characteristics of different mineralogical classes in different streams of an industrial circuit [C] //Lorenzen L, Bradshaw D J. Proceedings: XXII International Mineral Processing Congress, Cape Town, 2003: 962~972.

[3] Red Dog Mine [EB/OL] . [2014-12-27] . http://www.mining-technology.com/projects/red_dog.

[4] Smith T, Lin D, Lacouture B, et al. Removal of organic carbon with a Jameson cell at Red Dog mine [C] // Proceedings of the 40th Annual Canadian Mineral Professors Conference, 2008: 333~346.

10　铂矿石浮选

本章主要介绍南非 North 铂业有限公司选矿厂的生产实践[1]。

Northam 公司有两个自有矿山，此外还有参股的矿山。其自有的矿山分别为位于南非 BIC 成矿带西翼北端的 Zondereinde 铂矿和位于 BIC 成矿带东翼南端的 Booysendal 铂矿，其中 Zondereinde 铂矿的储量为 223. 9t，资源量为 2510t，目前的年产量为 9. 33t；Booysendal 铂矿的储量为 98. 6t，资源量为 3210t，目前年产量为 4. 97t。

Zondereinde 铂矿目前的开采深度平均为 1750m，地面设施有选别 Merensky 矿石和 UG2 矿石的选矿厂、碱金属脱除车间和冶炼厂。

Booysendal 铂矿采用房柱法机械化开采，有 4 条斜坡道，其中 3 条在矿脉上，1 条在下盘。地面设施有一个 UG2 矿石选矿厂和一个重介质选矿厂，需冶炼的精矿送 Zondereinde。

Northam 对于 Merensky 矿石采用自磨机磨矿，对于 UG2 矿石则采用破碎—高压辊磨机—球磨机的碎磨流程。其处理 UG2 矿石的选矿厂流程如图 10-1 所示[2]。

Northam 选矿厂投产于 1992 年，其位于 Zondereinde 的 UG2 矿石成矿过程几乎没经历过热液活动，矿物学上很简单，铬铁矿的晶粒大到 300μm（见图 10-2），在 75%的小于 75μm 的条件下，一段和二段的快浮部分合并后达到了 0. 858。在磨矿细度为 60%～75% 小于 75μm 时，解离指数约为 0. 85。在 2009 年，其选矿厂的平均铂族金属（PGM）回收率为 86. 6%，最终磨矿细度为 65% 小于 75μm[3]。

原矿被破碎到 80%小于 6mm 后，给到一台高压辊磨机中。高压辊磨机的产品为 80%小于 1. 5mm 及 10%小于 75μm，然后给入一台 $38m^3$ 的闪速浮选机中选别。闪速浮选的精矿中铂族金属（PGM）的回收率接近于 40%，品位为 300g/t，含 Cr_2O_3 为 5%，然后给入由 1 台 ϕ2. 2m×6. 5m 和 1 台 ϕ1. 4m×9. 5m 的浮选柱组成的精选回路精选。闪速浮选的尾矿和一段球磨机排矿的筛上产品给入由 6 台 $20m^3$ 浮选机组成的第一段粗选回路浮选，其粒度为 30%小于 75μm，浮选浓度为 40%。一段粗选的尾矿经旋流器分级后进一步磨到 65%小于 75μm，然后给入由 6 台 $40m^3$ 浮选机组成的第二段粗选回路浮选。二段粗选的精矿合并后浓缩到 35%～40%的浓度，给入分别由 5 台 $5m^3$ 浮选机和 3 台 $5m^3$ 浮选机组成的精选和再精选回路。最终精矿通过两台串联的浮选柱回路产出。精选的尾矿则通过高能浮选机

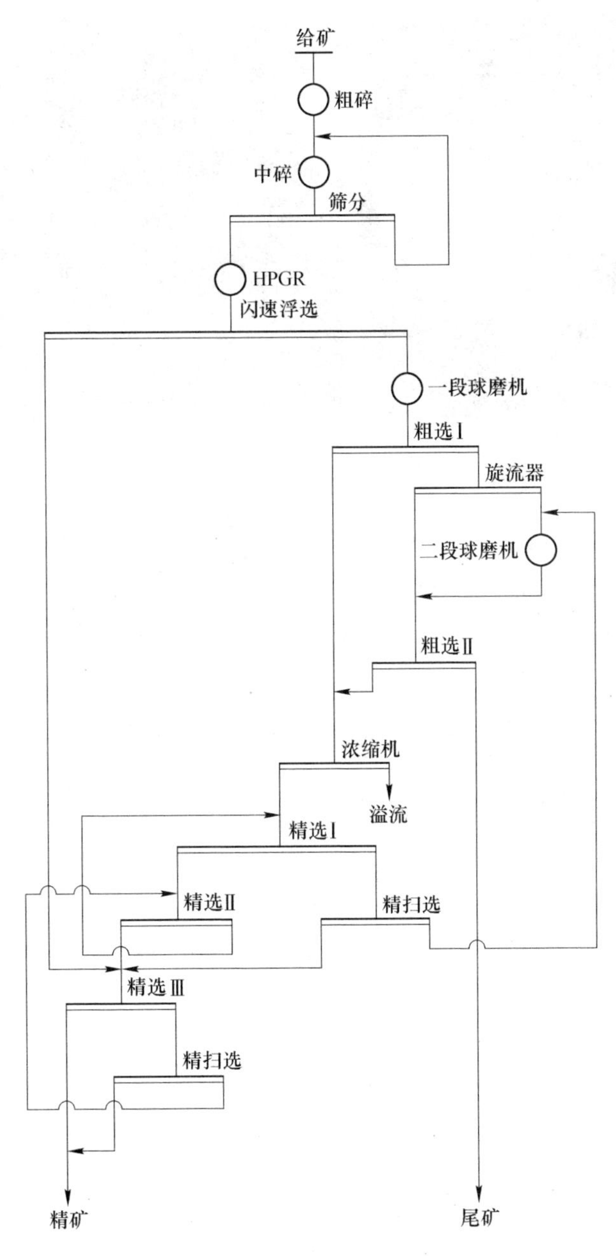

图 10-1 Northam UG2 矿石选别流程

再处理。

经过一系列的改进后，选别指标的变化详见表 10-1。通过不断的改进，Northam 的处理能力已经增加了 45%，从年平均 70000t/m（107t/h）增加到 96000t/m（148t/h），同时，PGM 的回收率提高了 6%，第一段和第二段粗选的

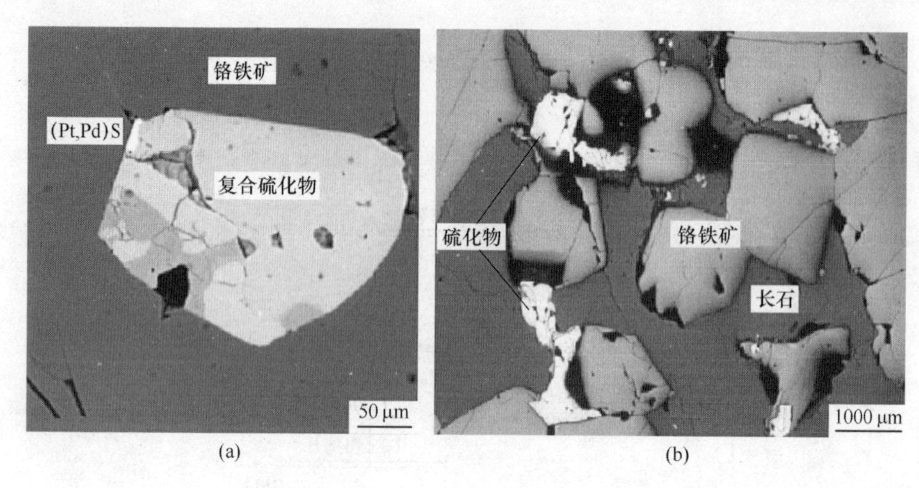

图 10-2 Zondereinde 的 UG2 矿石嵌布状态

名义停留时间从 104min 降低到 71min，总的 PGM 产量增加了 63%，从每月 243kg 增加到 396kg。精矿中的 Cr_2O_3 含量从原来的 4%降低到平均约 2.15%。总的精选和精扫选的体积从 $40m^3$ 增加到 $137m^3$，每吨新给矿所需的浮选容积从 $0.37m^3/t$ 增加到 $0.87m^3/t$。

表 10-1 Northam 在选别性能上的改进

时 间	处理量 /t · 月$^{-1}$	4E		Cr_2O_3		小于 75μm 粒级/%	精矿产率 /%	回收率/%	
		给矿 /g · t^{-1}	精矿 /g · t^{-1}	给矿 /%	精矿 /%			4E	Cr_2O_3
2003. 7～2004. 6	69745	4. 33	375	26. 14	4	54. 7	0. 93	79. 8	0. 142
2005. 5～2006. 6	73244	4. 53	332	24. 63	2. 66	63. 2	1. 14	83. 1	0. 124
2006. 7～2007. 6	77346	4. 39	336	24. 35	2. 44	64. 4	1. 11	84. 2	0. 112
2007. 7～2008. 6	80253	4. 36	360	22. 28	2. 02	63. 3	1. 01	80. 6	0. 093
2008. 7～2009. 8	95952	4. 33	235	23. 92	2. 06	69. 8	1. 58	85. 1	0. 136
最好月（2009. 8）	61679	4. 60	221	23. 69	2. 31	67. 5	1. 84	88. 4	0. 180

注：表中“4E”为铂、钯、铑、金 4 种元素的统称。

参考文献

[1] Northam [EB/OL]. [215-01-02]. http://www.northam.co.za/about-northam/metallurgical-operations.

[2] Hay M P. A case study of optimizing UG2 flotation performance. Part 2: Modelling improved PGM recovery and Cr_2O_3 rejection at Northam's UG2 concentrator [J]. Minerals Engineering, 2010 (23): 868~876.

[3] Hay M P, Roy R. A case study of optimizing UG2 flotation performance. Part 1: Bench, pilot and plant scale factors which influence Cr_2O_3 entrainment in UG2 flotation [J]. Minerals Engineering, 2010 (23): 855~867.

11 磷矿石浮选

磷酸盐是肥料的基本成分，目前，世界磷矿石储量为670亿吨[1]，主要分布在摩洛哥、西撒哈拉、中国、阿尔及利亚、叙利亚、南非、约旦、俄罗斯、美国等20多个国家和地区。其中，摩洛哥和西撒哈拉地区的储量最大，达500多亿吨，占世界总储量的75%。中国的磷矿储量为37亿吨。

磷酸盐矿床有两种主要类型：火成岩型和沉积岩型，二者在矿物学特性、结构特性和化学特性上差别很大。火成岩型常常与碳酸盐或碱性侵入岩有关，一般结晶完整，但品位低。大部分的磷酸盐矿石产自于海相沉积磷酸盐。沉积矿床占磷酸盐储量和资源量的87%。因此，世界上磷酸盐矿石的80%来自于沉积型磷酸盐矿石的开采和选别。大部分沉积型磷酸盐呈土状、隐晶型，共生的脉石矿物主要是白云石、石英、赤铁矿、铝硅酸盐和黏土矿物。通常开采出的磷酸盐矿石中的磷酸盐含量为5%~40%的 P_2O_5。低品位的磷酸盐矿石选别过程中面临的主要技术问题是MgO的脱除，同时，脱除的矿泥处置也是一个重要的环保问题。

磷酸盐矿物的浮选主要是采用脂肪酸和燃料油，结合磷酸盐矿石浮选的工业实践，对于其浮选机理的研究也一直在进行中，关于捕收剂的附着和润湿现象也仍然有许多未知数，表11-1为不同的磷酸盐矿物采用油酸浮选的比较结果。

表11-1 不同的磷酸盐矿物在 5×10^{-4}mol/L 的油酸浓度和pH值为10的条件下采用油酸浮选的参数比较

矿 物	吸附密度/$mg\cdot m^{-2}$	表面覆盖度	接触角/(°)	浮选回收率/%
氟磷灰石	1.08	0.49	55	88.7
碳酸磷灰石	0.86	0.39	43	71.3
羟磷灰石	0.52	0.24	38	62.5
氯磷灰石	0.34	0.20	没有附着	53.2

注：表面覆盖度值在0~1之间，0表示无覆盖，1表示全覆盖。

11.1 Florida磷矿石浮选工艺[2]

硅质沉积磷酸盐矿石的选矿厂通常采用双浮选工艺即“Cargo工艺”进行选别，流程如图11-1所示。双浮选工艺在世界范围内工业应用已经70余年。在该工艺中，磷酸盐矿石被分级为四个粒级：砾石（大于1mm）、粗粒（1~

0.4mm）、细粒（0.4~0.1mm）、矿泥（小于0.1mm）。P_2O_5含量超过28%的砾石产品是最终产品之一；含有大量超细粒黏土矿物的矿泥由于从中分离磷酸盐矿物非常困难，被排放到尾矿；含有大量石英的粗粒和细粒粒级则送到选矿厂的浮选工艺，采用含有脂肪酸和燃料油混合物的不溶性油类捕收剂进行浮选。粗粒和细粒的给矿分别以70%的固体浓度、在碱性pH值下采用脂肪酸和燃料油进行搅拌调浆。调浆后，磷酸盐矿物（如细晶磷灰石，一种隐晶质碳酸盐氟磷灰石）在浮选机中浮出。浮选的精矿采用胺类捕收剂反浮选除去夹带的石英，然后采用硫酸擦洗除去矿粒上吸附的脂肪酸和燃料油。

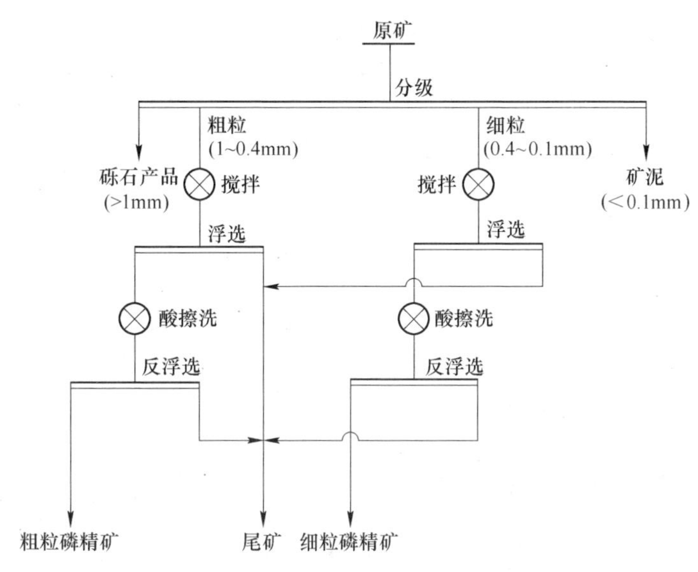

图11-1 Florida磷酸盐矿石浮选流程

浮选设备采用浮选机和浮选柱，有趣的是在粗粒级的粗选中采用了浮选柱，因为大多数的工业应用中，浮选柱是用于细粒浮选。

在双浮选工艺中，对于沉积型矿石广泛采用高浓度（大于70%）下加入脂肪酸和燃料油进行搅拌，以改善磷酸盐的回收率和降低捕收剂耗量。对于搅拌调浆的过程现象和参数优化的研究发现，磷酸盐的回收率随着搅拌能耗的增加而增加到一个临界值，然后随着能耗的进一步增加而降低。在较高能耗的水平下，回收率降低是由于在极强的搅拌下产生了泥化。根据阴离子捕收剂吸附的机理，在搅拌过程中降低水的含量具有提高水相中捕收剂的浓度和降低活化离子数量的双重效果。这是大多数采用不溶性油类捕收剂系统的做法，捕收剂的分布是最重要的因素。除高浓度搅拌之外，采用一定量的非离子型表面活性剂会改善泡沫的稳定性及脂肪酸和燃料油类捕收剂的分散—附着—扩散过程，从而极大地增加粗粒磷酸盐的回收率。

11.2 Serrana 磷矿石选矿厂[2]

巴西的 Serrana 磷矿石选矿厂浮选流程如图 11-2 所示，该选矿厂在改造中采用浮选柱代替了原有的浮选机作为粗选设备，共采用了 6 台矩形断面浮选柱，浮选柱的断面规格为 3m×4m，高为 14. 5m，取代了总容积为 668. 4m^{3}的浮选机。浮选柱的操作参数见表 11-2。

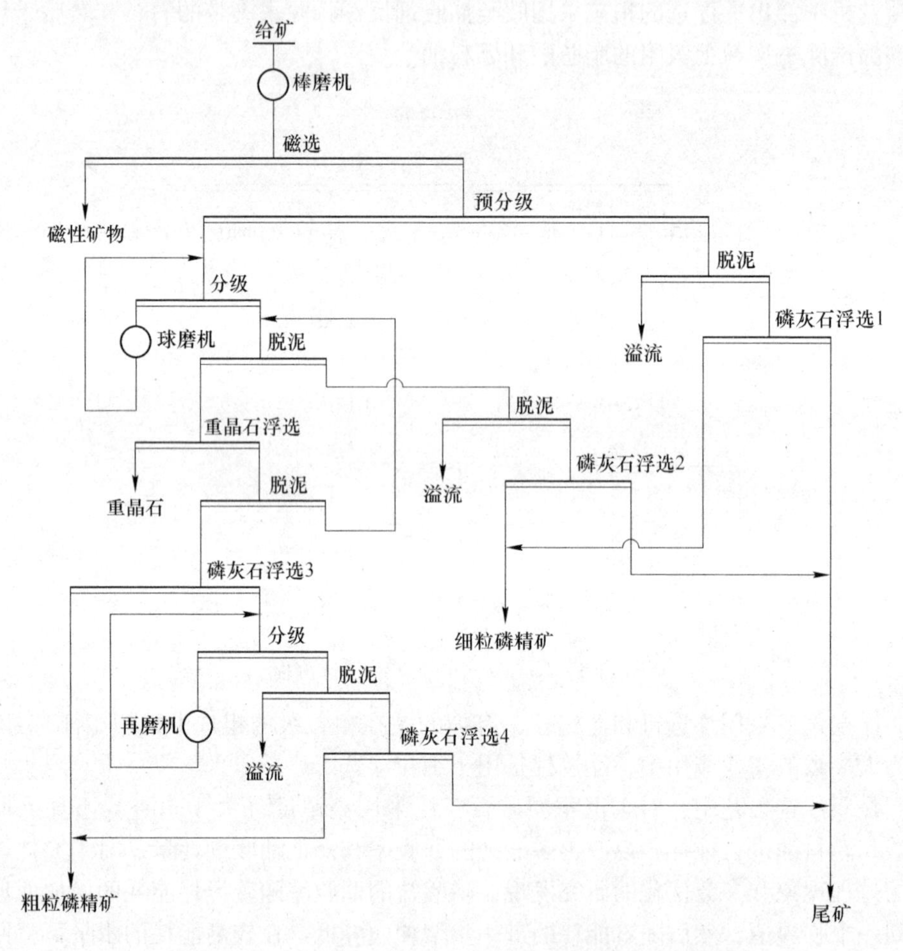

图 11-2 巴西 Serrana 公司 Araxá 磷矿石选矿厂的浮选流程

表 11-2 Serrana 磷矿石选矿厂浮选柱的操作参数[1]

参 数	磷灰石浮选 1	磷灰石浮选 2	磷灰石浮选 3	磷灰石浮选 4	重晶石浮选
表面速度/cm · s^{-1}	0. 90	0. 90	0. 97	0. 82	0. 94
冲洗水速度/cm · s^{-1}	0. 19	0. 19	0. 19	0. 23	0. 13
偏差/cm · s^{-1}	0. 08	0. 05	0. 12	0. 17	0. 02

续表 11-2

参　数	磷灰石浮选 1	磷灰石浮选 2	磷灰石浮选 3	磷灰石浮选 4	重晶石浮选
停留时间/min	39	61	50	33	24
负载能力/t·（h·m^2）$^{-1}$	1.5	1.7	2.7	1.2	1.4
唇缘排出能力/kg·（h·m）$^{-1}$	550	630	1000	440	510
泡沫层厚度/cm	70	70	60	60	25

参考文献

[1] U. S. Department of the Interior. U. S. Geological Survey, Mineral Commodity Summaries 2015 [R]. 2015: 118, 119.

[2] Miller J, Tippin B, Pruett R. Nonsulfide flotation technology and plant practice [C] //Mular A L, Halbe D N, Barratt D J. Mineral Processing Plant Design, Pratice, and Control Proceedings. Littleton: SME, 2002: 1159~1178.

12 其他工业矿物浮选

12.1 云母[1]

云母是一种含水铝硅酸盐矿物，其化学组成是变化的。云母有几种类型：

(1) 白云母，由于其独特的性能，特别是其颜色、薄片状结构和绝缘性能，在工业上被广泛开采；

(2) 金云母，具有暗斑色，用于大面积的隔音和填料；

(3) 黑云母，其堆密度较高，晶体中含有大量的铁原子，颜色几乎是黑色，因而，用途非常有限，基本上没有商用价值。

云母的用途包括油漆填料、塑料添加剂、黏合剂、表面涂层、绝缘板及其他工业用途。云母所具有的影响市场应用和价格的重要矿物特性有：纵横比或堆密度、颜色或白度、粒度。大多数的工业用途需要细磨的产品，或者湿磨，或者干磨。

通过分析来确定一种云母是非常困难的，因为云母不是一种纯矿物，而是一个化学组成变化的矿物家族。如钾是白云母中的主要元素，但由于白云母成分的可变性，不能采用化学分析来确定样品中的云母含量。通常云母不是根据化学分析结果而是根据物理性能的规范要求来进行销售。工业上采用的评估云母浮选效率的方法是淘洗、磁选和堆密度。

由于云母的晶体结构为薄片状，因此，其很容易被浮选。云母既可以在酸性环境中采用阳离子捕收剂浮选，也可以在碱性环境中采用阴离子捕收剂浮选，两种浮选环境工业上都有采用，只是酸性浮选环境更常用一些。在两种环境下其浮选的选择性都是相当好的，浮选精矿的云母含量通常为90%或更高。云母浮选速率很快，产生的泡沫层很厚。

云母的浮选准备首先是破碎后采用湿式球磨或棒磨进行磨矿，大多数的矿石是粗粒解离，不管是酸性或碱性浮选都需要预先脱泥。脱泥基本是在粒度为0.1mm左右进行一段或二段脱泥。第一次脱泥是在磨矿后以脱除矿石中的原生矿泥，第二次脱泥是在擦洗后以脱除次生矿泥。擦洗和脱泥对于云母浮选不是绝对必须的，但是浮选给矿中的细粒黏土会导致药耗增大和降低选择性。

通常在浮选之前设置擦洗作业来清洗矿物表面，除去矿物表面的矿泥是有益的，对浮选来说，擦洗的强度、停留时间和矿浆密度不是很关键的，一般情况下，对浓度为55%~70%的矿浆擦洗3~8min。根据给矿风化的特性，擦洗可以直接在磨矿后或在第一次脱泥后。

云母浮选不论是在酸性环境下使用胺或在碱性环境下使用磺化石油，都需要进行搅拌。在碱性浮选环境下需要的搅拌时间比酸性环境下更长。

在酸性环境中，需要的搅拌时间很短，一般不超过2min，因为阳离子在云母表面的附着不是很强，且胺对矿泥很敏感，过多的搅拌对浮选不利。一般胺类捕收剂的用量为30~130g/t，浮选的pH值为3.0~4.0，采用硫酸调整。

在碱性环境中，采用两段搅拌，分别在pH值为8.0和9.0的条件下搅拌，搅拌的时间为5~10min。一般采用苛性碱调整pH值。矿石在自然pH值下也可以浮选，但效率低，经济上不一定合适。一般情况下磺化石油的耗量为450~680g/t。

酸性浮选系统和碱性浮选系统非常相似，主要的差别是在碱性浮选系统中浮出的脉石矿物更多一些，特别是细粒级，并且精矿精选难度更大。酸性浮选回路的泡沫更黏，易夹带细粒。采用酸性浮选还是碱性浮选，主要还是根据具体情况和经验来确定。

云母浮选一般是粗选（5~8min）、一次精选（3~5min）、一次扫选（3~5min）。根据矿石性质和市场需求，有时可能需要二次精选，也可能不需要扫选。

工业矿物选矿厂一般是多产品一同产出，包括云母。云母一般是作为共同产品或副产品产出，很少有经济上合适的单独的云母矿床，通常是云母、石英和长石共生，然后三种矿物一起选别处理。

云母有效浮选的粒度约0.1mm，小于该粒度，精矿品位会降低。通常在酸性条件下细粒级浮选的选择性好于碱性条件。云母浮选更常采用机械浮选机，而不是浮选柱。

根据选别的工艺和市场需求，云母浮选的精矿干燥后会进一步采用磁选或筛分来提高品位。一般选矿厂的云母精矿中云母含量为95%或更高。

12.2 石英和长石[1]

石英和长石是地球上最丰富的矿物，由于其化学成分、物理性质和赋存位置，这些矿物有着类似的商业用途。它们基本上赋存在同样的矿床，常常以长石砂（石英和长石的混合物）的形式同时回收。

长石和石英矿物的需求量相当大，包括玻璃、玻璃纤维、白色陶瓷、瓷砖、餐具、涂料、黏结剂和塑料都要用到这些矿物，其中玻璃和玻璃纤维占到这些矿物市场用量的68%。

工业上对长石砂和石英及长石精矿要求的指标是：化学纯度、白度或颜色、粒度。对长石产品而言，钠钾比也是一个重要的参数。

除建筑材料的用途之外，浮选工艺是石英和长石的主要回收工艺，这两种矿物基本上是同时回收或共同回收后分离。

采出的矿石中常常含有不等量的云母，在磨矿后首先要采用重选或浮选除去这些云母，根据所含云母的数量和质量确定是将其作为副产品还是丢弃到尾矿。如果采用浮选工艺除去云母，则浮选的尾矿需要浓缩脱水以除去过量的药剂和提高矿浆浓度，便于后续作业除铁。

为了除去矿石中的铁矿物，要进行分离浮选。在铁浮选之前要有搅拌作业，采用硫酸将pH值调整到约3.5，加入捕收剂，调整好矿浆浓度。由于铁浮选速度快、效率高，不需要高浓度、高强度和长时间的搅拌，搅拌时间一般在60%～65%的浓度下不超过2min。捕收剂的用量一般为130～260g/t，酸耗则取决于矿石中的矿物。

尽管铁浮选的停留时间可能会达5min，这个过程除去的物料非常少，可能不到2%，有时泡沫中看上去几乎不含任何矿物，但要尽可能地除去铁矿物，这个浮选过程是非常重要的。浮出的含铁产品丢弃到尾矿。如果最终产品是长石砂，则铁浮选后的浮选机底流即为最终产品；如果最终产品是长石和石英，则进行分离浮选得到两个最终产品。

石英-长石浮选之前要进行搅拌调整，用氢氟酸将pH值调整到约1.5，加入胺类捕收剂，调整好矿浆浓度。搅拌时间一般在50%～65%的浓度下不超过2min。捕收剂的用量一般为90～230g/t。如需要，起泡剂则直接添加到浮选之前的给矿中。

长石和石英的分离需要采用氯离子来活化长石抑制石英，氯离子是非常有效的抑制剂，浮选时间为3～5min，有时浮选的长石精矿再精选一次，以回收泡沫中夹带的石英，中矿则循环返回粗选给矿，几乎从不需要扫选。

浮选中使用的氢氟酸有害，需要严格的安全措施，要严格按要求控制外排。

浮选是从长石砂、石英和长石产品中除去含铁矿物优选的方法，干式磁选则被用于浮选精矿售运之前脱除铁的关键步骤。

图12-1所示为典型的白岗岩矿床矿石浮选石英、长石和云母的多矿物浮选流程。

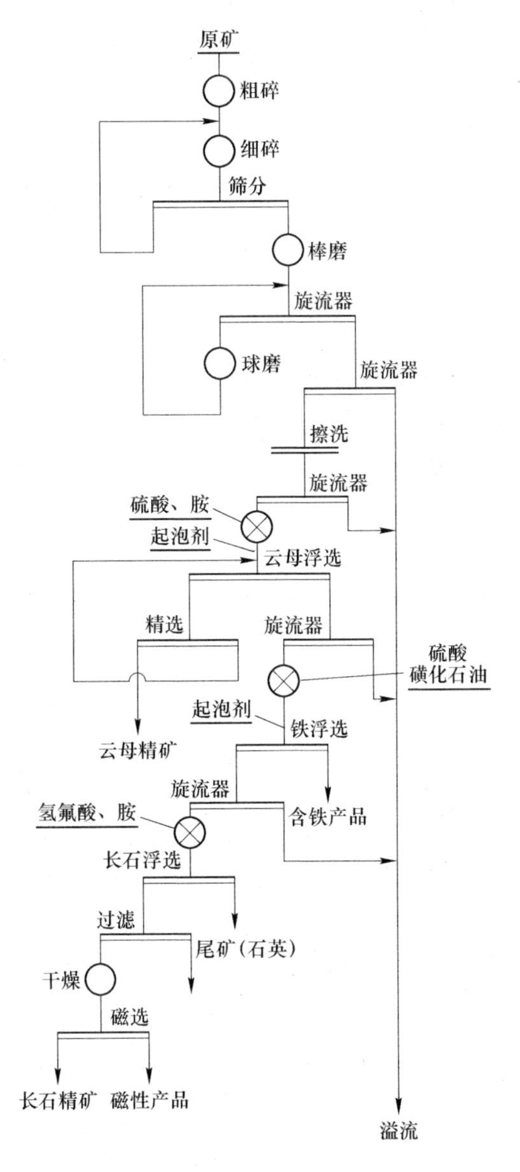

图 12-1 白岗岩矿石浮选流程（云母、石英和长石）

12.3 高岭土[1]

高岭土是一种含有高岭石矿物的白色及近白色黏土，高岭石矿物是含水的铝硅酸盐，包括高岭石、地开石、珍珠陶土、多水高岭石等，其中高岭土（$Al_2Si_2O_5(OH)_4$）是最重要的高岭石矿物，广泛应用于造纸、涂料、塑料、橡胶等工业。大多数用于涂料的高岭土颗粒为小于 2μm 的球形，用于功能性填料或添加剂的高岭土产品颗粒一般小于45μm。

高岭土矿床分为原生矿床和次生矿床，原生矿床是由于成岩矿物即长石和云母等就地高岭土化而形成的矿床，次生矿床是含有高岭石矿物的沉积物通过侵蚀、运送和沉积后形成的矿床。沉积型高岭土是一种形成于沉积岩中的含有碎屑质高岭土、自生高岭土或者二者兼有的高岭土矿床。高岭土矿体中高岭土矿物的含量变化范围呈连续性，为10%~95%以上，高岭土矿石类型中高岭土矿物含量按下面顺序增加：热液型高岭土、沉积型高岭土、高岭石型砂岩、砂质高岭土、高岭石黏土。这些不同矿床的矿石类型中高岭石矿物的嵌布粒度是不同的，从2mm到亚微米级分布都有。

浮选常用于从热液型或沉积型高岭土中除去脉石矿物。原生高岭土矿石中高岭石矿物含量低，常见的脉石矿物有石英、云母、长石和电气石等。当脉石矿物的嵌布粒度为5~45μm时，采用浮选工艺是最合适的。

高岭土产品根据粒度、亮度或增值工艺分成不同的品级，对高岭土的亮度有害的矿物通常是氧化铁（如赤铁矿、针铁矿）、硫化铁（如黄铁矿和白铁矿）、氧化钛矿物（如锐钛矿、假相金红石、金红石和板钛矿）及云母。通常采用浮选或选择性絮凝来提高高岭土的品级，采用粒度分级或高强度磁选来除去氧化钛矿物则比较困难。

高岭土浮选之前要掺水搅拌成浓度为35%~70%的矿浆，在搅拌过程中加入药剂来分散高岭土颗粒。高岭土颗粒的分散有两个方面：首先是调整pH值诱导在高岭土矿物颗粒的表面和边缘荷负电，使其抗絮凝；然后使用分散剂增加矿物表面的负电荷，以增加矿物颗粒之间的斥力。pH值的调整范围与后续的选别工艺有关，当采用高强度磁选或选择性絮凝时，其pH值一般采用碳酸钠调整为6.5~7.0。当采用浮选工艺时，其pH值则采用氢氧化铵或氢氧化钠调整为8.0~9.5之间。在搅拌中使用的分散剂主要有硅酸钠、六偏磷酸钠、聚丙烯酸钠等。分散剂的用量取决于矿物的粒度、比表面、有机物含量和矿物的含量，一般为所处理矿石质量的0.1%~0.5%。要注意的是采用的分散剂不能影响矿物中杂质的选择去除。

高岭土的选别主要采用反浮选，浮选过程可以直接浮选，如调整高岭土矿浆的pH值为9.0，加入二价离子如Ca^{2+}或Ba^{2+}，凝聚锐钛矿颗粒，采用脂肪酸（如油酸）覆罩在锐钛矿颗粒的表面，充气浮选后使其分离。也可以使用石灰石作为载体加入分散的高岭土矿浆中，加入捕收剂和起泡剂后，使锐钛矿颗粒附着在石灰石颗粒上进行浮选。非载体浮选也可以采用异羟肟酸代替脂肪酸作为捕收剂。

12.4 煤[1]

煤是由植物厌氧蚀变后形成的复杂碳氢分子所组成的物质，具有一定的疏水性，一般与无机矿物如黏土、石英和石膏共生。诸如硫酸盐中的硫黄铁矿中的硫和有机硫等会以化学方式结合到复杂的碳氢分子中。煤根据其含碳量、挥发分和热值分为无烟煤、生煤、次烟煤和褐煤。煤的疏水性也是由其接触角来决定的，其浮选响应程度随着煤的类别、岩相组成和煤素质类型的不同而不同。采用浮选可以从煤的煤素质中分离出树脂煤素质。当然，煤的自然疏水性表面状态能够通过氧化过程改变，使其表面上极性氧基团增加，导致浮选更困难。煤的自然疏水性表面状态也受溶液化学现象的影响，例如，水溶性大分子（有机胶体）如糊精等的吸附能够导致煤的表面变得亲水。这种现象也正是反浮选的基础，如从煤中浮出黄铁矿。

从矿物中浮出煤是依赖于煤的自然疏水性，一般条件下，给矿粒度小于0.5mm，采用油类捕收剂如燃料油，用量为约450g/t，pH值为6~8。对于没氧化的高级烟煤，则无需添加捕收剂，仅添加起泡剂即可进行浮选。在大多数其他条件下，则需要添加油类捕收剂。关键的问题是捕收剂在煤颗粒表面的分布和选择性润湿。在这点上，采用表面活性剂有利于燃料油的分散、乳化和分布，能够提高其在煤颗粒表面的润湿，因此，即使难以浮选的次烟煤，在油的乳化合适的条件下也能浮选。

浮选过程中需要添加起泡剂以形成泡沫相负载煤颗粒，通常采用MIBC，添加量一般为40~300g/t。当给矿中含有过高的黏土时，会污染精煤产品，因而需要添加分散剂；也可以先进行脱泥或者水力分级后在单独的浮选回路进行浮选。

12.5 钾盐[1]

钾盐矿石中主要包含钾盐、岩盐和不溶性的脉石矿物（黏土和碳酸盐）等。常见的钾盐矿物见表12-1。

表12-1 常见的钾盐矿物

矿 物	结 构 式	密度/$g \cdot cm^{-3}$	K_2O 含量/%
钾盐	KCl	1.99	63.17
光卤石	$KCl \cdot MgCl_2 \cdot 6H_2O$	1.60	16.95
钾盐镁矾	$KCl \cdot MgSO_4 \cdot 3H_2O$	2.13	18.92
无水钾镁矾	$K_2SO_4 \cdot MgSO_4$	2.83	22.70
钾镁矾	$K_2SO_4 \cdot MgSO_4 \cdot 4H_2O$	2.25	25.69
软钾镁矾	$K_2SO_4 \cdot MgSO_4 \cdot 6H_2O$	2.15	23.39
杂卤石	$K_2SO_4 \cdot MgSO_4 \cdot 2CaSO_4 \cdot 4H_2O$	2.78	15.62

约70%的钾盐矿物的分离，特别是从岩盐中分离钾盐，是采用浮选工艺进行的。此外，在一定的场合下也采用蒸发和结晶工艺。钾盐浮选的特点是分离是在

饱和的盐水里完成的，钾盐的浮选一般采用长链烷基胺。几乎所有的钾盐浮选厂都有结晶过程以维持盐水的平衡，减少钾盐的损失。除了钾盐的浮选之外，其他采用浮选回收的钾盐矿物有软钾镁矾、光卤石和无水钾镁矾。

基本上，可溶性盐的浮选或者采用阳离子（烷基胺）捕收剂，或者采用阴离子（烷基硫酸盐）捕收剂，都可以根据水化现象来解释。

有的盐能够增强水的结构，这些盐可以通过它们的饱和盐水来润湿，因此这些盐不能用烷基胺或烷基硫酸盐来浮选，如岩盐（NaCl）。另外，有些盐能够破坏水结构，这些盐不能够完全被它们的饱和盐水润湿，因而这些盐能够采用烷基胺或烷基硫酸盐来浮选，如钾盐（KCl）。例如钾盐和岩盐在没有捕收剂条件下，在盐水中的接触角比较见表 12-2。由此可以看出，钾盐的浮选会对盐水的组成敏感，如在盐水中镁（水结构的制造者）的存在会抑制钾盐的胺浮选。

表 12-2　饱和盐水中 KCl 和 NaCl 晶体表面接触角的测定结果（无捕收剂）

盐	接触角/(°)
KCl	7.9±0.5（12.0±1.4①）
NaCl	0①

①在单晶的自然裂隙面上测定的结果。

除了盐的性质和盐水的组成外，黏土泥的存在是能够妨碍浮选的重要因素，特别是在钾盐浮选过程中。基本上在钾盐浮选中，在钾盐用胺浮选之前，必须脱除矿泥。已经确定钾盐用胺浮选时，当胺从盐水中沉积时即开始浮选，这一点表明在钾盐表面发生的胺沉积导致了其表面疏水的状态。

最后，在钾盐用胺浮选过程中温度的影响值得注意，已经确定较高的温度导致钾盐用胺类捕收剂的浮选效果降低。类似的影响在选矿厂生产实践中也见到过，在夏季生产时，钾盐的回收率会降低。温度的影响可能是由于在较高的温度下胺的溶解度增加了。同样，KCl 的行为也会随温度变化而变化，从较低温度下的水结构破坏者的盐到温度高于 30℃时成为水结构制造者的盐。

浮选过程中需要关注的主要问题是矿泥，要在从岩盐中浮出钾盐之前将其除去。除去矿泥的方法包括：用旋流器机械脱泥及絮凝—浮选脱泥。在分级脱泥时，需要强力擦洗，但这种方式会导致钾盐损失到矿泥中。为避免在擦洗过程中由于研磨造成的钾盐损失，可以在钾盐浮选之前，先絮凝这些矿泥，然后添加少量的捕收剂采用浮选将这些矿泥除去。

对于给矿中含有的少量矿泥，或者处理有残留矿泥的给矿，可以采用矿泥抑制剂-聚合物，以防止胺被黏土吸附。这些聚合电解质包括阴离子聚合物、阳离子聚合物、非离子聚合物以及羧甲基纤维素。采用这些聚合电解质可以改善从岩盐和黏土泥中浮选钾盐的选择性，并节省大量的药剂消耗。

钾盐浮选厂常常很像磷酸盐选矿厂和一些煤选厂，粗细分选，有细粒浮选和粗粒浮选两种回路。在粗粒钾盐浮选的场合，经常采用油类捕收剂以提高浮选效果，这也类似于磷酸盐和煤的浮选实践。

参考文献

［1］Miller J，Tippin B，Pruett R. Nonsulfide flotation technology and plant Practice［C］. Mular A L，Halbe D N，Barratt D J. Mineral Processing Plant Design，Pratice，and Control Proceedings. Littleton：SME，2002：1159～1178.

附　录

附录A　浮选——百年的发展[1]

A1　概述

浮选占据选矿工业的核心地位已经超过了100年，从20世纪初解决了硫化物的选别问题至今，仍是选矿工业的最重要的工艺之一。在浮选上矿物疏水性效应的实现，使得我们可以很经济地处理氧化矿、硫化矿、碳酸盐、煤和工业矿物，并可以持续采用。

多年来，由于浮选技术和设备的发展，其工业应用发生了许多重大的变化。Xstrata Technology认为“最值得注意的是浮选机规格的增大，从最初采用的多个小的方形槽子，到今天大型选矿厂常规使用的$300m^3$的圆形槽子”。其他的变化更微妙，而且同等重要。其中之一是浮选回路的设计促进了矿物的最大解离和表面化学效应。在这些情况下，事情就不再是“只要回路通畅，越大越好”，而是要使浮选技术的应用智能化。

Xstrata Technology认为智能化使用浮选机能够极大地改善选矿厂的性能，通过其自然吸气的Jameson浮选槽的使用，他们一直在涉足于更复杂矿石的选别。Jameson浮选槽占地面积很小，通过一个简单的下导管使得矿浆和自然吸入的空气形成一个高强度的混合环境，为疏水颗粒和脉石的分离提供了一个理想的环境，其相对小的占地面积和体积更适合于那些空间紧张的回路改造项目。

Jameson浮选槽可以用于快速浮选，以回收那些浮游速度快的单体解离的目的矿物，直接产出最终精矿。Jameson浮选槽辅助有冲洗水，以去除精矿中夹带的脉石，从而获得所要求的精矿品位。快速浮选可以在精选的前面进行（预精选），也可以在粗选的前面进行（预粗选），以使下游采用常规浮选机回收浮游速度慢的矿物的浮选能力最大化。

有时候，矿体中的有害矿物具有很好的疏水性，需要在浮选之前除去，否则这些有害矿物会随着目的矿物一起进入精矿，从而影响精矿质量。如滑石、碳、与碳共生的矿物如碳质黄铁矿等，都是在浮选回路中很难抑制的。从另一方面讲，在粗选之前用预浮选回路把这些有害的矿物除去又是很容易实现的。Jameson浮选槽用在粗选之前作为一个预浮选作业，或者作为一个预粗选的精选作业来除去疏水的脉石，都是一个理想的方式，可以在目的矿物浮选之前产出一个废弃的产品，以减小药剂的消耗和回路的循环负荷。

当在一些领域如煤炭和溶剂萃取—电解等只是采用浮选工艺而应用于Jameson浮选槽时，在贱金属选别应用上，Jameson浮选槽也已经和常规浮选机联合应用了：Jameson浮选槽回收浮游速度快的矿物，常规浮选机回收浮游速度慢的矿物，这种结合为整个浮选回路提供了更好的全范围的回收，而不只是某种浮选工艺适应范围的回收。

Jameson浮选槽可以用于精选回路，生产品位稳定的最终精矿，它可以保持恒定的矿浆液位，即使在上游波动或给矿量减小的情况下，仍能够得到稳定的精矿品位。

可以说，在浮选回路中，重要的不是选择一种浮选工艺或技术得到所需的品位和回收率，而是选择几种工艺共同得到最好的结果。慢浮矿物和快浮矿物的相互作用、夹带、疏水脉石和大量的其他因素影响，使得一个浮选回路仅仅采用一种浮选方式就可以成功地实现是很少见的，而不同浮选方式和浮选设备的结合则能够更有效地得到所需的结果，同时又使得回路稳定足以适应给矿性质的变化。

Jameson浮选槽的发展受益于20多年来连续不断的研发，2011年初，第300台Jameson浮选槽在澳大利亚Bowen Basin的Capcoal's Lake Lindsay煤矿运行。大约同时，许多煤矿项目采用了新的Jameson浮选槽，如澳大利亚的Wesfarmers' Curragh和Gloucester Coal's Stratford煤矿的扩建工程、莫桑比克的Riversdales' Benga煤矿工程、蒙古能源的Ukhaa Khudag焦煤工程等。

Jameson浮选槽公司认为，洗煤厂领域的商机仍然很强势，经营者需要可靠的和可信赖的技术来处理粉煤，这是企业效益的一个重要来源。在2010年期间，Jameson浮选槽在其他的应用领域也取得了成功，包括在智利的Xstrata-Anglo American的Collahuasi铜矿SX-EW车间用Jameson浮选槽回收铜萃余液中的有机相。Jameson浮选槽产生的稳定的非常细的气泡和高强度的混合作用，非常适合于从萃余液中回收浓度非常低的有机相，通常小于万分之几。在这种情况下，Jameson浮选槽最明显的优点是占地面积小、处理能力高、操作简单，由于槽体中没有运动部件，因而维护费用极低。槽体的设计适合于湿法冶金应用时有如下特征：专用材料、带整体泵箱的平底浮选槽和尾矿循环系统以及更大的下导管。Collahuasi采用的Jameson浮选槽是智利第一台该种类型的浮选槽，但有多台更大规格的安装在墨西哥、美国和澳大利亚的SX-EW工厂来处理萃余液和电解液。

Xstrata认为，对于一个新的矿体，准确快速地开发出一个磨矿和浮选流程是矿山开发成功的关键。由来已久的惯例都是采用多达几百吨的样品，进行常规每小时处理能力为几百千克的半工业试验。由于矿样采取的制约，又主要依靠闭路试验结果来作为设计基础指标，这些方式时间长、花费多，比例放大存在风险，已经有大量的在矿山试车和生产期间成功和失败的案例。

Xstrata将半工业试验厂过程小型化，同时其采用勘探钻孔的岩芯样来作为其半工业试验厂的样品也改善了试验结果的代表性。这个小型的浮选半工业试验厂（Flotation Mini Pilot Plant，MPP）是与Eriez所属的加拿大工艺技术公司（Canadian Process Technology，CPT）共同开发的，可以24h连续运行，也可以进行单位班次的验证试验，样品量的范围为0.5~5t，可以采用1/2的NQ钻取的岩芯样，以改进样品的代表性。MPP运行的给矿量为7~20kg/h，和常规的半工业试验厂相比，大幅地降低了矿样的数量和费用。

Xstrata已经开发和使用了一个有代表性的取样方法和一个合适的质量控制模型，用于选矿试验及其结果处理，并且已经采用Raglan和Strathcona的矿石和流程准确地验证了运行的结果。这些用从工业规模缩小后的模型验证的结果，和工业规模的选矿厂相比，在内部物料平衡一致的情况下，得到同样的精矿品位，其选矿回收率精度在0.5%之内。

当设计回收铜的选矿厂时，负责选矿技术服务的工艺工程师建议，当进行一些工艺矿物学分析试验工作，如使用扫描电镜进行矿物定量分析以确定硫化矿和氧化矿存在的比例、每种矿物的赋存粒度以及在进行选矿试验之前建议的磨矿细度时应当慎重。理想情况下，根据含铜矿物的特点，建议采用一个合适的磨矿回路，磨到P_{80}为100~200μm，采用旋流器或者细筛控制分级。

浮选药剂的选择是最重要的，必须进行试验以保证采用最佳的药剂制度。如果矿石中含有少量的硫化铁，常采用黄药类捕收剂来浮选硫化铜矿物。如果矿石中有自然金存在，则采用二硫代磷酸盐类捕收剂，此类药对硫化铁选择性较小。在浮选槽内的pH值控制在10~12之间，可以使浮选过程更具选择性，避免非目的矿物如黄铁矿等的浮选，产出品位更高的铜精矿。根据矿石中的矿物类型，可能需要活化剂和抑制剂，以取得最佳的药剂制度。

对于氧化铜矿物，可以将其硫化后浮选回收，实质上，是在氧化铜颗粒的表面形成一个硫化铜（Cu_2S）的薄层，然后被活化后富集到泡沫上。采用该方式是在硫化物浮选作业之后进行的。当然，该工艺并不经常使用，因为其他的选别工艺如浸出和溶剂萃取—电解工艺在回收氧化铜时更有效，因而经常采用。

通常的浮选回路包括粗选/扫选和精选作业，由于大多数的铜矿原矿品位小于1%，其进入粗选泡沫的量常常是很低的，这就意味着精选作业的处理能力大大地小于粗选作业的处理能力，其在浮选回路中的投资和运行成本相对较低。

为了防止可能缺少扫选作业的问题，要稍微增加粗选泡沫的产率，以增加总的铜回收率。然后对粗选泡沫在给入精选作业之前进行再磨，以增加硫化铜矿物的解离度，这会使精选泡沫的铜品位大幅提高，同时几乎不影响铜的回收率，最终浮选精矿的铜品位通常为25%~40%。

Delkor的浮选工艺专家提出，低品位矿石和细粒浸染矿石的处理以及近来的最终尾矿再处理是主要的趋势，处理的粒度范围下限为小于10μm。

实际的生产系统并不能满足理想的条件，主要是由于给矿性质的变化和波动。Delkor 的浮选工艺专家认为，以前过于考虑波动对浮选的影响，认为重视磨矿和浮选之间的互相影响是更重要的，不只是考虑粒度的影响，同时也考虑浮选给矿速率的变化。设计的磨矿回路通常是根据试验结果和给定的设计指标来生产出粒度分布最佳的产品。当产品粒度偏离最佳点时，控制上需要改变磨矿回路的给矿量，或者改变产品的量，也就导致了浮选给矿速率的变化。

由于矿石性质的变化引起的矿石可磨性的变化造成了磨矿回路的波动，磨矿回路的给矿速率的变化造成了浮选回路的波动。矿石性质的变化影响浮选，因而根据这些变化所假定的设计指标中必须考虑包括可磨性的变化。这个反映了在两种过程之间浮选机特性上的重要差别，磨矿回路的设计和建设是采用固定的磨机容积和输入功率，因此磨矿的强度不是一个可控的变量，而磨矿的停留时间是随着给矿速率的变化而改变的；相比较，浮选回路中，浮选强度可以随着充气速率的调节或水力动力学的调整而变化，从而使浮选泡沫和矿浆体积发生变化，同时，药剂的添加也是一个重要的控制因素。

近来浮选机的趋势是向着更大、更有效和更经济的方向发展，不再是简单的槽体/机构组合，而是朝着各自单独的方向和途径进行设计，对于自吸式的浮选机，则采用一个外供气源，对于浮选槽则采用水力学原理进行设计，如 Delkor 的 BQR 系列浮选机（最初的 Bateman BQR 浮选机）。

Bateman 研发的 BQR 浮选机（见图 A-1），已经应用了 30 多年，在 2008 年被 Delkor 并购后，决定将其设备重新命名为 Delkor 设备类别。BQR 浮选机的规格为 0.5~150m^3，可以用于各种矿石的粗选、扫选、精选和再精选回路。

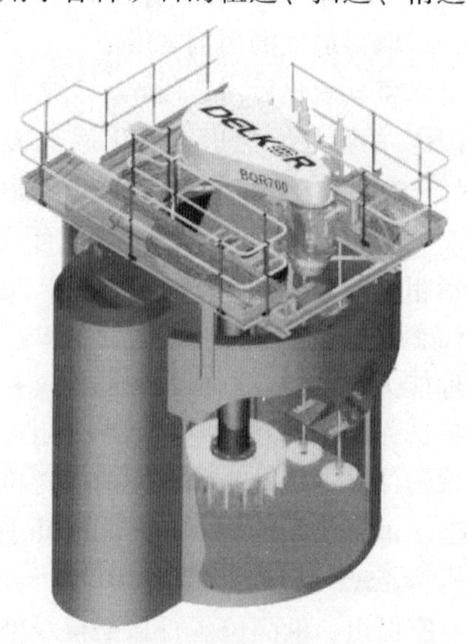

图 A-1　BQR 浮选机

BQR 设计的主要目标是得到下列关键的水力学功能：

（1）为固体颗粒和气泡提供好的接触条件；

（2）保持稳定的泡沫-矿浆界面；

（3）使矿浆中的固体颗粒充分悬浮；

（4）提供足够的泡沫移出能力；

（5）提供足够的停留时间，使得有用成分得到理想的回收率。

同时具有下列优点：

（1）最高的有效容积，泡沫的输送距离降低；

（2）品位和回收率等选矿指标改善，装配材料减少，容易维护，从而使投资和运行成本降低。

在 BQR 浮选机之间设计上没有太大的差别，从 BQR1000 以上的浮选机，有一个内溜槽，以保持设计目标和优点。

运行参数如叶轮速度、充气率、矿浆和泡沫深度对给定的矿石、磨矿和化学调浆过程必须有足够的调节范围以提供最佳的结果，但调节过程不应当超过良好的浮选环境所需的水力学范围。

目前最大规格的 BQR 浮选机见表 A-1。在不久的将来，BQR2000（$200m^3$）和 BQR3000（$300m^3$）将会进入市场。圆形槽体与方形槽体比较，其无效容积减小，有效容积提高，因而增加了浮选机的有效输入功率。此外，圆形浮选机由于具有与其形状统一的圆形溜槽增强了泡沫的移出过程。

表 A-1 BQR1500（$150m^3$）浮选机

性 能	参 数	性 能	参 数
容积/m^3	150	内置溜槽的容积/m^3	4.08
直径/m	6.1	定子组合容积/m^3	1.06
高度/m	5.98	推泡锥上表面直径/m	2.5
总表面积/m^2	29.22	推泡锥容积/m^3	2.05
有效表面积/m^2	15.28	有效容积（不充气）/m^3	167.5
总容积/m^3	174.7	有效容积（充气）/m^3	150.8

在智能控制和先进软件的支持下，市场上全自动的浮选机正在变得越来越普通。

A2 更好的细粒回收

FLSmidth 公司提出，基本的浮选模型表明细颗粒的回收和紊流分散能之间存在相互的关系[2]。相反的是，在定子-转子区域内增加紊动，理论上认为会增大粗粒级的脱附速率[3]。从概念上讲，提出的回收率模型对于极端颗粒分布的区域呈现出相反的结果。

工业实践已经证实对浮选矿浆给予更大的功率会极大地改善细粒级的回收。然而，FLSmidth 认为，粗粒级的回收更倾向于采用相反的方法，细粒级和粗粒级颗粒的浮选动力学性能的改善，假定对中间粒级的选别性能没有不利的影响，很明显对总的回收率是有益的，控制好对中间粒级的能量分散，把功率给到矿浆中，使浮选动力学性能慢的粒度范围的颗粒能够被回收。

FLSmidth 最近根据上述现象提出了新的混合能浮选（Hybrid Energy Flotation^{TM}，HEF^{TM}）的概念，基本上是把粒级范围分开，细粒和粗粒单独浮选。HEF 包括三部分：

（1）在一排浮选机的最前端采用标准浮选机（即标准能耗、标准转速、标准规格转子），该位置浮选由于泡沫的有限制，运行参数和设定的参数对回收率的影响很小。

（2）较高功率强度的浮选机（即高转速，标准转子）配置在后面，增加细粒级的回收率。

（3）较低功率强度的浮选机（即低转速，大转子）配置在后面，与较高功率强度的浮选机混合配置，增加粗粒级的回收率。

这种概念已经成功地应用在亚利桑那的 Mineral Park 选矿厂，并将会很快应用到各种矿山。

这个题目已于 2011 年在 Cape Town 举行的第 5 届国际浮选会议上宣读，将提出影响细粒级和粗粒级回收率的基本因素，根据实践中的扫选应用体现出了潜在的双重回收率效益。建议把 HEF 作为回收“慢浮”粒级的优先选择方案，是与传统的停留时间补偿方式相对立的一种新方法。

Eriez 浮选公司在 2009 年研发了 StackCell 浮选机（见图 A-2），这种创新的技术与机械浮选机相比，能更有效地回收细粒级颗粒，其新的设计思路吸取了机械浮选机内在的优点，比机械浮选机小得多，所需的功率也小得多。该设计的浮选过程采用了完全不同的方式，减少了停留时间和能耗，具有浮选柱浮选的所有性能优点，极大地减少了设备投资、安装费用和运行成本。

StackCell 技术的核心是自有知识产权的给矿充气系统，该系统集中所使用的能量产生气泡，并且使气泡和颗粒在一个相对小的空间内接触。在浮选机的中心位置有一个充气腔，腔内有一个叶轮，该叶轮在给进的矿浆存在的状态下，把空气剪切成极细的气泡，因此增强了气泡-矿物颗粒的接触。

与常规的机械搅拌式浮选机不同的是，StackCell 浮选机施加到矿浆上的能量只是产生气泡，而不是保持颗粒的悬浮，从而导致减少了在槽内的混合，缩短了所需的停留时间。

StackCell 浮选机的喷射系统运行采用低压高效的鼓风机，与其他浮选设备所

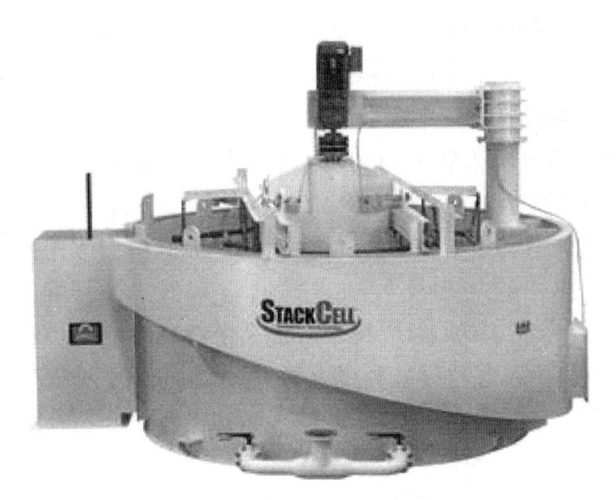

图 A-2　StackCell 浮选机

采用的空压机或多级鼓风机相比，功耗降低 50%。

StackCell 浮选机外形低矮，设计有一个可调的给水系统对泡沫进行冲洗，也利用槽-槽配置以减少短路，改善回收率。StackCell 浮选机所需的空间大约是等量的浮选柱回路的一半，相应的质量降低，安装费用减少，可以整台设备运输、起吊，不需现场装配。

该技术可以得到与浮选柱相同的回收率和产品质量，且所需空间小于浮选柱。该设备没有取代浮选柱的意图，但确实可以在想采用浮选柱而空间或投资有限的情况下作为方案之一进行考虑。新的 StackCell 更小的外形和更低的质量可以使选矿厂进行低成本的升级改造，对目前超负荷生产的浮选回路进行单槽或系列的槽子替换。

Maelgwyn Mineral Services（MMS）也认为，目前的趋势是更细的磨矿，以改善矿物的解离，遗憾的是常规的浮选机对磨到小于 30μm 粒级的有用矿物回收效率很低，对磨到小于 15μm 超细粒级的有用矿物的回收效率极低。对粗精矿进行的再磨进一步加剧了这个问题。到目前，浮选机制造商已经在试图通过给系统增加功率（更大的搅拌电动机），改善气泡和颗粒的接触来增加细粒级的回收率，但不幸的是这又影响了粗粒级的回收率。MMS 的解决方案是 Imhoflot 气力浮选技术，即 Imhoflot G-Cell 浮选槽，最近在一个镍矿进行了半工业试验，采用三段 Imhoflot G-Cell 半工业试验浮选槽，从选矿厂常规浮选机的最终尾矿中额外回收了 30%的镍，回收的这部分主要是小于 11μm 粒级的，这表明回收率的改善不只是和增加停留时间有关。上述结果和早期使用 G-Cell 在一个锌矿山进行的半工业试验结果相符，其从精选的尾矿中额外回收了 10%～20%的锌，且主要是小于 7μm 的粒级。

推测上述的改善与 G-Cell 浮选机矿浆中给入空气速率增加的量级有关系，

由于其充气腔内发生的气泡和颗粒接触是强制的，而不像一般浮选机槽本身只是作为泡沫分离室。通常 G-Cell 浮选机的给入空气速率是常规浮选机的 5～10 倍，尽管只有一半左右被使用。

当这种增加的能量输入和 G-Cell 的离心作用结合后，小气泡的作用就在浮选速率（浮选动力学）和总回收率上显现出来了。改善后的浮选动力学导致了所需的停留时间比常规浮选机减少，从而降低占地面积，改善回收率。

Metso 提出浮选柱的一个主要缺点是回收率低，循环负荷过大。Metso 的 CISA 发泡器来自于专利 Microcel^{TM}技术，提高了选别性能，可以根据品位回收率曲线灵活调节。Metso 认为其浮选柱的主要优点是：改善回收率，并且使品位最佳；增加了处理能力；提供了气泡矿粒的接触；没有堵塞；在线更换，并且磨损小，维护量低；独特的发泡器技术。

在浮选柱的底部，发泡系统产生的更小的气泡增大了气泡的承载能力，提高了目的矿物的回收率。这使得气泡的表面积流量最大化，这是评价浮选装置性能的一个标准参数。也在静态混合器中提供了最大化的颗粒-气泡接触和由于泵的运行所导致的高效的药剂活化。

众所周知，粗颗粒的矿物在常规的浮选机中浮游性能比较差，以前被认为是不可浮的。然而，近来的实验室试验证明流态化床层泡沫浮选（Fluidised Bed Froth，FBF，见图 A-3）把浮选回收的粒度上限提高了 2～3 倍，极大地改善了选别性能。

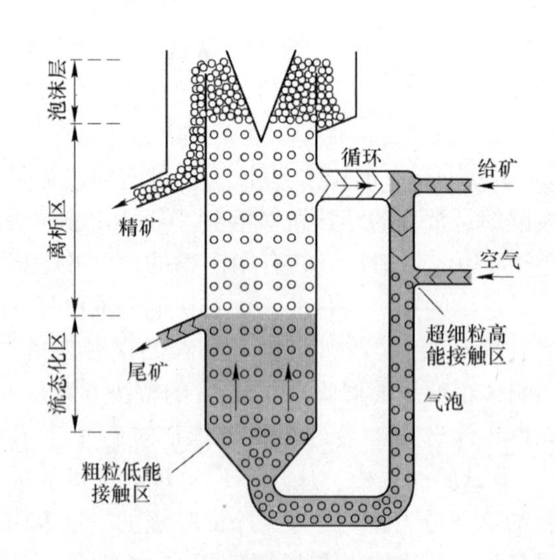

图 A-3　FBF 浮选槽示意图

FBF 技术的特点是：

（1）在有用矿物最小损失的情况下尽早抛尾。可以增加选矿厂处理能力增大的潜力，或大为改善投资效益。

（2）降低能耗。独立的模型预测，如果可浮颗粒的上限能达到1mm，磨矿能耗至少可以降低20%。

（3）对水的需求有利。FBF槽能够直接选别来自于磨矿回路的产品，不用稀释，给矿浓度可以达到80%，可以极大地节省工艺用水量。

（4）改善金属矿物和其他高密度矿物的回收率。在一个连续的FBF槽中，高密度矿物颗粒会沉积到底部富集，可以定期地清空槽子进行回收。这在当重金属矿物含量太低不能单独建立处理车间时是非常有益的。

A3 升级改造服务

在澳大利亚，Northgate Minerals Stawell金矿最近完成了一项工程，目的是通过升级改造浮选厂，把回收率提高3.5%。这次升级改造是在Stawell改变了其生产方案，增大处理能力来处理低品位矿石后实施的。

矿山在26年间已经生产了62.2t（200万盎司）的黄金，以前采用的浮选回路有1排8台浮选机作为粗选，2排2×OK3浮选机作为精选。浮选机的给矿量为90~105t/h，浓度50%~55%。当给矿浓度从45%增加到55%时，粗选作业夹带问题突出，特别是给矿量在105t/h时，因此整个浮选回路并不是处于最佳状态。

考虑将来的生产水平和矿山的操作水平，决定把浮选回路进行升级改造。Outotec在对现场就地考察之后，建议采用1排2×TankCell-20的浮选槽配TankCell-30的机械总成的配置来使浮选回路最佳化。更大的机械总成可以使浮选机在高浓度（50%或更高）下运行。TankCell的设计使泡沫槽更深，其最佳的槽沿长度和表面积更有利于精矿品位，浮选性能更好，容易操作，功率省，空气耗量小。项目委托Outotec对新的粗选回路做出“交钥匙”方案，包括设计、供货、安装和试车。

进度是很苛刻的，但是30个星期可以完成。项目采用矿山和Outotec合伙的方式进行，这种合作方式保证了坦率地沟通，所有的参与方都是项目所有者的身份，目标是一致的。这种紧密的协力作业导致周密的计划和现场一直保持着满负荷的生产，例如，工程中的管路和电气桥架在初期重新规划，新的槽体连接点和管道的铺设在项目开始之前就计划好，所有的断开工作都在停车期间完成。

项目克服了许多挑战，如极其有限的空间，紧靠着一堵墙，一边是原矿堆，另一边是不能移开的药剂堆存棚。此外，Stawell现存的工艺条件对于新的浮选机也是一个挑战，由于浮选机的高度和有限的作业空间，设计浮选机的支撑结构时，结构的稳定性是一个主要问题，需要有足够的刚度使TankCell运行的频率不至于和槽体支撑结构的自然频率相干涉。通过结构的FE模型，优化了断面尺寸和跨度定位，满足了所需的刚度。

由于所有的连接点预先精心准备妥当，连同鼓风机一起的整个新的浮选回路升级改造的“交钥匙”工程按期完工，试车如期进行。

为了达到设计的预期产能，通过操作人员的认真工作，新的 TankCell-20 很快体现出了它的价值。例如，原有的粗选浮选机所需的空气量估计超过 $3000m^3/h$，而 Outotec 的 TankCell 浮选机估计所需的空气量最大为 $992m^3/h$。Outotec 浮选机的转子-定子总成设计独特，提高了浮选机的动力学性能，改善了其使用寿命和维护工作量。升级改造以后，TankCell 浮选机的维护量已经是最小了，基本上是在停车时检查浮选机，自试车后 9 个月根本没有需要维护的工作，确实达到了预期的目标。

不仅仅是目标 3.5%的改善，由 Outotec 负责的升级改造已经产生了 4.5%的增量，尽管是有记录以来最多雨的雨季，项目在去年按时按预算完工，不到 4 个月就收回投资，预计的投资回收期是 5.5 个月。

除了投资提前收回之外，升级改造使得系统操作更容易，维护费用降低。在升级改造期间矿山仍然满负荷正常运行。

A4　药剂使用智能化

Flottec 的董事长解释，Flottec 和 Cidra 正在努力工作，联合研制一种仪器，该仪器能够测量浮选机和浮选回路中的动力学状态，以便于更好地控制浮选作业，这将是在朝着利用药剂和传感器结合优化浮选系统的方向上迈出的重大一步，它把已经揭示的药剂如何影响动力学和如何测量动力学的知识运用在一起来维持一个最佳的浮选环境。

他说，在 20 世纪 90 年代，当时他在一个有名的矿山药剂供应商那里工作，主要的研究重点就是试图找到最好的捕收剂。当时的想法就是我们要研发出绝对专一的捕收剂，换句话说，我们要研发一种捕收剂，这种捕收剂只能够浮选专一的矿物，给业主提供一个几乎完美的浮选分离。这就是我们浮选优化的方式。

不幸的是，我们发现根本就没有绝对专一的事情。实际上，在回路中难以测到任何的改善，由于变量太多，非常复杂。每个能量的改变都会导致品位、回收率和效益之间的变化。改变回路中的一个变量似乎可以有所改善，但总是会在其他的变量上得到一个负面的反应。测量浮选回路的性能也是非常困难的，因为只有一个真正的参数是可以在线测量的，就是回路的精矿和尾矿品位，而品位总是事后的。几乎没有办法也无法了解我们真正的实时监测能够测什么，而不是充气量、液位和流量。因而，即使我们通过改变一个变量能够得到一个改善或响应，也从不会知道是否是对改变的响应还是系统中一个自然变量的响应。每一个试验都需要长期的统计，以对任何一个真正的改变得到一定的可信度。

因此，他在 20 世纪 90 年代写过一篇文章，大意是说在我们能够测量浮选系统中真正的实时变量，学会真正地了解和控制浮选系统之前，我们在药剂最佳化上的不断地改进的工作受到限制。我们需要能够测量浮选回路性质的新的传感器，以使我们知道如何来控制回路。一旦我们有了这种新的传感器，我们就能够测量回路的变化，并且根据这些变化来研发新的药剂。

幸运的是，随着强大的计算机功能和软件时代的到来，过去的十年在了解浮选回路内在过程中已经有了巨大的进步，用来测量泡沫品位和速度的泡沫照相机是为优化浮选回路所研发的第一种新的传感器。通过一些大学如 McGill 大学和一些组织像 JKtech 公司等的工作，已经研发了新的传感器，这些传感器能够可靠且即时地测量浮选回路中的动力学参数。浮选机内的流体动力学气体分散度参数是浮选机性能的一个关键参数，当我们谈论这些参数时，实际上是在谈论浮选机内发生了什么变化。浮选实际上就是制造气泡，并且利用这些气泡的表面积把疏水矿物输送到泡沫中的过程。在浮选机中，通入空气，产生出具有一定规格和速度的气泡，利用其表面积进行浮选。气泡越多，规格越小，产生的浮选所需的表面积越多。产生的气泡的表面积称之为表面气泡流量（S_b），该流量控制着浮选的动力学。现在已经有了能够测量进入浮选槽内空气量（J_g）、气泡的直径大小（D_b）和气体保有量（E_g）的仪器，能够计算出这些参数之间的相互关系以及如何影响 S_b 和浮选回路性能，现在也能够研究如何利用药剂来控制这些参数。

最近几年的研究已经表明，起泡剂在浮选动力学中实际上起着比以前想象的重要得多的角色。起泡剂起着两个主要作用：在矿浆中产生和维持小的气泡来输送矿物；在浮选机的表面形成泡沫层来暂存矿物直到这些矿物被回收。泡沫的产生是由于起泡剂使得在气泡的表面形成一个水膜，该水膜使得气泡保持稳定，足以在气泡到达浮选机表面时不会破裂。幸运的是，水膜中的水会泄流，短时间后，泡沫最终会破裂。泡沫的破裂利于精选和精矿的输送，提高浮选效率需要更小的泡沫。在浮选机中空气体积相同的情况下，气泡越小，比表面积越高，动力学性能越高。

现在已经知道，当增加浮选机中起泡剂的浓度时，气泡的规格变小，气泡上的水膜变大，但气泡的规格不可能无限变小，起泡剂会把气泡减小到一定的规格，在该规格下，所有的起泡剂在相同的条件下得到的气泡规格是相同的，此时起泡剂的浓度称为临界兼并浓度（Critical Coalescence Concentration，CCC）。每种起泡剂的 CCC 是不同的，其将水吸附到气泡上的能力也不同，所导致的泡沫的稳定性也不同，且随着起泡剂的浓度变化而变化。在过去的几年里已经知道，每种起泡剂都有一个使气泡规格与泡沫稳定性相关的动力学曲线，起泡能力强的起泡剂在临界兼并浓度下泡沫稳定性非常高，而起泡能力弱的起泡剂在临界兼并浓度下泡沫稳定性非常低。

对起泡剂如何影响浮选动力学的新的了解已经导致了优化浮选回路的新方法

的产生。Flottec 已经研发了一个优化系统，把起泡剂以临界兼并浓度（CCC）添加到回路中，测量浮选机的性能。然后把不同强度的起泡剂分别以临界兼并浓度添加到回路中，直到确定出最好浮选性能下的合适的强度。起泡剂以临界兼并浓度（CCC）添加是关键的优化差异，由此可以保证总是处于最大的动力学状态下。如果使用的起泡剂太强，则剂量必须减小到低于临界兼并浓度，否则泡沫太稳定，这就使浮选动力学减弱。如果起泡剂太弱，要得到合适的泡沫强度，则添加的剂量太大，这就增加了成本并很可能降低回收率。Flottec 正在和 McGill 大学进行研究，对所有的起泡剂绘制出其临界兼并浓度和浮选动力学曲线，以便于在选矿厂进行新方法的起泡剂优化。

该研究的下一步是能够使用新的传感器技术通过控制浮选机中的浮选动力学来测量和控制浮选系统。利用我们目前掌握的充气量、液位和起泡剂添加是如何影响气泡的大小、水的回收和气体的保有量，来控制这些变量维持浮选机中的最佳浮选动力学，以达到最佳的浮选回路性能。Flottec 正在和一些公司如 Cidra 研发新的传感器，这些传感器能够提供浮选机中浮选动力学（气体分散参数）和泡沫稳定性能的实时信息，以便于优化选矿厂使用的药剂和运行策略，使得浮选性能上到一个新水平。

Clariant Mining Solutions 目前正在大量的投资矿山药剂，已经在其美国休斯敦的总部成立了一个新的实验室，致力于为其北美的客户开发和优化药剂方案。该实验室是 Clariant Mining Solutions 在其全球业务中投资数百万美元建立几个新的实验室计划的一部分，目的是能够使其业务更好地支持客户的需求和加强地区竞争能力。新的实验室将补充现有在欧洲和拉丁美洲的设施。

Clariant 的石油和采矿服务部的全球经理说过："采矿是 Clariant 的战略焦点区域"，"这项投资进一步证明了 Clariant 在进行的承诺，给全世界的矿山客户提供创新的技术和服务"。

休斯敦实验室将处理来自于美国和加拿大的客户的矿样，以前，这些矿样都是在位于南美的 Clariant 实验室和公司在法兰克福的全球研究机构进行处理的。"我们非常高兴有了新的矿山实验室，有机会能给我们北美的选矿客户提供更本地化的服务和关注"，Clariant 的市场和应用发展部的全球经理说，"休斯敦实验室将会使得 Clariant 的技术人员更有效地为我们美国和加拿大的客户开发出最优化的药剂方案。"

此外，Clariant 正在法兰克福投入 5000 万欧元筹建一个新的创新中心，人员约 500 人，面积约 30000m^2，主要采用综合学科研究方式来为客户解决问题。Clariant 认为，和外部伙伴合资进行的开放的创新方式会保证加速"理念到市场"的过程，矿山的研究和开发也是这种方式的一部分。

Axis House 过去的 10 年在其南非 Cape Town 的浮选实验室，最近在其悉尼和墨尔本的选矿实验室，一直在开发药剂技术。这些都是在 Axis House 从 Ausmelt Chemicals 购买了氧化矿浮选药剂技术后获得的，随后 Axis House 采用了实际应用技术战略，对其用户提供了免费的组合选择和优化服务，用户主要对 Axis House 研发的把脂肪酸、异羟肟酸和硫化过程组合在一起经济有效地浮选氧化矿物的技术感兴趣。

早期的重点是在开发浮选复杂矿物的药剂，这些复杂矿石含有多种浮选动力学不同的矿物，限制因素不但是矿物的浮选动力学本身缓慢，而且还有选矿厂设备自身的限制，如浮选时间、调整时间。只是开发一种能够浮选某种矿物的药剂是不够的，目的是要开发出一组药剂，这些药剂能够互相增强作用。通过改变捕收剂的类型和剂量，能够优化选矿设备的使用和捕收能力。这种方法已经成功地应用在各种类型的碱金属氧化矿上。

现在来谈一下这种创新方法在稀有稀土（REE）浮选领域的应用。这与 Axis House 的商业计划是相符的，因为化学与 Axis 目前已有的业务是相当相似的。当然，对于药剂以及实验室一些不合适的地方必须调整，这个过程已经开始了，第一批稀有稀土浮选试验的矿样已经到达 Cape Town，新的药剂样品也已备妥。未来几年会有大量的稀有稀土项目建设，这些矿床的大部分以前没有工业化处理，因此扩大处理时会面临着困难。稀土氧化物（REO）常常难以浮选，研发出针对这些矿石类型的多种捕收剂系统会帮助增强这些项目的生存能力。

Cytec Industries Inc. 的选矿全球市场经理在谈论捕收剂具有的选择矿物的官能团时说：“捕收剂有一个疏水烃基，改变分子的官能团就改变了其优先选择吸附矿物的性能。”改变烃链的长度就改变了分子的疏水性，这与捕收剂的强度有关。

在捕收剂分子内，有供电子原子，它们的目标是和矿石中受电子原子形成键。氮、氧和硫是所有药剂中最主要的供电子原子，硫是硫化物捕收剂中最主要的供电子原子，氮和氧是辅助的供电子原子，磷和碳是携带所供电子的中间原子，它们只是间接参与相互反应。硫化物捕收剂的基本特点是：

（1）离子型捕收剂捕收性能强，选择性差。

（2）中性的油类捕收剂捕收性能较弱，选择性强。

（3）碳原子多的同系物捕收性能强于碳原子少的同系物。

（4）Cytec 的 NCP 是选择性非常强的捕收剂。

（5）捕收剂的选择性能是基于根据矿物学特性和 pH 值影响进行广泛研究的结果。

对于定型的产品（或混合物）有一个值得注意的情况，由于矿物学是很复杂的，选矿厂选别回路的性能也总是变化的，矿物学变化是正常的。此外，不同的矿物对药剂有不同的亲和力，对于给定的药剂，各种矿物会形成竞争。使用的调整剂也会影响药剂的分配。粒度分布也影响回收率（回收率损失到粗粒级和细粒级范围）。单一的捕收剂是不够的，实际上，大部分的选矿厂使用两种或更多种的捕收剂，目的是使药剂选择到所需的矿物上。使用捕收剂的混合物能够使成本和选别性能得到平衡。

Cytec 有多种捕收剂和捕收剂的混合物，并且继续在研发以适合于用户的需求。有几个捕收剂系列最近已经投放市场，包括新的 XR 系列磺酸盐替代捕收剂，以满足用户替代磺酸盐类捕收剂的愿望。该新系列的捕收剂和黄原酸盐类捕收剂相比成本低，捕收性能强，且选择性高。此外，该药剂更安全，极大地改善了操作环境和人员对产品的毒性暴露程度，储存管理安全，简化了选厂操作。

XD5002 混合药剂可以在 pH 值为 8~12 的范围内使用，对 Cu/Mo、Cu/Au 硫化矿石有很高的选择性，在 Cu/Mo 混合浮选中增强 Mo 的回收率，在 Cu/Au 矿石选别中增强 Au 的回收率。MAXGOLD™混合药剂主要用于金矿石浮选，在 Cu/Au 矿石选别中也能够增加含金黄铁矿、砷黄铁矿、碲化物等的回收率。

A5 检测与控制

现在能够利用测量装置根据阻抗 X 射线断层摄影术来建立即时 3D 图像，该技术提供了控制浮选过程的新的可能性。Numcove 公司认为，根据浮选监控，操作人员能够看到在泡沫下面的实时情况，浮选监控可以同时在线测量几个参数，传感器能够测量泡沫的强度、泡沫的厚度，分析泡沫和矿浆之间的界面，也可以根据客户的需要来分析矿浆。

采用 Numcore 的测量装置，气泡的规格和数量、泡沫层中固体含量都能够根据电导分布进行检测。用浮选监控，可以测量浮选泡沫的强度，以帮助保持高的回收率。可以预先看到和避免生产过程中的信号失灵，如泡沫层变硬了或塌陷了，能够使浮选过程中的损失减到最少。

该技术中实时的特点是一个关键，换句话说，系统不断地把浮选机中正在发生的情况的实际数据提供给操作人员，如矿物和泡沫层的底表面的位置。因为不可能去到浮选机里面看，过去对矿物富集过程的控制主要是根据经验窍门，现在操作人员可以从“里面看”了，可以把浮选过程维持在最佳的混合状态。

Numcore 已经和几个关键客户紧密合作，开发了测量技术来更好地服务于客户。Numcore 认为：“我们已经在几个市场交货了几个浮选机的浮选监控传感器，用于不同的金属如铜、锌和金。一个好处之一是探头的污染被以数学公式的形式考虑进系统中了，测量探头不需要清洗。我们的传感器已经在一个锌粗选浮选机中使用了 9 个月，仍在给出准确的结果。现在我们能够提供对浮选过程自动控制的浮选监控，这个能为我们的客户带来新的效益”。

Numcore 的测量技术目前正在 Inmet 的 Pyhasalmi 铜锌矿试用。在其他方面，根据 Pyhasalmi 铜锌矿选矿厂所述，系统已经在泡沫层的环境方面提供了准确的信息，运行非常可靠。“我们已经对该系统试验了几个月，它对操作人员非常有帮助，这些操作人员接受过专门的训练，他们在积极地检测系统提供的数据。系统看来非常有用，实际上，我们正在考虑在实验完后购买它。”

Metter Toledo 提到 pH 值在很大程度上确定浮选的效率、哪种矿物将浮出或是否能浮出。有效浮选的临界 pH 值取决于矿物和捕收剂，低于这个临界值矿物将浮出，高于这个值，将不浮（在某些场合，反之亦然），如图 A-4 所示。

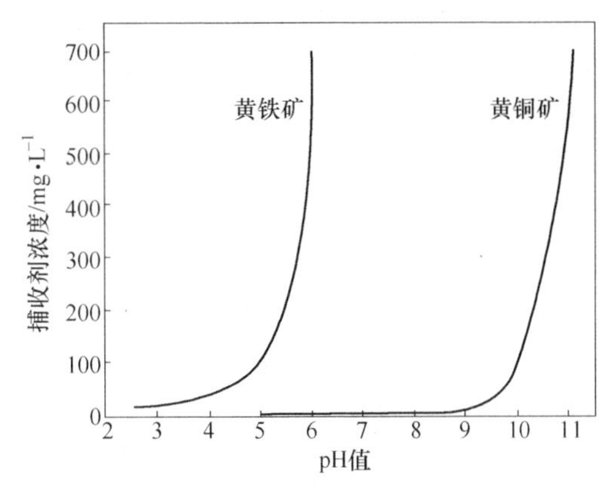

图 A-4 矿物临界 pH 值与捕收剂浓度之间的关系

在最近的一份白皮书（www. mt. com/pro-phflotation）中，Metter Toledo 公司称：为了克服浮选机中恶劣环境的困难，传感器制造商在其传感器设计的方案上很有创新性，能够采用陶瓷、塑料、橡胶甚至木质基准膜来做出 pH 电极。当然，由于胶体粒子和硫化物几乎一直在干扰参考系，这些电极的使用性能会受到严格地限制，传感器的维护需求很高，需要非常频繁地清洗和校准，通常传感器寿命很短。

Metter Toledo 已经公开了这件事情，为克服其缺点，已经设计了 Inpro4260i 型 pH 电极和 Xerolyt© Extra 型固体聚合物电解液。该型电极没有膜，采用开式连接，有一个开口，允许工艺介质和电解液之间直接接触。与常规 pH 电极任何其他形式的膜的微毛细管相反，该型电极开口直径非常大，几乎不受堵塞或结垢的影响。另一个重要的差别是采用聚合物电解液，Xerolyt© Extra 是专门设计用于恶劣环境下使用的，为防止硫化物的侵蚀提供坚强而持久的屏障。

该公司的智能传感器管理系统（ISM）是一个依据内置数字技术传感器的管理平台，以便于更好地管理 pH 值。整套系统中包括有一个数字传感器和 ISM 兼容的传送器，技术的关键是在传感器头的内部含有一个微处理器，其通过传送器驱动和读取。关键的传感器信息如编号、校准数据、运行时间和接触的工艺环境等都被记录下来，以用于连续检测传感器的使用状态。

通过不断地跟踪过程的 pH 值、温度和运行时间，ISM 系统会计算出传感器需要校准、清洗或更换的时间，任何所需的维护都会在早期被识别出。

最近几年，帝国学院（Imperial College）的研究者一直在关注于测量工业浮选机中的空气回收率，并且已经发现了选别性能（品位和回收率均改善）上有一个峰值和空气回收率的峰值非常吻合。多数铂矿和铜矿的运行也观察到了使用该方法带来的好处。JKTech 现在已经得到帝国学院的许可，把该方法和相关的好处提供给全世界的矿物工业。

PAR（Peak Air Recovery）技术包括两个阶段：评估和实施。评估阶段涉及在矿山现场确定该技术的效果，特别是确定一排（或几排）浮选机中空气回收率的峰值，来评估选矿性能指标。实施阶段涉及设定使空气回收率或金属回收率最大化的空气流量，现场支持和现场人员的培训，包括操作手册。实施阶段需要帝国学院得到一个末端用户的现场许可。

A6 泡沫输送

GIW Industries 已经在市场上投放了其与市场上其他泵不同的新型高容积泡沫泵（HVF），该泵能够正常输送泡沫，且不会发生气密，在不停车或没有人工干预的情况下能够连续运行。该泵采用了新的动力学设计，在泵运行时，实际上通过叶轮入口把空气去除了，从而保持工艺的连续，并且改善效率。

GIW 的 HVF 泵可以用于对许多现有的泡沫输送系统的改造，泵的脱气系统包括一个正在申请专利的排气叶轮和气密消除系统。这就有助于消除泵的气密导致的泵池的溢出，减少停车时间，并且最大限度地减少使用的水量。所需泵的数量减少、投资减少，所需的水量和功率减少。

HVF 泵已经对泡沫和黏性液体进行了全面的试验，在芬兰的一个大型磷酸盐公司的使用超过了预期。该公司现有的泵满足不了所需的流量要求，一直有气密存在，因而只能达到设计能力的 1/3。在安装了 HVF 泵之后，其流量达到 $415m^3/h$。

传统的渣浆泵当输送有泡沫的矿浆时，易于产生气密。泵工作时在一定的压力下拉动液体，施加机械力后以更高的压力把液体排出。在泡沫中的空气不易于进入更高的压力区，易于在泵入口的低压区徘徊，空气在此处的累积最终能够把泵的入口完全堵死，导致气密。这时需要停泵或人工干预以避免泵池溢出。

GIW 的 HVF 泵的主要创新点是叶轮的设计。通常，空气泡在叶轮的中心聚集，因为更重的液体被离心力旋转甩到叶轮的外沿。HVF 泵的脱气系统包括排气叶轮和气密排口，在叶轮中心的多个小孔使得气泡通过后到一个单独的排口，这个排口使空气上升后，排出泵外进入大气，通过该排口的液体被返回到储槽，空气不会在叶轮入口或泵的入口处集聚，因而避免了气密的发生。

附录B　Kanowna Belle金矿闪速浮选回路作用的分析[4]

B1　概述

Kanowna Belle金矿位于西澳Kalgoorlie东北19km处，靠近Kanowna镇。该矿由Goldfields公司于1989年发现，1993~1998年期间为露天开采，露天坑开采深度为220m，1998年开始转入坑采。该矿的设计能力为年处理约180万吨矿石，根据该矿的矿石类型，选矿厂（见图B-1）可以处理难处理金矿石和易处理矿石两种类型，选矿厂有浮选回路、精矿焙烧回路、炭浸（CIL）回路、金的解吸-电积回路，选矿厂处理的两种矿石类型之比（难处理矿石：易处理矿石）为3：1。所处理的矿石类型改变时采用贫矿石对整个回路进行“清洗”。2014年2月之前该矿归Barrick公司所有，2014年3月1日开始由Northern Star Resources Ltd. 所有。

图B-1　Kanowna Belle金矿选矿厂

为了确定闪速浮选回路在整个选矿厂性能中的作用，Kanowna Belle选矿厂在生产过程中对闪速浮选回路在线和离线的两种回路结构，针对高品位矿石和低品位的较硬矿石两种矿石类型进行了试验对比。试验采用两种矿石中相同的矿物种类（金和黄铁矿）和同样的流程，以便于进行比较。比较的结果非常突出，选矿厂的闪速浮选回路被认为是主要的粗选作业，约42%的有用矿物从该回路回收到最终精矿中，含硫品位约35%。因此可在同样的选别指标情况下降低占地面积。对所取样品的工艺矿物学研究结果表明，闪速浮选的给矿（旋流器底流）与常规浮选的给矿（旋流器溢流）相比，含有已解离有用矿物的比例更高，其品位更高，将这部分物料在其重新进入磨矿回路之前尽可能地回收会极大地改善整个选矿厂的性能。

当闪速浮选回路离线后，观察到硫（即黄铁矿）的回收率急剧降低，金的回收率也有一定范围的降低。在运行当中观察到的金的回收率和黄铁矿回收率的差别最大的可能是由于途径上的变化：解离的金是磨矿回路运行变化的函数，当闪速浮选离线时，磨矿回路需要调整。旋流器溢流（常规浮选的给矿）中有用矿物的分布当闪速浮选离线时经历了大幅的变化，有用矿物的细粒大幅增加，进一步浮选的尾矿中中粒和细粒级的黄铁矿和金的比例也变高。黄铁矿细粒级的增加归因于当闪速浮选离线时其回收率的损失。

来自于各个点的矿浆化学数据显示了闪速浮选机与常规浮选回路相比不同的工艺条件，其会影响能够通过浮选回收的矿物类型以及对该类型矿石处理所采用的药剂制度。

B2 介绍

闪速浮选由于其能够从磨矿回路中以单段浮选的方式回收很大比例的有用矿物直接进入最终精矿，近年来已经引起了极大的关注，与常规浮选回路相比，投资费用小，运行成本低。闪速浮选回路可以尽可能多的从磨矿回路中除去已经解离的有用矿物，以降低在常规浮选回路发生的过磨以及后续成为矿泥而损失的可能性。由于旋流器底流是闪速浮选机的给矿，因此，闪速浮选机既是一个分级机，又是一个浮选机，这个双重作用允许较大的颗粒和脉石直接短路进入尾矿（即磨机的给矿），而较细的颗粒则进入闪速浮选机的混合区浮选，如图B-2所示。

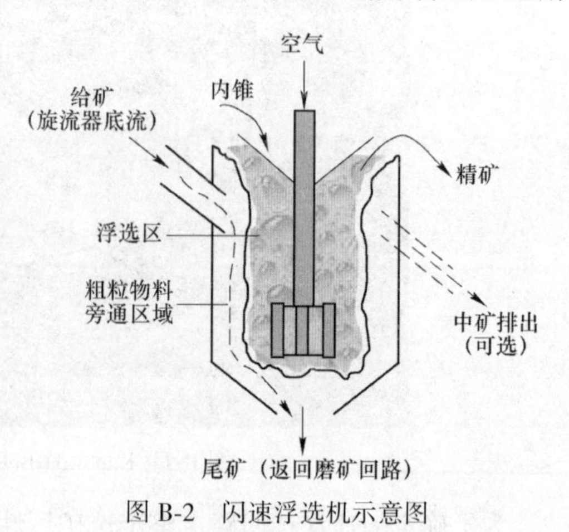

图 B-2 闪速浮选机示意图

（1）考虑中的闪速浮选机只是回收很好解离的硫化物（黄铁矿）颗粒；

（2）基于观察到的数据，闪速浮选精矿中目的矿物（黄铁矿）的粒度分布

P_{80}为123～146μm；

（3）闪速浮选精矿的粒度分布比选矿厂中得到的其他精矿的粒度粗，粗粒是一个相对的概念。

为了确定闪速浮选回路的运行对下游常规浮选回路的影响，对有闪速浮选回路和没有闪速浮选回路两种情况进行了调查。闪速浮选回路对整个选矿厂指标的影响和闪速浮选回路离线后的结果按下列要求评估：

（1）对闪速浮选给矿（旋流器底流）和常规浮选给矿（旋流器溢流）的比较按目的矿物黄铁矿的粒级解离特性进行；

（2）当闪速浮选离线后对常规浮选回路给矿的影响根据黄铁矿的粒级解离特性进行；

（3）闪速浮选回路对整个选矿厂回收率的影响；

（4）采用闪速浮选回路回收的物料性质与常规浮选回路部分回收的物料性质进行比较以确定闪速浮选回路对整个精矿品位的影响；

（5）在闪速浮选回路在线和离线的条件下，评估损失到浮选尾矿中的有用矿物的性质；

（6）当闪速浮选回路离线后金在整个回路中的流向情况变化。

调查工作采用位于西澳大利亚的Kalgoorlie附近的Barrick的Kanowna Belle金矿的高品位地下矿石进行，该矿石属于难处理金矿石，浮选中的主要目的矿物是黄铁矿，矿石中的金主要是整个富黄铁矿包裹带上的包裹金或充填裂隙金。这项工作所得到结果的解释是基于以前其他研究人员在选厂运行中的经验，因为到目前为止在公开的刊物中没有类似的数据可供比较。

B3 试验

Kanowna Belle选矿厂在磨矿回路中采用了闪速浮选回路，然后采用浮选柱和常规浮选来处理旋流器的溢流。浮选的尾矿送到浸出回路回收剩余的金，浮选的精矿送到选矿厂的焙烧部分去回收金。为了满足焙烧的要求，选矿厂的最终精矿（由闪速浮选精矿、粗选浮选柱的精矿和再精选的精矿合并而成）含硫必须为24%±0.5%。Kanowna Belle选矿厂的流程如图B-3所示。图中的圈为闪速浮选回路的位置。

图B-3中表示了一个重选回路，这个回路在处理地下开采的硫化矿时不使用。相反地，当选矿厂处理来自于其他矿山的氧化矿石时，也不使用闪速浮选回路和常规浮选回路，而使用重选回路。在上面两种情况下，浸出回路都使用，当处理硫化矿石时处理浮选尾矿，当处理氧化矿石时处理旋流器的溢流。浮选工艺的详细流程如图B-4所示。

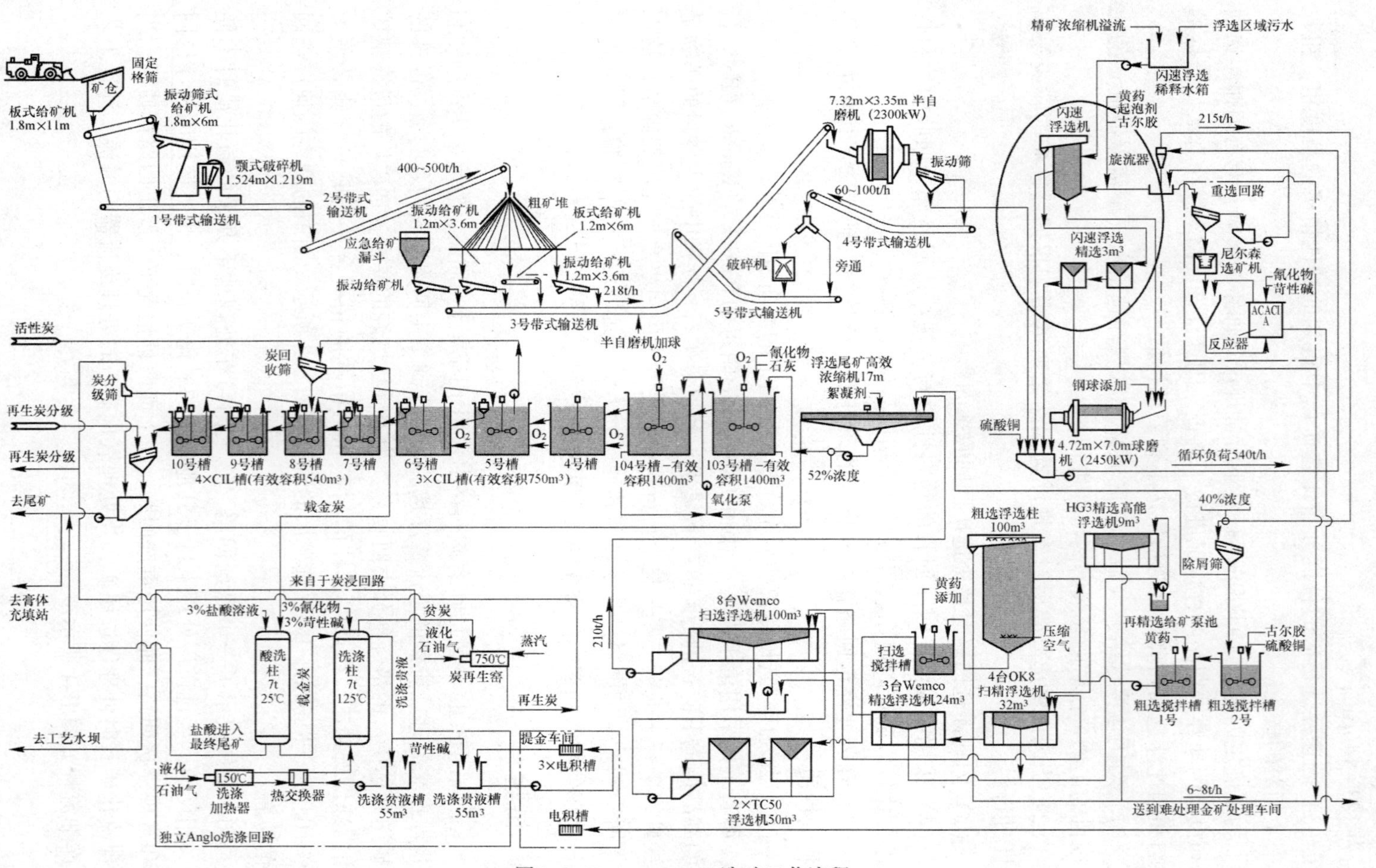

图 B-3　Kanowna Belle选矿工艺流程

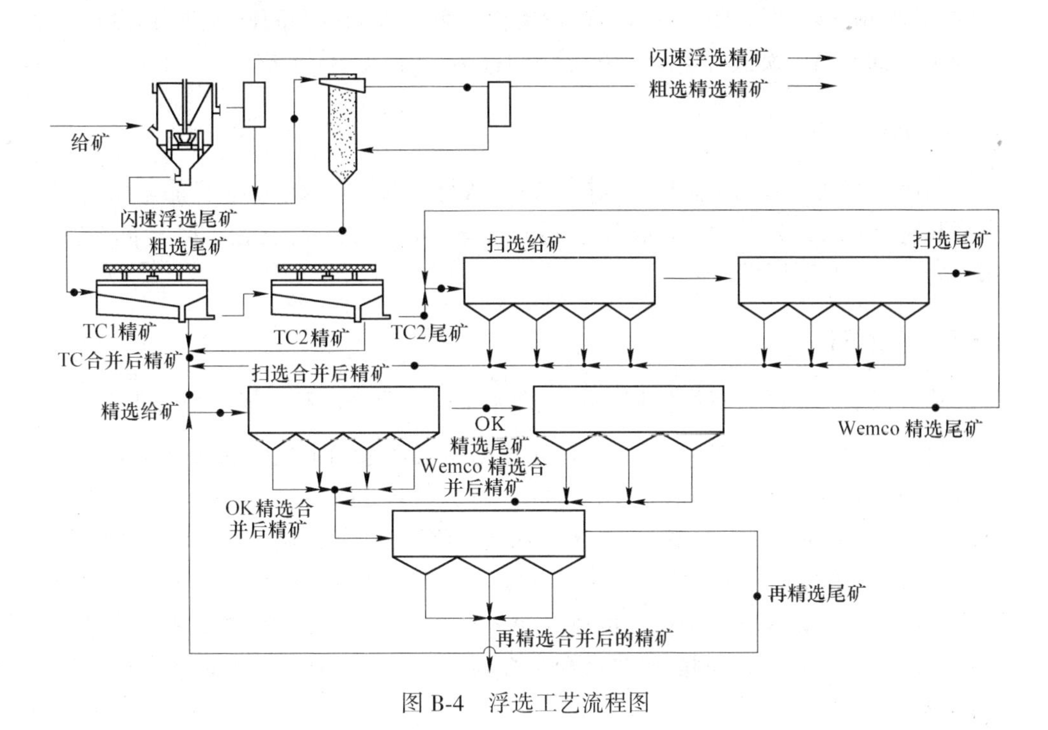

图B-4　浮选工艺流程图

在Kanowna Belle选矿厂进行了两次调查活动，第一次是在2009年的10月，当处理一个非常高品位的矿块时。第二次是在2011年的11月，当处理截然不同的矿石时，该矿石比第一次调查的矿石更硬、品位更低。进行第二次调查是为了验证第一次调查的结果，在此讨论的就是二次调查的结果。二次调查的矿石性质是不同的，但处理流程和有用矿物的种类（黄铁矿和金）是一样的，使得当闪速浮选回路“开”和“闭”时，可以用类似的反应趋势进行区别。

B3.1　给矿物料-矿石的基本情况

Kanowna Belle矿石中金主要与黄铁矿关系密切，金赋存于临近黄铁矿晶体的位置、与黄铁矿生长带平行的延长包裹体中、富黄铁矿晶体的包裹体中以及裂隙充填于富黄铁矿包裹体之间。其次也有金赋存于碳酸盐脉的微孔中，常与碲化物类矿物紧密共生（量很少）。

黄铁矿是矿石中主要的硫化矿物。矿石的断层扫描（3D）分析表明，约82%的黄铁矿晶粒为38~425μm。在第一次和第二次调查活动中矿石中黄铁矿的含量分别为3.6%和1.6%。

第一次调查在2009年10月进行，调查期间的平均给矿品位为5.2g/t金和1.75%的硫；第二次调查在2011年11月进行，调查期间的平均给矿品位为3.7g/t金和0.9%的硫。第二次调查期间所处理的矿石与第一次的磨矿特性有很大的不同，筛析数据表明，尽管给矿量类似，第二次调查期间旋流器溢流的 P_{80} 约为 143μm，第一次调查期间的 P_{80} 约为 106μm（详见 B4.1 节）。

B3.2　取样方案

两次调查活动采用了同样的取样方案，从每个取样点采取矿浆样品采用不同类型和规格的取样器，每个取样器适用于不同的取样点位置。取样间隔为 10min，整个过程持续 2.5h。

B3.3　粒度分析

筛分每个矿浆样的程序使用 38μm 的湿筛，把筛分产品干燥，把大于 38μm 的物料按 $\sqrt{2}$ 系列向上的网目进行干筛（根据矿浆样来确定最大的筛分粒度，如旋流器的底流最大的筛分粒度是 16mm，而旋流器的溢流最大的筛分粒度是 850μm）。干筛后的不大于 38μm 的物料和从湿筛筛分得到的不大于 38μm 的物料合并，合并后的矿样进行水析。水析器的分离粒度根据测得的固体密度被通过图表表示出（如闪速浮选精选精矿的密度是 4.0g/cm^3，而闪速浮选尾矿的密度是 2.8g/cm^3），因而根据不同的矿浆样和每次的调查活动，其分离粒度和粒度范围会变化。

B3.4　药剂制度

该厂使用的药剂是戊基磺酸钠（PAX）、硫酸铜、古尔胶、DOW400（聚乙二醇）和 OTX140（乙醇和聚乙二醇的混合物）起泡剂。同其他选矿厂闪速浮选的生产实践一样，在闪速浮选回路使用了重型起泡剂（DOW400），而轻型起泡剂（OTX140）只在常规浮选回路使用。两种起泡剂都是不经稀释直接加入回路，PAX 和硫酸铜则是直接按生产厂商生产的 30%左右的溶液直接添加，而古尔胶则是在现场配制成 0.2%的溶液后添加。

B4　结果和讨论

B4.1　闪速浮选与常规浮选的给矿

在两次调查中对在正常操作条件下闪速浮选的给矿（旋流器的底流）和常规浮选的给矿（旋流器的溢流）都进行了分析，所有固体的 P_{80}、Au 和 S 含量见表 B-1。从表中可以看出，闪速浮选的给矿非常粗（达到 16mm），两种矿浆流中 Au 和 S 的粒级分布始终一致地低于所有固体的粒级分布。每次调查的旋流器溢流和底流都进行了矿物解离度分析（MLA），以确定浮选的目的矿物–黄铁矿的性质是否有差别。第一次调查活动的两种浮选回路给矿的矿物学研究结果如图 B-

5和图B-6所示。从图中可以看出，第一次调查活动中，两种矿浆流中黄铁矿的可浮粒级主要是212~17μm，分别占溢流和底流中的70%和57%。在第二次调查活动中，考虑矿石硬的多和品位较低，也看到了类似范围的黄铁矿粒度分布，尽管作为较低原矿品位的函数，在每个粒级中的黄铁矿含量较低。黄铁矿的可浮粒级仍然是212~18μm，在旋流器的溢流和底流中该粒度范围的含量分别占80%和59%。

表B-1　二次调查活动中在正常运行条件下旋流器底流和溢流的P_{80}　(μm)

项目		P_{80}	Au	S
第一次调查	旋流器溢流	106	75	74
	旋流器底流	690	465	525
第二次调查	旋流器溢流	143	87	89
	旋流器底流	715	400	457

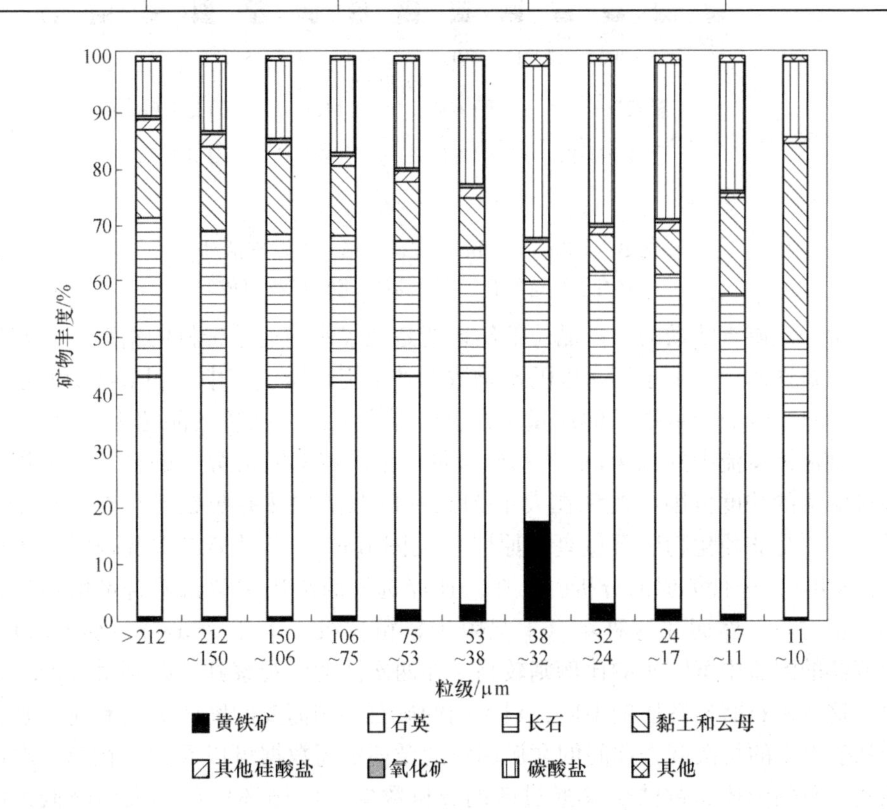

图B-5　Kanowna Belle选矿厂第一次调查活动中浮选给矿（旋流器溢流）矿物组成

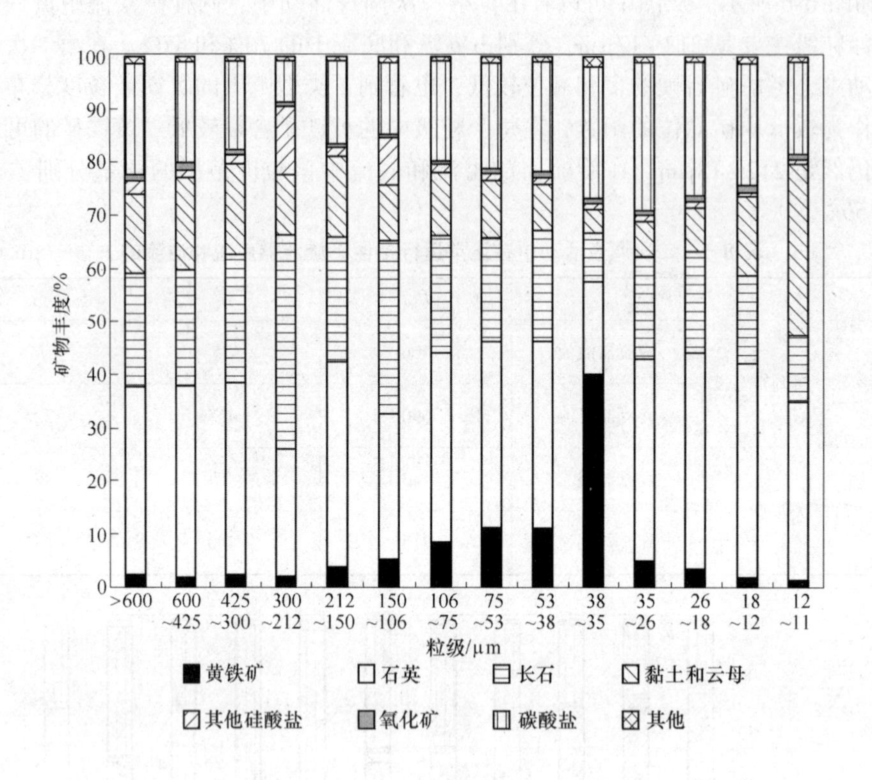

图 B-6 Kanowna Belle 选矿厂第一次调查活动
中闪速浮选给矿（旋流器底流）矿物组成

第一次调查活动的较高品位的给矿清楚地表明闪速浮选机的给矿中含有较高比例的黄铁矿，是由于高密度的矿物浓缩到了旋流器底流中。图 B-7 中所示为两种给矿每个粒级中黄铁矿的流量。在旋流器底流中黄铁矿的品位为 3.4%，显著高于旋流器溢流中的 1.4%的黄铁矿含量。把旋流器底流分析的粒度范围扩展后超过溢流的粒度范围，发现在大于 212μm 的范围仍然有黄铁矿存在，其含量很低，主要是非硫化物脉石包裹的原因（见图 B-6）。当对第二次调查活动的数据（见图 B-8）进行类似的分析时，在闪速浮选机的给矿中黄铁矿含量增加的趋势仍然很清晰。然而在这种场合下只限于较粗粒级（大于 75μm），小于该粒级，旋流器的溢流中黄铁矿的比例则较高。在两次活动中观察到的差别最大的可能是由于这些矿石磨矿性质的不同，对不同的矿石类型需要的磨矿方式有所区别，这个从表 B-2 的每次调查期间的磨矿回路的循环负荷数据可以看到。在第二次调查期间，总的固体和黄铁矿（通过硫的分析数据）的循环负荷都大为降低，可能是更细的黄铁矿进入了旋流器溢流而不是短路到旋流器底流所致。

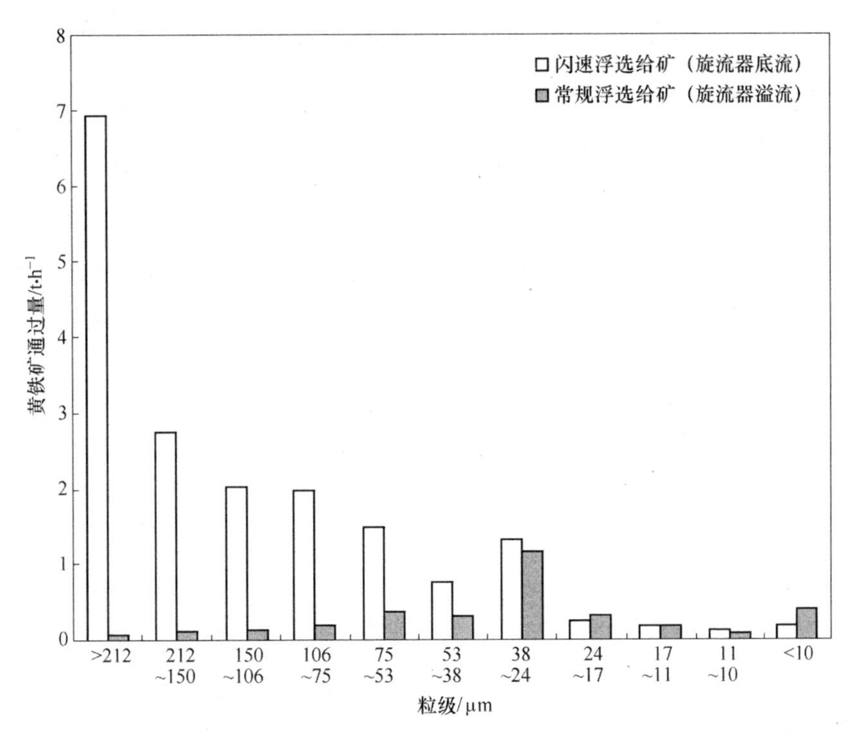

图 B-7　第一次调查活动中闪速浮选给矿和常规浮选给矿中黄铁矿的粒级通过量

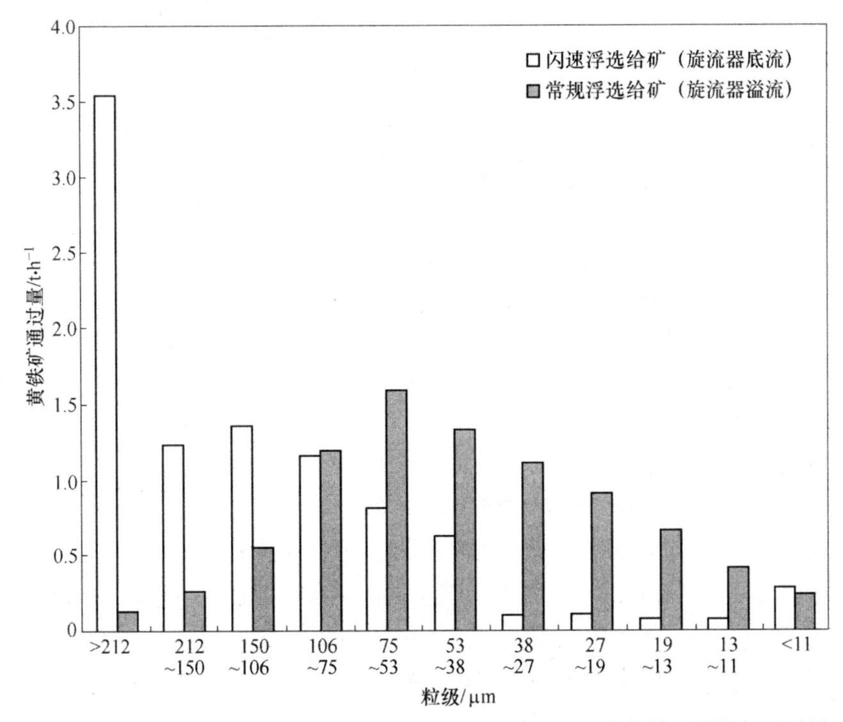

图 B-8　第二次调查活动中闪速浮选给矿和常规浮选给矿中黄铁矿的粒级通过量

表 B-2 二次调查过程中磨矿回路循环负荷的比较 (%)

时 间	固 体	Au	S
第一次	223	222	279
第二次	179	223	209

从两个浮选回路给矿黄铁矿解离的比较中最重要的发现是闪速浮选给矿中的黄铁矿在所有大于38μm粒级中解离的程度较高，从图B-9和图B-10中可以看到（二者分别为第一次和第二次的调查数据，这里所示的为每个粒级（>90%的黄铁矿）已经解离的黄铁矿的百分数）。

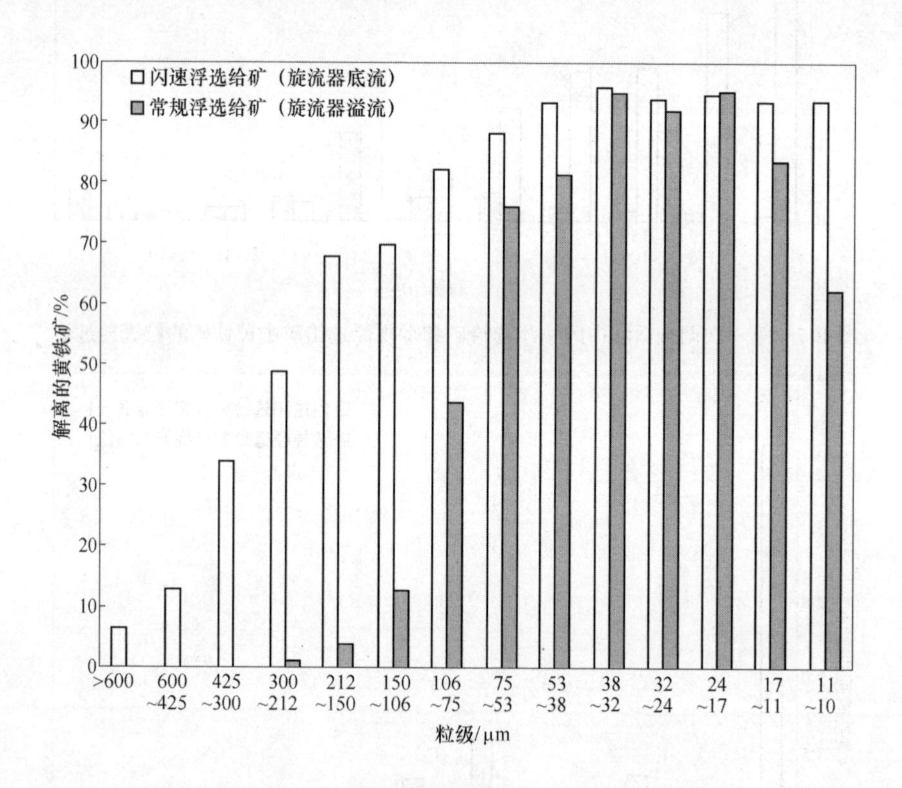

图 B-9 第一次调查活动中闪速浮选给矿和常规浮选给矿各粒级中解离的黄铁矿（>90%的黄铁矿）比例

这些发现意味着闪速浮选机的给矿中较高品位的单体解离的黄铁矿在闪速浮选回路中可以最大化地回收，以减少后续磨矿使这些有用矿物变细的机会。可以观察到在第一次调查活动中，旋流器溢流中的细粒级部分降低了，该现象也同样出现在这次的浮选尾矿中，发现这些黄铁矿主要是包裹在云母、黏土、石英、碳酸盐以及少部分的长石中。

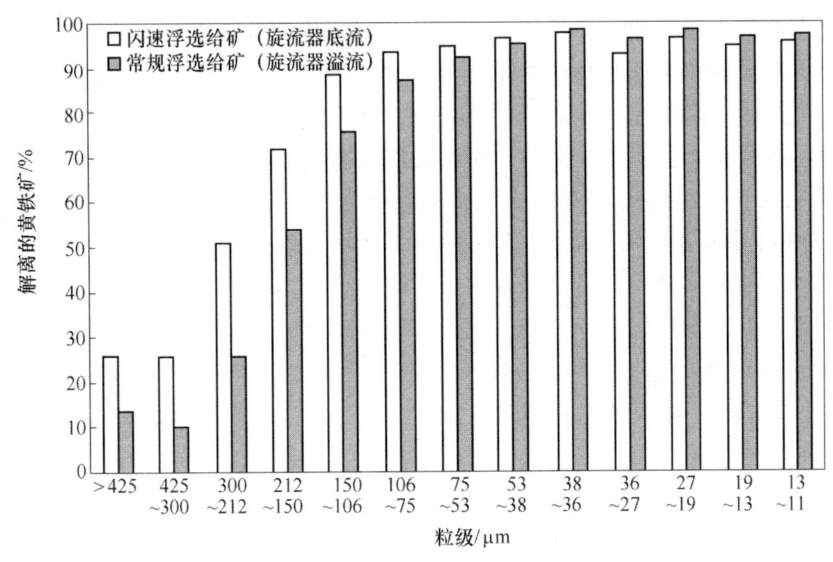

图 B-10　第二次调查活动中闪速浮选给矿和常规浮选给矿各粒级中解离的黄铁矿（>90%的黄铁矿）比例

B4.2　闪速浮选回路离线的影响

B4.2.1　浮选给矿特性的改变

通过使闪速浮选回路离线，在新的运行条件下，检查了闪速浮选回路对常规浮选回路性能的影响。这个是在每次调查活动中进行一次，即与常规浮选给矿（旋流器溢流）进行比较。一般的常识认为，没有闪速浮选回路，进入常规浮选回路的细粒有用矿物会增加，因为没有闪速浮选回路从磨矿回路中除去有用矿物，以避免其后续的过磨。很显然，旋流器溢流中细粒物料的比例会增加。

在两次调查过程中，选矿厂的控制系统维持所有旋流器溢流中固体的 P_{80} 在一个稳定值，然而，当闪速浮选回路离线后，Au 和 S 的粒级分布发生了一个独特的变化，结果见表 B-3。结果表明，第一次调查过程中，Au 和 S 的粒级分布变粗了；而第二次调查过程中，Au 和 S 的粒级分布变细了；此外，通过各自对操作条件改变的反应，两次的矿石类型之间的差别很明显。

表 B-3　有/无闪速浮选回路条件下固体、Au、S 的 P_{80} 的变化对比　（μm）

项　　目		闪速浮选回路	固体	Au	S
第一次	旋流器溢流	有	106	75	74
	旋流器溢流	无	107	95	82
第二次	旋流器溢流	有	143	87	89
	旋流器溢流	无	138	75	73

许多研究者也报道过，闪速浮选工艺对于回收细粒级的金和黄铁矿是非常有效的，在磨矿回路中这些物料的循环负荷必然降低。当闪速浮选回路离线后，过量的矿泥产生，随后在常规浮选回路中的浮选回收率降低是主要的关注点。为了确定这种现象是否会发生，必须分析细粒级部分中有用矿物的含量（在第一次调查活动中为小于 24μm，在第二次调查活动中为小于 26μm），这部分数据见表 B-4。从表 B-4 中看出，在二次的调查过程中，细粒级部分中硫的含量都增加了，而在细粒级部分中金的含量则随着整个矿浆中金含量的变化而变化。当考虑超细粒级（矿泥）部分时（见表 B-5），第二次调查的结果表明，随着闪速浮选回路的离线，Au 和 S 的超细粒级含量显著增加，远超过在整个矿浆中的变化。第一次调查过程的结果则表明 Au 和 S 的超细粒级含量增加很小，没有超过整个矿浆中矿泥的增量。

表 B-4 有/无闪速浮选回路细粒级含量对比 （%）

项 目	产 品	闪速浮选回路	固 体	Au	S
第一次 小于 24μm 含量 细粒增加量	旋流器溢流	有	51.4	26.7	30.6
	旋流器溢流	无	53.5	29.6	36.5
	细粒增加量		2.2	2.9	5.8
第二次 小于 26μm 含量 细粒增加量	旋流器溢流	有	47.8	25.3	27.2
	旋流器溢流	无	46.7	24.2	29.6
	细粒增加量		-1.1	-1.1	2.4

表 B-5 有/无闪速浮选回路超细粒级（矿泥）含量对比 （%）

项 目	产 品	闪速浮选回路	固 体	Au	S
第一次 小于 10μm 含量	旋流器溢流	有	29.7	9.8	11.5
	旋流器溢流	无	31.8	10.6	12.5
	超细粒增加量		2.1	0.9	1.0
第二次 小于 11μm 含量	旋流器溢流	有	29.1	5.6	7.3
	旋流器溢流	无	26.4	7.7	8.9
	超细粒增加量		-2.7	2.1	1.6

从这些数据中可以得到一个基本的结论：当闪速浮选回路离线时，进入常规浮选回路的细粒级部分中硫（即黄铁矿）的含量增加了，而细粒级部分中金的含量增加得没有硫的含量增加得那么大，更可能是这些金是从黄铁矿中被解离出来的结果，因为当闪速浮选回路离线时磨矿回路性能有一个偏移。只有弄清楚详细的金的动态行为后，才能定量化金的解离特性的任何变化，但这个内容不包括在此次调查中，因为在这样低的品位下无法得到可靠的解离数据。

正如对旋流器溢流的工艺矿物学分析所指出的那样，在整个选矿厂的指标中，可以通过检查常规浮选回路给矿中黄铁矿的解离特性来进一步评估这种变化的影响。对每次调查活动的有/无闪速浮选回路条件下各粒级中被认为是解离的黄铁矿比例的变化见图B-11和图B-12。当闪速浮选回路离线时，第一次活动的结果表明，大量的已解离的物料（包括90%以上的黄铁矿）进入了旋流器溢流，这些物料主要是中间粒级和细粒级（小于106μm）。在第二次调查期间的变化使得矿石类型的差别再次显现出来，尽管在较粗粒级中解离的物料的比例没有增加，似乎和在较细粒级里的相当，当考虑质量流量时，当闪速浮选回路离线时，在小于75μm粒级中解离的黄铁矿的数量增加了18%。

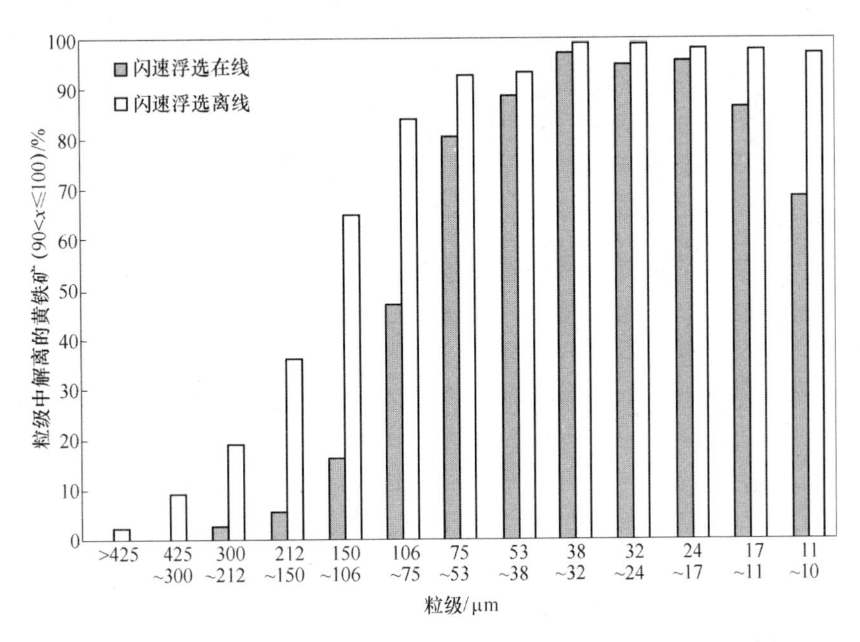

图B-11 第一次调查活动中旋流器溢流各粒级中解离的黄铁矿比例

当闪速浮选回路离线时，在两次调查中观察到的所产生的细粒级有用矿物的增加量几乎肯定会导致总回收率的降低。这在随后会进一步讨论，可以关注的是在第一次调查活动中，在非常细粒级中完全解离的黄铁矿的数量减少了，发现这些黄铁矿主要被包裹在云母、黏土、石英、碳酸盐以及少量的长石中，因而其在非常细粒级中解离的程度降低了，在同时的浮选尾矿样品中也反映出来。遗憾的是小于10μm粒级的部分太细无法进行工艺矿物学分析，当然，这种情况在有/无闪速浮选回路的调查之间的反应和解离度的差别可能是由于当闪速浮选回路离线时磨矿回路运行中的重大变化及随后在有用矿物循环负荷上的调整所致，或者就是说明，闪速浮选回路能够有效地除去回路中存在任何已经解离的有用矿物。

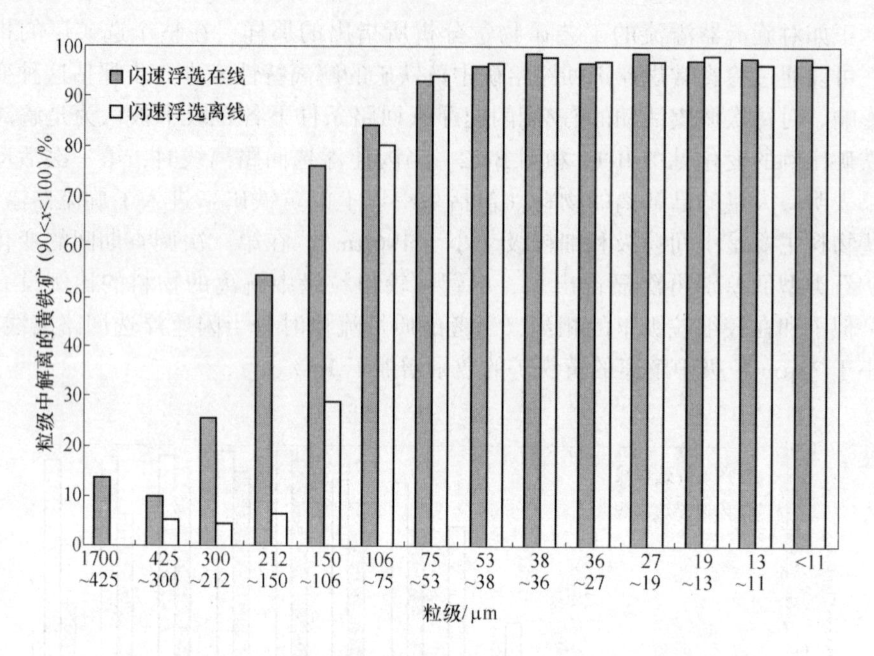

图 B-12 第二次调查活动中旋流器溢流各粒级中解离的黄铁矿比例

B4. 2. 2 对最终精矿的影响

该选矿厂的最终精矿需要满足硫含量为24%±0. 5%的指标，否则会严重影响处理最终精矿的焙烧回路的性能。对于精矿中金的含量则没有限定，尽管在最大的回收率条件下使其品位最大化总是最佳的运行条件。最终精矿是由三种精矿合并成的：闪速浮选精选精矿、粗选浮选柱精选精矿和再精选的精矿（参考图B-4）。选矿厂生产每种精矿的回路部分都针对不同性质的粒级：

（1）闪速浮选回路的目标是回收旋流器底流中任何解离的有用矿物，以及随后的旋流器脱泥，与其他精矿比较，该回路产生的精矿粒度较粗、品位更高（30%~33%的S）。

（2）粗选浮选柱回路的目标是回收任何细粒级的有用矿物，由于一般细粒级物料完全解离，也能够产生高品位的精矿（28%~33%的S）。

（3）扫选回路利用吸气式和充气式机械浮选机来回收其余的黄铁矿，得到一个低品位（8%~12%的S）精矿，与其他两种精矿合并后得到含S为24%的精矿。

选矿厂中没有采用自动载流分析仪提供分析数据，常规取样由操作人员采取，每3~4h取一次，通过现场试验室的LECO来分析硫。该分析数据与关键精矿流的实时流量数据相连以保持最终精矿的质量。闪速浮选回路影响最终精矿的不仅仅是品位，而且是回收率和粒度分布（其会影响精矿浓缩机、过滤机和焙烧炉自身的性能）。

B4.2.2.1　回收率

进行闪速浮选回路有/无调查活动的主要目的是确定目的矿物黄铁矿的解离特性和粒度分布的变化，该变化通过分析旋流器的溢流（粗选回路的给矿）来评估，因为使磨矿回路重新达到平衡以适应闪速浮选回路离线所需的时间与浮选回路在新的给矿条件下重新达到平衡所需的时间相比相对短。这是由于停留时间的不同，球磨机和旋流器中的停留时间约为2min，而浮选回路的停留时间约为72min。由于选矿厂回收率的约一半是由闪速浮选回路贡献的，因此只允许闪速浮选回路离线总计不能超过5h，最初的2h用于回路的重新平衡，然后开始调查工作。调查持续了2.5h，几乎不容出差错。选矿厂操作人员花费了大量的努力来使回路稳定，因而操作条件比最佳的条件差。考虑到这一点，此处的回收率结果与此相关。如果能够允许更多的时间使浮选回路最佳化，在闪速浮选回路离线时，能够取得更好的回收率。这里给出的结果提供了一个强制性的暗示，闪速浮选回路离线会导致回收率的损失，当然，回收率损失的幅度不能定量限定。

（1）第一次调查——2009年10月。这次调查活动通过测量浓度、金和硫的含量以及从选矿厂控制系统测得的矿浆流量，成功地得到了质量平衡的数据，在有闪速浮选回路条件下测得的结果见表B-6，认为代表了选矿厂正常运行下的结果。这些结果与当天选矿厂的选矿指标（报告的金和硫的总回收率分别是88.8%和87.6%）是一致的。

表B-6　第一次调查中正常运行浮选回路的回收率　（%）

分配的回路回收率	闪速浮选	粗选回路	扫选回路	总　计
给矿中的金回收率	44.8	22.4	18.5	85.7
给矿中的硫回收率	48.7	17.4	21.8	87.9
浮选回收金的比例	52.3	26.2	21.6	100
浮选回收金的比例	55.4	19.8	24.8	100

表B-6中的结果显示了闪速浮选回路在选矿厂中所起的重要角色，其贡献了最终精矿中55%的硫和52%的金。当闪速浮选机离线时，回路的性能有一个偏移，见表B-7，粗选浮选柱回路回收了大部分的金，常规浮选回路回收了大部分的硫。应当注意到，选矿厂的总回收率在闪速浮选回路关停后下降很大，有许多的操作原因，然而最重要的因素是：允许有效地使回路重新平衡到一个最佳化的新的操作条件下（以及最佳的药剂添加量和添加点）所需的时间太短；常规浮选回路泵的能力受限，使得整个回路最大的通过能力受到限制；以及潜在的尽可能回收所有有用矿物的停留时间不足（与当闪速浮选回路运行时常规浮选回路只承担50%~60%的有用矿物的回收相比）。

表 B-7　第一次调查中没有闪速浮选回路时的浮选回收率　(%)

分配的回路回收率	闪速浮选	粗选回路	扫选回路	总　计
给矿中的金回收率	0	50.0	31.4	81.5
给矿中的硫回收率	0	24.1	46.0	70.1
浮选回收金的比例	0	61.4	38.6	100
浮选回收金的比例	0	34.3	65.7	100

必须指出，这个阶段工作的主要目的是评估当闪速浮选回路关停后，物料送到常规浮选回路，各粒级中有用矿物的分布和性质是否会发生变化。这里的回收率和回路数据提供了全面了解关于整体性能的定性信息，不希望形成是否闪速浮选回路能不能用的误导。

（2）第二次调查活动——2011 年 11 月。重新观察到闪速浮选回路回收了给矿中大量的有用矿物，分别为 43%的硫和 44%的金（参考表 B-8）。剩余的回收率合理地等分到粗选回路和扫选回路之间。在选矿厂内每个回路回收的物料的比例与第一次调查（见表 B-6）中观察到的比例类似。

表 B-8　第二次调查中正常运行条件下浮选回路的回收率　(%)

分配的回路回收率	闪速浮选	粗选回路	扫选回路	总　计
给矿中的金回收率	40.2	26.7	26.7	93.6
给矿中的硫回收率	41.0	25.7	27.0	93.7
浮选回收金的比例	42.9	28.5	28.6	100.0
浮选回收金的比例	43.7	27.5	28.8	100.0

当闪速浮选回路离线时，可以看到回收率大幅降低，硫的回收率特别受到影响，数据见表 B-9。粗选和扫选回路中所得到的金和硫总回收率的比例再次类似于第一次调查活动中的现象（见表 B-7）。

表 B-9　第二次调查中没有闪速浮选回路时的浮选回收率　(%)

分配的回路回收率	闪速浮选	粗选回路	扫选回路	总　计
给矿中的金回收率	0	51.3	25.6	76.8
给矿中的硫回收率	0	17.3	29.2	46.5
浮选回收金的比例	0	66.7	33.3	100.0
浮选回收金的比例	0	37.3	62.7	100.0

表 B-6~表 B-9 中的数据表明，闪速浮选回路离线损害了选矿厂总的回收率，而这类数据在公开报道中很少见到，Sandström 和 Jönsson 采用 Cu-Au 矿石所做的工作表明，当闪速浮选回路离线时，硫化矿物中 Cu 的回收率平均降低了 2.1%，

Au 的回收率降低了 10. 1%。目前工作的结果中最大的关注点是所观察到的硫化物回收率在两次调查活动中大幅降低，第一次和第二次分别为 17. 8%和 47. 2%；金的回收率没有遭受如此大的降幅，第一次和第二次分别为 4. 2%和 16. 8%。该选厂以前所做的工作总是表明在品位和回收率的趋势上，金和硫之间直接相关；然而，当闪速浮选回路离线之后，两者之间的差别开始显现出来。该差别不只是在回收率上是明显的，而且在金和硫的粒级分布上以及在粗选浮选柱和扫选回路的性能差别（参见表 B-6~表 B-9）也很明显，表明大量的金被单独回收到黄铁矿中（约 30%），意味着磨矿特性（也即解离）发生了变化。两次调查的结果表明，没有闪速浮选回路，粗选回路回收了大部分的金，而扫选回路回收了大部分的硫（黄铁矿）。这是一个从正常的运行（当闪速浮选回路运行时）且金和黄铁矿在每一个单独的回路中回收率相似的条件下的一个明显的改变，这将在 B4. 2. 2. 4 节和 B4. 2. 3 节中探讨。

当对粒级分布进行了详细的分析之后，黄铁矿的回收率（与金相比）不成比例的高的损失的关键因素就变得很明显了，数据表明在两次调查期间，不考虑操作条件，旋流器溢流中黄铁矿的分布都比金的分布粒度细，这可能是由于当闪速浮选回路关停后黄铁矿回收率的大幅损失所致，将会进一步在 B4. 2. 3 节中讨论。性能变化的含义是指大部分的金会从黄铁矿中分离出来，如解离的金一样有独立的性能行为。在二次调查活动中观察到金的这种行为的可能的原因将在 B4. 2. 3 节中详细讨论。

当闪速浮选回路离线时，由于回路运行条件的变化，在浮选尾矿中目的矿物分布的变化也是很明显的。在两次调查中，在各粒级中硫的分布分别见图 B-13 和图 B-14，并且表明了一个非常清楚的趋势，当闪速浮选回路运行时，损失到最终尾矿中的硫主要为粗粒级（大于 75μm）；然而，当闪速浮选回路离线时，则会向细粒级偏移，损失到最终尾矿中的主要为小于 75μm。当分析金的数据时，会发现类似的趋势。结果，当闪速浮选回路离线时，适宜于浮选回收的完全解离的粒级（75~19μm）颗粒损失到尾矿中的数量会增加；而在闪速浮选回路在线时的正常运行条件下，损失到尾矿中的主要是连生体或矿泥。没有闪速浮选时观察到的性能也与停留时间不足时的回路的尾矿分布类似，解离的有用矿物损失到尾矿中。这样，利用闪速浮选回路的好处是在选矿厂内用最小的占地面积有效地增加了浮选的停留时间。

B4. 2. 2. 2　试验偏差

为了确定调查活动得到的数据与实际生产数据的偏差，对每次调查活动的当月、前一个月及后一个月的生产数据进行了分析。在每种情况下，把选矿厂处理地下采出的硫化矿石时，并且在磨矿回路或浮选回路的任何主要设备中没有大量的停车时间时的每日（24h）选矿指标的计算结果形成一个数据库。据此，对第

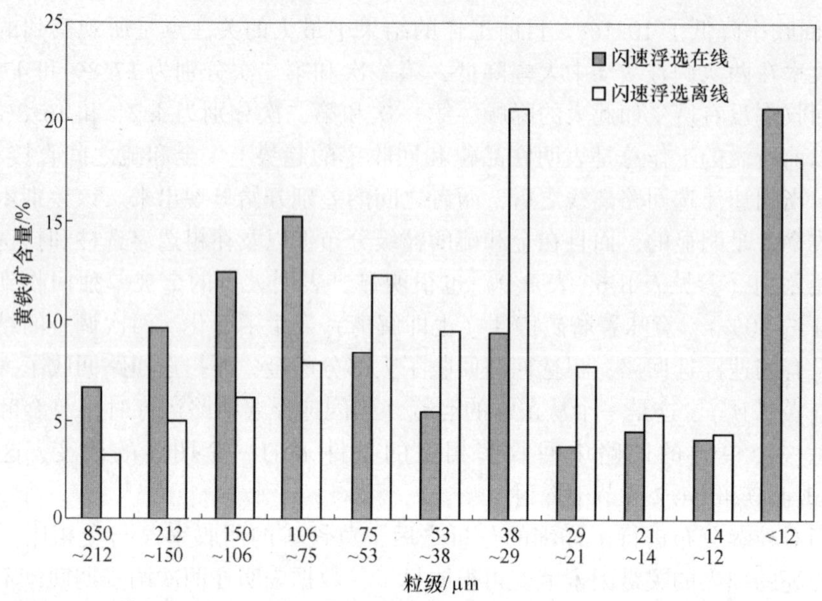

图 B-13　第一次调查活动中有/无闪速浮选回路浮选尾矿中各粒级黄铁矿分布

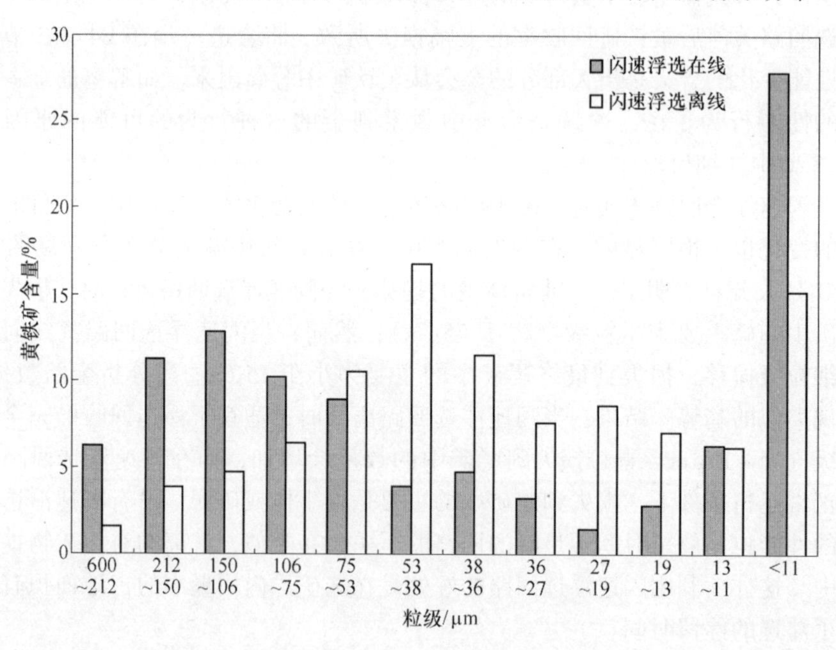

图 B-14　第二次调查活动中有/无闪速浮选回路浮选尾矿中各粒级黄铁矿分布

一次调查和第二次调查分别挑选出 36 天和 46 天的数据。

选矿厂金和硫的浮选回收率的结果以及这些统计出的运行日之间的数据绝对偏差见表 B-10 和表 B-11。这些数据表明，尽管观察到的选矿特性有差别，在整个的浮选指标上，这些矿石是非常相似的。对第一次和第二次调查活动，金和硫回收率之间的平均偏差分别是 3.5%和 3.8%，相对于各自的最大偏差是 7.8%和 10.7%（分析的天数中 70%以上硫的回收率高于金的回收率）。

表 B-10　第一次调查活动中选矿厂运行数据　（%）

浮选回收率	金	硫	绝对差
平均值	88.3	91.0	3.5
标准差	2.2	2.9	2.3
最小值	83.1	83.9	0.2
最大值	91.4	94.6	7.8

表 B-11　第二次调查活动中选矿厂运行数据　（%）

浮选回收率	金	硫	绝对差
平均值	89.0	90.2	3.8
标准差	3.0	4.6	2.6
最小值	81.9	77.4	0.1
最大值	94.4	97.7	10.7

对表 B-6～表 B-9 中调查数据的检查表明，第一次调查中，选矿厂指标在“标准”运行条件下，在正常的数据范围内下降了，尽管是在标准范围的低值范围内；然而，当闪速浮选回路关停时，金和硫的回收率下降到低于数据库中的最低值，更明显的是两个回收率数据之间的 11.4%的差值大于类似的矿石在标准运行条件下的任何有记载的差值。

第二次调查也是类似的结果，选矿厂指标在“标准”运行条件下表现出典型的数据，虽然在该场合下数据位于标准的高值范围内，然而，当闪速浮选回路关停后，金和硫的回收率下降到低于数据库的最低值的范围，最明显的是两个回收率之间的 30.3%的差值再次实实在在地大于标准运行条件下的任何记录差值。当闪速浮选回路关停后，在金和硫的回收率之间的这种戏剧性的差值，以及将要随后讨论的硫的回收率总是低于金的回收率的结果，是这几次调查活动的显著的结果。像通篇讨论的一样，回收率的损失也超出了标准运行条件下的范围，不只是由于操作因素，而且是由于给到常规浮选回路的矿物性质的变化。由于该项工作只进行了二次调查活动，只能从二次调查活动中观察到的类似趋势中，而不是从量化结果的统计分析中得到定性的结论。

B4.2.2.3　品位

该厂的最终精矿是闪速浮选、粗选和扫选每个单独的回路精矿的合并产品，闪速浮选和粗选回路都是采用一段精选。而扫选回路采用二次精选。这三个精矿的合并必须是 24%±0.5%的硫品位，以满足精矿焙烧炉严格的品位要求。为满足这个目标，每个精矿流都有其可接受的硫品位范围，见表 B-12 和表 B-13 中的硫目标值。这里没有金的目标值，因为硫的品位表明了其在后续的过程中是否可以自热焙烧。在二次调查过程中，三个回路各自的精矿品位见表 B-12 和表 B-13。在二次调查过程的标准运行条件下，闪速浮选回路都得到了一个非常高品位的精矿，硫含量超过 35%，这就使得其他的浮选回路在较高通过量的条件下得到了较低品位的精矿，而总回收率最佳。

表 B-12 第一次调查期间的精矿品位

流程		S 品位（目标值）/%	S 品位/%	Au 品位/g · t^{-1}
闪速浮选在线	闪速浮选精选精矿	30~33	35.7	102
	粗选精选精矿	28~33	36.8	140
	再精选精矿	8~12	19.6	53
闪速浮选离线	粗选精选精矿		36.6	334
	再精选精矿		25.2	68

表 B-13 第二次调查期间的精矿品位

流程		S 品位（目标值）/%	S 品位/%	Au 品位/g · t^{-1}
闪速浮选在线	闪速浮选精选精矿	30~33	35.4	143
	粗选精选精矿	28~33	31.5	139
	再精选精矿	8~12	16.6	54
闪速浮选离线	粗选精选精矿		25.3	574
	再精选精矿		24.1	110

应当注意到，在两次调查活动中，所有矿流的品位都很高，只有第二次调查（闪速浮选回路在线）的粗选精选精矿在可接受的范围内下降了。在两次调查活动中，当闪速浮选回路离线时，再精选精矿的品位大幅增加，其对总回收率会有很大的影响。在第一次调查中，当闪速浮选离线时，粗选精选精矿的品位（特别是金）增加了，导致第一次调查的最终精矿品位很高，满足不了焙烧炉的要求，其部分原因是由于回路中部分精矿泵的能力受限，当然如果回路有足够的时间在闪速浮选回路离线后再次达到平衡，回收率的下降就不会像观察到的这样严重，关键矿流中的品位可能也会接近正常值。

在第二次调查期间，当闪速浮选回路离线时，做了一个有意识的改进，使通过回路的能力最大化，特别是粗选回路，这个可以从粗选精选精矿的硫含量的急剧下降看出来；而金的品位急剧增加，表明解离金的含量增加了。合并后的精矿品位超出了硫含量 24%的目标值，如果有更多的时间，回路的矿浆流和药剂条件能够达到更好的平衡，使对选矿厂回收率的影响降到最小。

B4.2.2.4 粒度分布

当闪速浮选回路离线时，在旋流器溢流中的目标矿物黄铁矿的粒度分布和解离特性上发生了跃变，可以从表 B-14 的数据中看到它是如何影响最终精矿的粒度分布的。

表 B-14　调查过程中有/无闪速浮选回路的精矿粒度（P_{80}）分布　（μm）

项　目		产　品	固体	Au	S
第一次调查	闪速浮选在线	闪速浮选精选精矿	160	161	161
		粗选精选精矿	53	49	54
		再精选精矿	112	78	73
	闪速浮选离线	粗选精选精矿	77	73	81
		再精选精矿	75	77	72
第二次调查	闪速浮选在线	闪速浮选精选精矿	163	171	160
		粗选精选精矿	70	73	82
		再精选精矿	123	88	75
	闪速浮选离线	粗选精选精矿	69	70	72
		再精选精矿	71	74	79

在第一次调查中，有两个明显的变化：粗选回路精矿的粒度分布变粗了，再精选精矿的整个粒度分布变细了（而金和硫的粒度分布基本没变）。在第一次调查活动中观察到的再精选精矿的变化在第二次调查中重新观察到了，表明更多的非硫化矿物脉石被该回路回收了，最大的可能是由于夹杂，因为当闪速浮选回路离线时，回路的通过量变大了。没有闪速浮选回路下运行的总体影响是最终精矿会变细，其会影响到后续作业如浓缩和过滤的指标。

尽管从上述的数据中没有闪速浮选回路对选矿厂运行影响的最终量化证据，但其确实提示闪速浮选回路离线已经导致了黄铁矿更重要的是金的解离特性的根本性偏移。证据表明，在目前的目标通过能力下，没有闪速浮选回路，会导致回收率的损失。

B4.2.3　金的指标的变化

黄铁矿和基岩中金的解离特性的变化引起了金生产企业的极大的兴趣。

根据这次调查活动中产生的数据，当闪速浮选回路离线时，已经发现用以前关于黄铁矿和金的性能之间相关的假设来描述这种矿石的性能是不适当的，必须查清楚其他的因素，以确定在回收率结果上根本差别的潜在原因。在选矿厂的闪速浮选机和常规浮选机的运行之间有许多关键的差别正在考虑中，包括：

（1）闪速浮选的浓度范围为 35%～70%，而常规浮选回路的浓度一般为 37%～42%。

（2）给矿粒度分布差别，如表 B-1 所示，闪速浮选的给矿粒度相当粗。

（3）矿浆的化学特性：

1）与常规浮选回路相比，闪速浮选环境中 E 非常低；

2）常规浮选回路前面有药剂搅拌槽，而闪速浮选前面没有；

3）闪速浮选回路使用的起泡剂与其他部分使用的不同。

（4）在不同类型的浮选机之间的流体动力学差异。

（5）闪速浮选机运行的充气量低于常规浮选机。

（6）闪速浮选机和粗选浮选柱回路采用了压缩空气，部分常规浮选机采用鼓风机充气，另一部分常规浮选机则采用自吸气。

（7）闪速浮选机的泡沫层一般非常浅。

本节将讨论在这次工作中所观察到关键的物理和化学变量对金及其赋存的硫化矿物的浮选性能的影响，以突出在有或没有闪速浮选回路条件下运行的任何重要差别以及在调查期间所处理的两种矿石类型之间的重要差别。

已经确定细粒解离的金颗粒是疏水的，可以进行纯浮选。可能对大部分的矿物，在浮选环境内起作用的物理力也能影响矿物的浮选响应，Allan 和 Woodcock 提出能够进行浮选的大多数的金和金的复合物的粒度范围为 5～200μm，并且这个粒度范围会受到其他因素如颗粒形状、解离特性、密度、金内所含的杂质（如 Ag、Cu）以及流体动力学因素包括矿浆密度、浮选机设计形状和吸气等的影响。从有关解离金和难处理金浮选的相关文献来看，影响这项工作结果的三个关键因素已经确定，分别是：

（1）磨矿环境变化对金的解离和颗粒性质的影响。

（2）矿浆化学的影响，E 的不同是最重要的因素。

（3）矿石中杂质的影响，特别是在金当中的银以及由于膏体充填导致的矿石污染造成的钙离子的影响。

这里的讨论主要涉及这三个因素，其他的变量只是简单的讨论。

B4. 2. 3. 1　磨砂对解离的影响

数据表明，当闪速浮选回路离线时，进入常规浮选流程的金的量增加了（由于闪速浮选回路不再剔除选矿厂给矿中 45%的金），然而，其颗粒粒度不再预示细粒级中金的比例大大地高于任何其他的粒级（见图 B-15）。当考虑金在旋流器溢流和浮选回路最终尾矿中的粒级分布时，则在分布上出现了偏移，与所观察到的黄铁矿的偏移相符合（见图 B-16～图 B-19）。如图 B-16 和图 B-17 所示，在二次调查活动中，当闪速浮选离线时，细粒级（小于 38μm）的分布变得更细了，这个发现如果只是考虑整体的 P_{80} 时，可能已经被忽视了。这个也同样反映在最终尾矿中金的分布上（见图 B-18 和图 B-19），随着闪速浮选回路的离线，细粒级中金的损失更高。在第一次调查中，当闪速浮选回路离线时，金的回收率没有太大的影响，在尾矿中金的损失向细粒级偏移的趋势不像第二次调查那样明显。

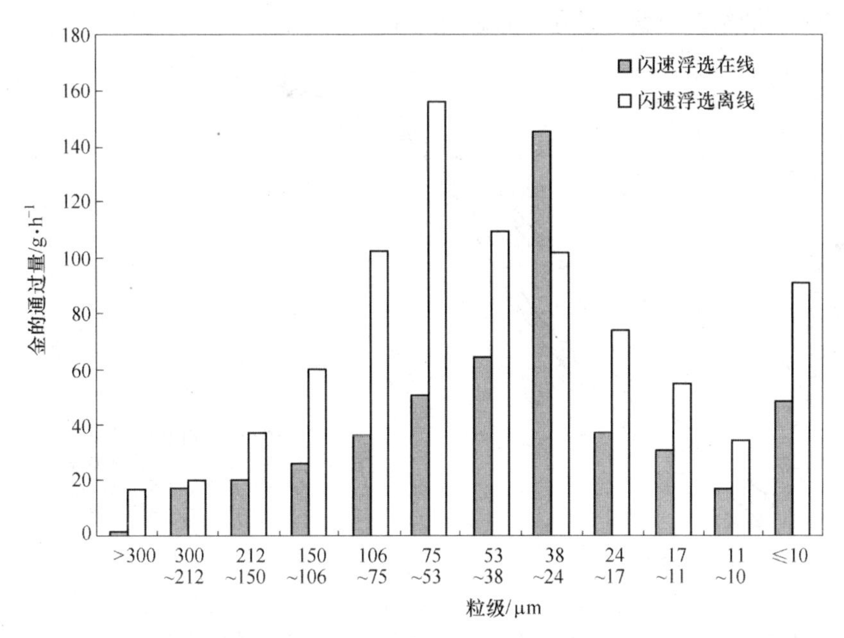

图 B-15　第一次调查活动中有/无闪速浮选回路旋流器溢流中金的质量流量

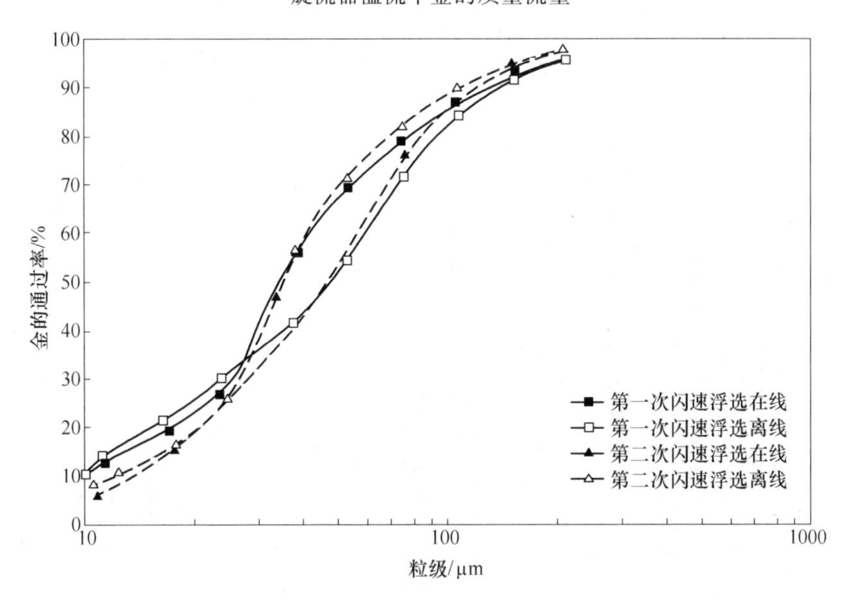

图 B-16　每次调查活动中有/无闪速浮选回路时旋流器溢流中金的粒级分布

事实上，黄铁矿的分布也发生了类似的变化，基本上能够表明根本没有金的优先解离，然而，浮选回路的指标数据有着强烈的预示，遗憾的是没有专门进行金的分离研究，不可能知道在细粒级中分布的金是已经解离的或没有解离的，或者是否在选矿厂的给矿中就已经存在有解离的金。

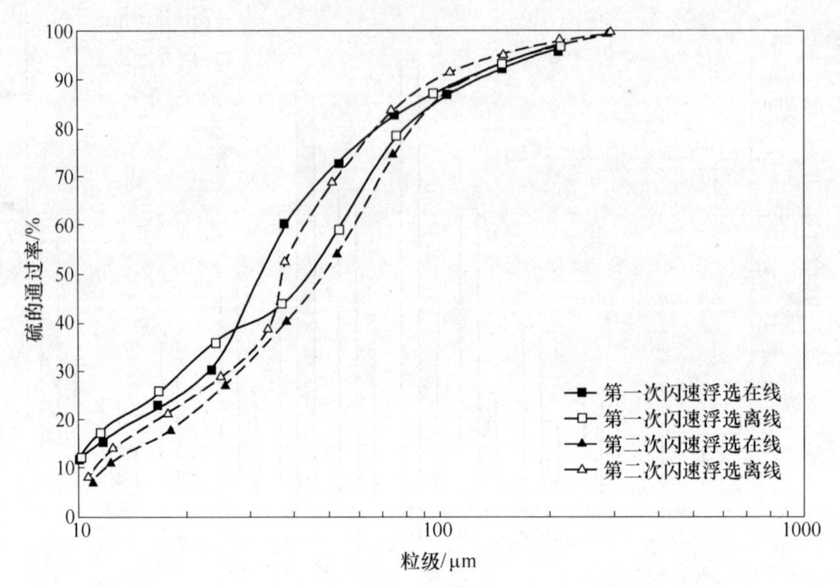

图 B-17　每次调查活动中有/无闪速浮选回路时旋流器溢流中黄铁矿的粒级分布

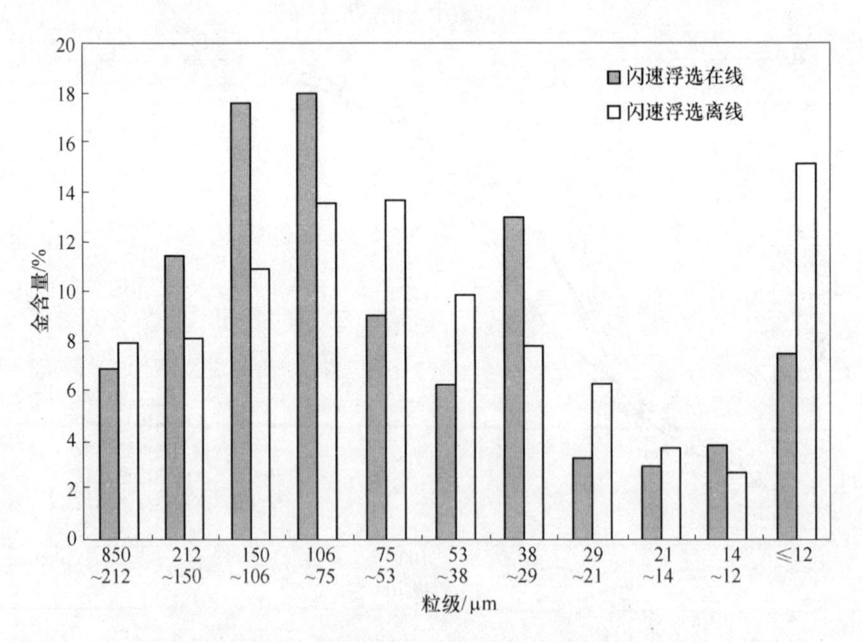

图 B-18　第一次调查活动最终尾矿中金的粒级分布

当对每次调查的黄铁矿和金的分布互相进行比较时会发现黄铁矿的粒级分布始终比金的粒级分布细，图 B-20 所示为第一次调查活动的数据（第二次为类似

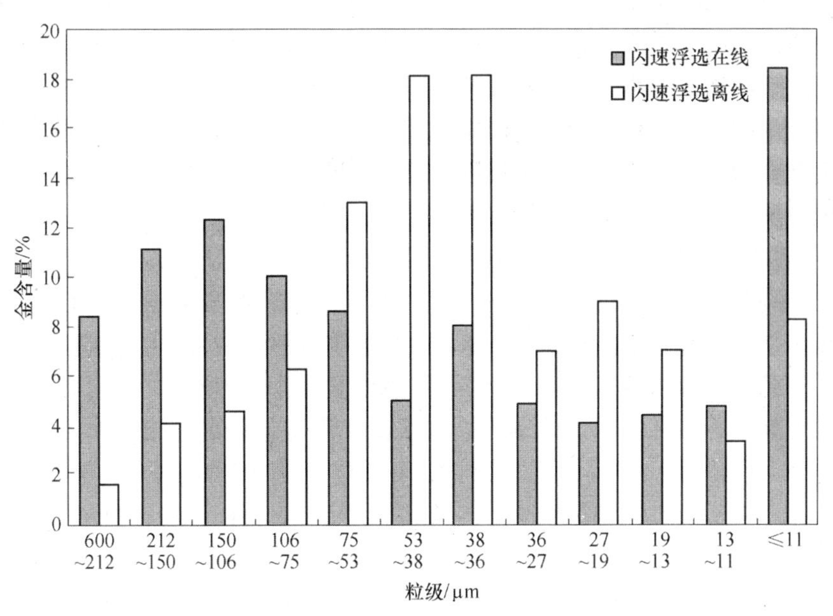

图 B-19 第二次调查活动最终尾矿中金的粒级分布

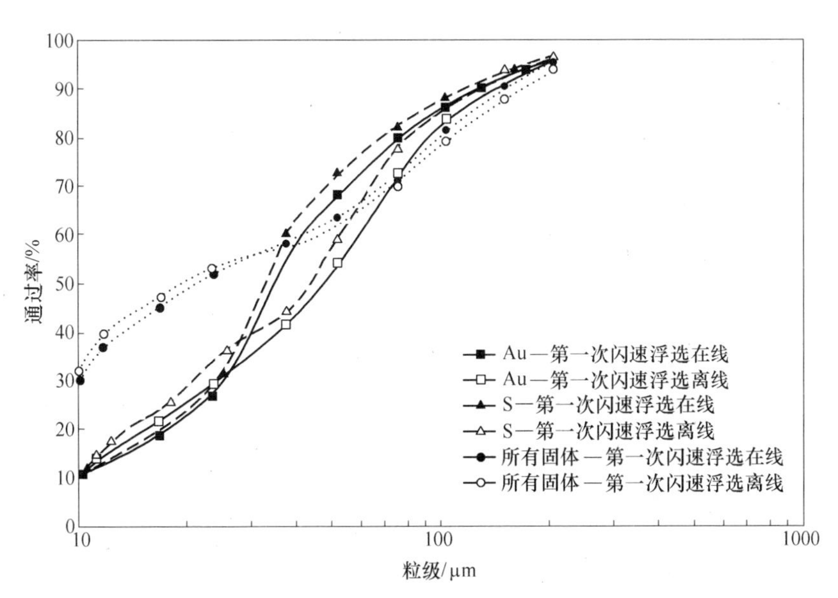

图 B-20 第一次调查活动中有/无闪速浮选回路时旋流器溢流中所有固体、金及硫的粒级分布

的趋势)。尽管黄铁矿和金的分布曲线呈现相似的形状，当数据以这种方式呈现时，在各自分布之间的不同就显现出来了。这种曲线的分离可能是黄铁矿和金的不同破碎性质的表现。在与总的固体相比较细粒级范围内金属分布粒度较粗处存

在的交叉点与 Mclvor 和 Finch 在研究一个铜矿石时发现的现象相符合。两种矿石粒度分布曲线的分离表明，在选矿厂二次调查活动的给矿中最有可能已经存在有解离的金，闪速浮选机的离线对磨矿回路中金的粒级分布没有影响，解离的金存在的进一步的证据是在常规浮选回路中当闪速浮选回路离线时所看到的金和硫化矿物的性能的重大差别，从这里可以考虑到，更有可能是所报道的各种矿物的浮选性能对回路性能造成了最大的影响。

B4.2.3.2　化学变量的影响

在控制浮选的化学环境中，药剂是重要的因素。在 Kanowna Belle 使用的药剂制度包括捕收剂戊基磺酸钾（PAX）、活化剂硫酸铜（$CuSO_4$）、绢云母的抑制剂和泡沫稳定剂古尔胶、乙醇和聚乙二醇的混合物作为起泡剂。

其他除了药剂之外，可能影响金和黄铁矿浮选性能的关键化学因素是矿浆 pH 值、E 和含氧量。尽管在调查期间没有进行，但在围绕着回路的不同点已经进行了 pH 值、E 和溶解氧（DO）的测量以确定是否在闪速浮选回路和常规浮选回路内的这些点上存在任何大的差别。测量结果见表 B-15。

表 B-15　浮选回路内各点矿浆的 E、pH 值和含氧量（DO）测得值

取样位置	E/mV	pH 值	DO
闪速浮选给矿（CUF）	-110	7.8	4.4
闪速浮选尾矿（球磨机给矿）	-53	7.8	4.3
粗选给矿（COF）	-7	7.8	4.3
粗选尾矿	40	7.8	4.5
扫选（最终）尾矿	115	7.7	6.5

在围绕回路的所有位置上测得的 pH 值都在 7.2~8.1 的范围内，属于难处理金浮选的正常范围，与西澳其他难处理金选矿厂的运行 pH 值类似。从这点考虑，研究得到的结果中 pH 值不是一个影响因素。

在闪速浮选回路存在的条件下，E 的一般值都低于文献所报道的解离金浮选的电位，然而，黄铁矿浮选则相对地不受影响。在常规浮选中所观察到的较高的电位更适合于金的浮选，特别是在扫选回路中（表 B-15 中的粗选尾矿是扫选回路的给矿）。当闪速浮选回路在线时所观察到的高的金回收率表明，回收的金是和黄铁矿连生的，任何解离的金颗粒实际上是含杂的金属合金。Ralston 在他的研究中发现，当矿石中含有银时，金的回收率在较低的电位下会很高。当闪速浮选离线时，与黄铁矿相比，金的回收率高得多，由于这种情况只会发生在杂质金属如银存在的电位条件下，因此，这足以证明是金合金的存在所致。在研究中采用的矿石内变化的银含量的影响应当考虑，因为在第一次调查活动中，当闪速浮选回路离线时，金的回收率相对的没有影响；而在第二次调查活动中，金的回收率大幅下降。二次调查活动的原矿金和银的分析结果见表B-16，进一步的讨论将在B4.2.3.3节进行。

表B-16 每次调查期间原矿中主要元素含量 (%)

元素	S	Au	Ag	Fe	CaO	MgO	Cu	As
第一次调查（2009年10月）	1.75	5.2g/t	2.9g/t	3.0	5.8	3.8	0.01	0.01
第二次调查（2011年11月）	0.9	3.7g/t	0.7g/t	3.0	4.6	3.0	0.01	0.01

矿浆中的含氧量影响黄铁矿的浮选，随着矿浆中氧浓度的增加，提高了黄药的吸附。认为矿浆的溶氧量在闪速浮选机和粗选浮选柱中是不同的，从逻辑上讲，在粗选浮选柱内要控制高的充气量和最优的空气分散度以提供一个高的矿浆溶氧量，这对于金的顺利浮选是最基本的，然而，现场报告的结果表明，围绕着回路的溶氧量上没有太大的差别。

B4.2.3.3 *矿石内杂质的影响*

在含金矿石内的银，常常只是看做一个价值较低的副产品，结果却在改善金的回收率上是非常有益的。银可能比金更能选择性浮选，由于其能够在表面上通过电化学机理直接形成金属黄酸盐，而金和黄铁矿则是在表面上形成双黄药。银、金和银-金合金在相应于乙黄药化学吸附的临界电位下变得疏水，银和银-金合金的临界电位（分别约为-250mV和-100mV）大大地低于纯金的临界电位(约250mV)。Woods等人的研究指出，在金中有银存在时，黄药的化学吸附只是发生在合金表面的银点处，对于此，Leppinen等人认为是含有金合金的银能够在比纯金低得多的电位下进行浮选的根本原因。

如图B-21所示，即使百分之几的银在银-金合金中就使疏水黄药形成时的电位移动了200mV，因此，当矿石中有银存在时，金的浮选（用乙黄药）就容易多了，而纯金则需足够高的电位以形成双黄药。Leppinen等人的研究也证明了这些发现，他们发现在合金中银的含量对浮选的开始电位有直接的影响。

如表B-16所示，在第一次调查活动中，金和银的原矿品位分别为5.2g/t和2.85g/t，Au : Ag为1.8。通过断层扫描或MLA没有发现银的硫化物或金属银，估计这些银是作为合金赋存，或者是赋存于黄铁矿基体中。该矿石中相对高的金银比对于维持金的浮选性能提供了极其有利的条件，而黄铁矿的浮选指标则大幅下降。在第二次调查活动期间，原矿中金和银的品位分别为3.7g/t和0.7g/t，Au : Ag为5.3，与第一次有极大的差别。在第二次调查活动中当闪速浮选回路离线时所观察到的金的回收率的降低幅度比第一次大得多（第一次和第二次分别为4.2%和16.8%），在每次调查活动时选矿厂的操作条件会对这个结果有影响，但银含量的差别毫无疑问是影响这些结果的主要因素。

B5 结论

在Kanowna Belle矿为了确定闪速浮选回路对整个选矿厂浮选性能的贡献，

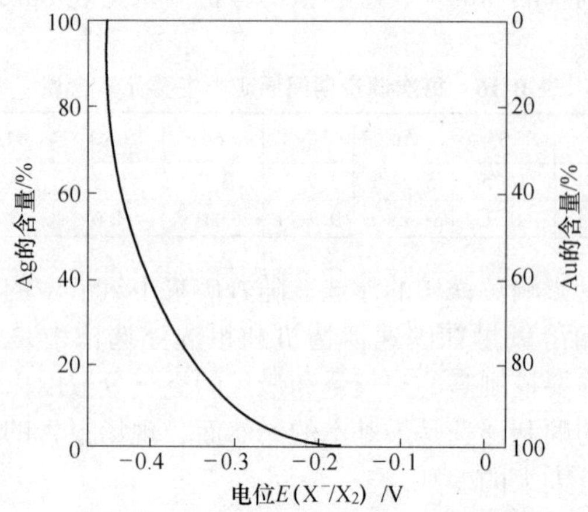

图 B-21 磺酸盐（X^-）和双黄药（X_2）耦合的可逆电位中改变 Au-Ag 合金中银的含量使其疏水发生时的电位

对两种明显不同的矿石类型进行了两次调查活动。调查表明，在正常的选矿厂运行过程中，闪速浮选回路对最终精矿中有用矿物的贡献率超过了 42%，其含硫品位约 35%。闪速浮选回路在相当可观的回收率前提下生产非常高品位精矿的能力，部分原因是由于所给物料的性质。工艺矿物学分析表明，与常规浮选回路的给矿（旋流器溢流）相比，闪速浮选机的给矿（旋流器底流）品位高得多，含有更大比例的已经解离的有用矿物。使这部分物料在再次进入磨矿回路之前在闪速浮选回路的回收率最大化是极其重要的，可以使有用矿物的泥化量最小，以避免其损失到最终尾矿中。

尽管没有闪速浮选回路的操作条件在使用中没有最佳化，当闪速浮选回路离线时，观察到硫（黄铁矿）的回收率急剧下降，同时金的回收率也降低，但其下降幅度小得多。观察到金和黄铁矿回收率之间明显的距离，在运行中没有闪速浮选回路时金和黄铁矿回收率之间的差别最可能是归因于金被解离的方式的改变，由于闪速浮选回路离线时磨矿回路的运行功能需要改变。从矿浆的化学数据和工艺矿物学观察的结果表明在该矿石中有银和金的合金存在；在金中所含的大量合金化的银将有助于浮选金和金银合金颗粒的能力，特别是在闪速浮选环境下，而且其矿浆电位也比其他部分的浮选回路低得多。

当闪速浮选回路离线时，随着产生的有用矿物细粒级的增加，旋流器溢流（浮选给矿）中的有用矿物分布经历了阶跃的变化。尤其硫化物细粒级的增量在闪速浮选回路离线时，可能导致所观察到的回收率损失。

当闪速浮选回路在线时，回路的运行通过一台单独的相对小的浮选机极大地提高了粗选能力，极大地有益于最终精矿的回收率和品位；产生的精矿也相对粗得多，有利于后面的浓缩和过滤。

附录 C　位流[5]

流体动力学中，位流描述了作为标量函数梯度即速度位的速度场，因此，位流的特征为无旋涡速度场，在几种应用中是有效的近似值。位流的无旋性是由于梯度的旋度总是等于零。

在不可压缩流中，速度位满足拉普拉斯方程，因此，可以应用位流理论。同时，位流也已经被用来描述可压缩流。位流方法也应用于静态流和非静态流的模拟中。

位流的应用实例如翼形的外流场、水波、电渗流和地下水流（见图 C-1 和图 C-2）。对有（或部分有）强旋涡效果的流，不适用于位流近似。

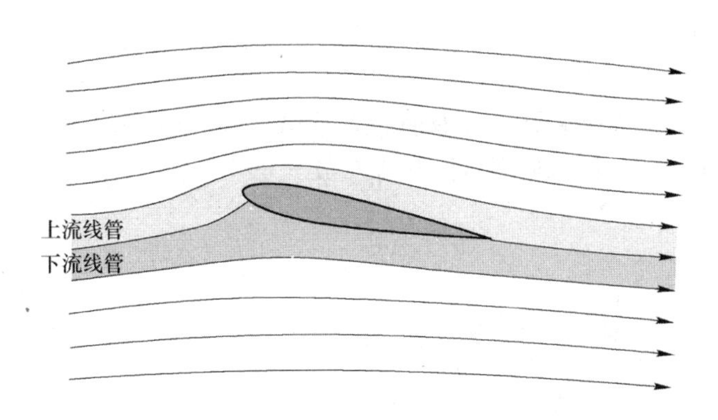

图 C-1　围绕着 NACA0012 翼型，冲角为 11°的位流流线及上、下流线管

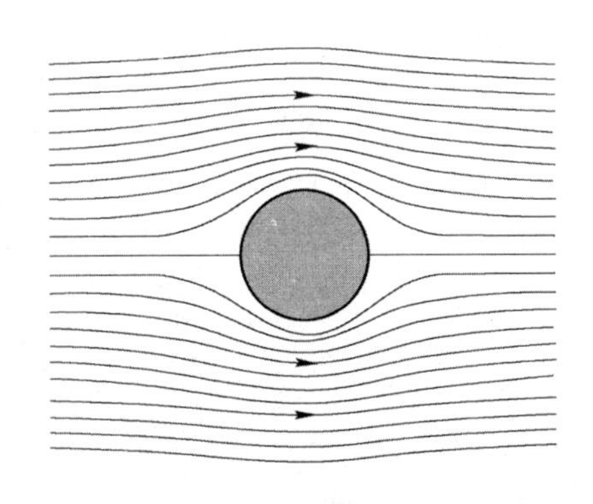

图 C-2　在均匀湍流中围绕圆柱体的不可压缩位流的流线

在流体动力学中，位流用速度位 φ 来表示，是空间和时间的函数。流速 V 是一个矢量场，等于速度位 φ 的梯度∇：

$$V=\nabla\varphi$$

有时，也定义 $V=-\nabla\varphi$，即在$\nabla\varphi$ 之前用以“-”号。但这里上述定义中没有负号。从矢量的微积分可知，梯度的旋度等于零：

$$\nabla\times\nabla\varphi=0$$

因此，旋量-速度场 V 的旋度等于零：

$$\nabla\times V=0$$

这就意味着位流是一个无旋流，已经推导出了位流的可适用性的结论。在旋量已知的流区是很重要的，如尾波和边界层，位流理论不能提供流的合理预测。幸运的是，经常有大的流区，其无旋涡的假定是有效的，这也是位流在不同场合中被使用的原因，例如在航空器的流场、地下水流、声场、水波、电渗流。

在不可压缩流的场合，如液体，或低马赫数的气体；但不可对声波，其速度 V 为零发散：

$$\nabla\cdot V=0$$

式中的点表示内积。因此，速度位 φ 必须满足拉普拉斯方程：

$$\nabla^2\varphi=0$$

式中，$\nabla^2=\nabla\cdot\nabla$是拉普拉斯算子（有时也写成 Δ）。在这种情况下，流能够通过其运动学完全确定：流的无旋涡假设和零发散。

附录 D　雷诺数[6~8]

在流体力学中，雷诺数（Reynolds number）是一个无量纲数，用来表征和判别流体的流动状况。这种判别流体流动状态的概念是由 George Gabriel Stokes 在 1851 年提出。雷诺（Osborne Reynolds，1842~1912 年）在 1883 年通过实验发现液体在流动中存在两种内部结构完全不同的流态：层流和紊流，揭示了重要的流体流动机理。为了纪念雷诺所作的贡献，在 1908 年将这个反映流体状态的惯性力与黏性力之比的参数命名为雷诺数（Reynolds number，Re）。

雷诺数定义为流体的惯性力与黏性力之比。即：

惯性力
$$ma = \rho V \frac{\mathrm{d}V}{\mathrm{d}t}$$

其量纲为
$$\rho L^3 \frac{V}{T} = \rho L^2 V^2$$

黏性力
$$T = \mu A \frac{\mathrm{d}\mu}{\mathrm{d}y}$$

其量纲为
$$\mu L^2 \frac{V}{L} = \mu L V$$

则雷诺数 Re 可以表示为：

$$Re = \frac{\text{惯性力}}{\text{黏性力}} = \frac{\rho L^2 V^2}{\mu L V} = \frac{\rho V L}{\mu} = \frac{VL}{\nu}$$

式中，V 为流体的平均流速，m/s；L 为特征长度（管径或水力半径），m；μ 为流体的动力学黏度，Pa · s 或 N · s/m^2，kg/（m · s）；ν 为运动黏度，$\nu = \mu/\rho$，m^2/s；ρ 为流体的密度，kg/m^3。

流体运动存在着层流和紊流两种状态：液体质点做有条不紊的运动，彼此不相混掺的形态称为层流；液体质点做不规则运动、互相混掺、轨迹曲折混乱的形态称为紊流（也称做湍流）。不同流态下它们传递动量、热量和质量的方式不同：层流通过分子间相互作用，紊流主要通过质点间的混掺。紊流的传递速率远大于层流。

层流和紊流的流态转变是一个可逆过程。但试验表明，其可逆过程中的上、下两个临界点的流速是不同的。把转变过程中由层流转变为紊流的流速称为上临界流速，把紊流转变为层流的流速称为下临界流速，则上临界流速大于下临界流速。

层流和紊流两种流态所遵循的规律不同，因此判断流态是很重要的。试验证明，不同的流体种类和不同的环境（如温度不同，则运动黏度不同），其临界流速是不同的，因而无法用临界流速来判别流态。进一步的试验表明，虽然临界流速与管径和运动黏度有关，但由临界流速、管径和运动黏度组成的无量纲数——雷诺数（Re）却大致是一个常数，即：

上临界雷诺数
$$Re_{C1} = \frac{V_{C1}L}{\nu}$$

下临界雷诺数
$$Re_{C} = \frac{V_{C}L}{\nu}$$

这样，即可以用雷诺数来判别流体的流态了。经过反复试验，下临界雷诺数比较固定，考虑采用下临界雷诺数而不采用上临界雷诺数作为层流、紊流的判别标准更安全，即把下临界雷诺数称为临界雷诺数。在充满的管道中，雷诺数中的特征长度为管的直径 D，临界雷诺数为：

$$Re_{C} \approx 2320$$

在圆管非满管或明渠流中，雷诺数中的特征长度为水力半径 R，则有

$$Re = \frac{VR}{\nu}$$

式中，R 为过水断面面积 S 与湿周 X 之比，即 $R = S/X$，其意义是单位湿周的过水断面面积，具有长度量纲。

过水断面上水流与固体边界接触的长度称为湿周，以 X 表示，湿周具有长度的量纲。

由圆管满管流条件下和非满管流（或明渠流）条件下雷诺数定义的不同可以知道，直径为 D 的管流，其水力半径为：

$$R = \frac{S}{X} = \frac{\pi D^2/4}{\pi D} = \frac{D}{4} = \frac{r_0}{2}$$

因此，水力半径和管道半径不能等同，对于管流，水力半径等于 $D/4$（或 $r_0/2$）。

由于满管流条件下，临界雷诺数约为 2320，则非满管流（或明渠流）条件下临界雷诺数为：

$$Re_{C} = \frac{V_{C}R}{\nu} = \frac{V_{C}d/4}{\nu} \approx \frac{2320}{4} = 580$$

在采用中心旋转叶片、涡轮或螺旋桨的搅拌装置中，雷诺数中的特征长度则为搅拌器的直径 D，速度 V 则是 ND，有：

$$Re = \frac{\rho VD}{\mu} = \frac{\rho ND^2}{\mu}$$

式中，N 为搅拌器的转速。搅拌装置中全紊流状态的雷诺数大于 10000。

层流状态下雷诺数越小，黏性力越大。层流的流态特征是平滑、稳定运动。紊流状态下雷诺数越高，惯性力越大。紊流的流态特征是易于产生混乱旋涡和其他的不稳定流。

参考文献

[1] Chadwick J. Flotation-more than a century of progress [J]. International Mining. 2011 (11): 24~40.

[2] Schubert H. On the optimization of hydrodynamics in fine particle flotation [J]. Minerals Engineering, 2008, 21: 930~936.

[3] Jameson G J. New directions in flotation machine design [J]. Minerals Engineering, 2010, 23: 835~841.

[4] Newcombe B, Wightman E, Bradshaw D. The role of a flash flotation circuit in an industrial refractory gold concentrator [J]. Minerals Engineering, 2013, 53: 57~73.

[5] Potential flow [EB/OL]. [2015-04-03]. http://en.wikipedia.org/wiki/Potential_flow.

[6] Reynolds number [EB/OL]. [2015-08-15]. https://en.wikipedia.org/wiki/Reynolds_number.

[7] 李家星，赵振兴. 水力学 [M]. 南京：河海大学出版社，2001：127~134.

[8] 张维佳. 水力学 [M]. 北京：中国建筑工业出版社，2008：84~114.

设备展示

主要生产设备：

大型立式车床

先进大型立式加工中心
——精确的模具加工

大型渣浆泵叶轮的
螺纹加工

电脑控制的高温热处理
电阻炉——确保硬度

已经拥有行业最大的 8000t 真空平板硫化机及
3800t、 1600t、800t 硫化机群

检验试验设备：

拥有全套进口台湾高铁
检测设备的橡胶检测中心

用于叶轮平衡试验的
动平衡机

进口的直读光谱仪
——严格控制成分

橡胶磨耗试验机

拉伸试验机

无转子橡胶硫化试验机

渣浆泵性能检验、试验台

企业资质

北京中大华远认证中心
质量管理体系认证证书
江西耐普矿机新材料股份有限公司

ISO 9001

北京中大华远认证中心
环境管理体系认证证书
江西耐普矿机新材料股份有限公司

ISO 14001

北京中大华远认证中心
职业健康安全管理体系认证证书
江西耐普矿机新材料股份有限公司

OHSAS 18001

江西省重点新产品
证 书

项目名称：高效重型橡胶内衬渣浆泵　项目编号：20122CX8300
承担单位：江西耐普矿机新材料股份有限公司　发证时间：二〇一四年元月
发证机关：江西省科学技术厅　有效期三年

省重点新产品证书

高新技术企业
证书

高新技术企业证书

地址：江西上饶经济开发区工业四路
邮箱：naipu@naipu.com.cn
传真：0793-8461032/8461035
网址：www.naipu.com.cn
电话：0793-8457309/8461326